智能制造应用型人才培养系列教程

ROBOT

工业机器人技术

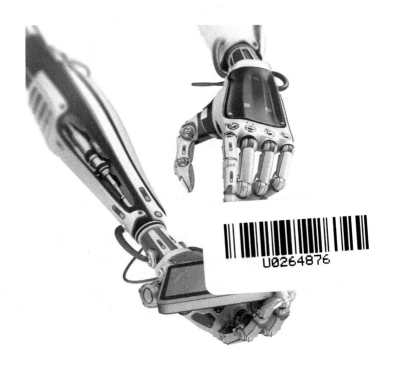

U0264876

ABB工业机器人

编程与操作

◎ 龚仲华 编著

人民邮电出版社

北京

图书在版编目（CIP）数据

ABB工业机器人编程与操作 / 龚仲华编著. —— 北京：
人民邮电出版社，2020.11（2024.1重印）
智能制造应用型人才培养系列教程. 工业机器人技术
ISBN 978-7-115-53458-3

Ⅰ. ①A… Ⅱ. ①龚… Ⅲ. ①工业机器人—程序设计
—教材 Ⅳ. ①TP242.2

中国版本图书馆CIP数据核字（2020）第194222号

内 容 提 要

本书按"3+3"现代职教体系和机电大类多专业通用公共专业教材的要求编写。全书从应用型人才培养的实际要求出发，紧跟当代科技发展前沿，在介绍机器人发展与应用、工业机器人组成与性能等一般概念的基础上，对 ABB 工业机器人产品及 RAPID 应用程序格式、指令、函数命令等编程技能，以及工业机器人手动操作、程序编辑、校准维修等操作技能进行了全面、系统的阐述。

本书知识先进、技能实用、案例丰富；编写体例新颖、循序渐进、层次分明。它既可作为高等职业院校数控技术、机电一体化技术、工业机器人技术、机电设备维修与管理等机电类专业的通用教材，也可供从事工业机器人设计、制造、维修的工程技术人员参考。

◆ 编　著　龚仲华
责任编辑　王丽美
责任印制　马振武

◆ 人民邮电出版社出版发行　　北京市丰台区成寿寺路 11 号
邮编　100164　电子邮件　315@ptpress.com.cn
网址　https://www.ptpress.com.cn
北京虎彩文化传播有限公司印刷

◆ 开本：787×1092　1/16
印张：14.5　　　　2020 年 11 月第 1 版
字数：352 千字　　2024 年 1 月北京第 3 次印刷

定价：46.00 元
读者服务热线：(010)81055256　印装质量热线：(010)81055316
反盗版热线：(010)81055315
广告经营许可证：京东市监广登字 20170147 号

前言　FOREWORD

工业机器人是集机械、电子、控制、计算机、传感器、人工智能等多学科先进技术于一体的机电一体化设备，被称为工业自动化的三大支柱技术之一。随着社会的进步和劳动力成本的增加，工业机器人在我国的应用越来越广，工业机器人技术课程在高等职业院校机电类人才培养中的重要性正在日益显现。

高等职业教育倡导的是能力培养，项目式教学已成为当前高等职业教育的趋势。本书采用了与之相适应的编写体例，并根据实际内容与教学需要，设置了基础学习、实践指导、技能训练等学习环节，构建了从简单到复杂、从知识到能力、从理论到实践循序渐进的学习体系，使得本书内容更加易教、易学。

项目一介绍了机器人的产生、发展、分类、应用情况；对工业机器人的组成、特点、结构、形态、主要技术参数以及ABB工业机器人产品进行了详细说明。通过学习，读者可了解机器人的一般概念；熟悉工业机器人性能和主要技术参数；具备工业机器人选型、性能分析比较等基本能力。

项目二介绍了ABB工业机器人RAPID编程的基础知识，对RAPID应用程序格式、程序数据定义方法以及机器人坐标系与姿态定义指令、程序数据定义指令进行了具体说明。通过学习，读者可熟悉RAPID应用程序的结构与设计要求，具备设计、分析、识读RAPID应用程序的基本能力。

项目三介绍了ABB工业机器人作业程序的编制方法，对运动控制、输入/输出、程序运行控制、中断等常用指令的编程方法进行了详细说明，并提供了完整的RAPID应用程序设计实例。通过学习，读者可熟悉常用指令的编程格式与要求，具备编制工业机器人实际作业程序的基本能力。

项目四介绍了ABB工业机器人手动操作、快速设置、任务及模块创建与编辑、程序数据创建与编辑、作业程序输入与编辑的基本方法与操作步骤。通过学习，读者可掌握ABB工业机器人手动操作、快速设置、应用程序编辑的操作技能。

项目五介绍了程序调试与自动运行，控制系统设定，机器人校准与维修，系统重启、备份与恢复的基本方法与操作步骤。通过学习，读者可掌握ABB工业机器人系统设定与维修的操作实践技能。

本书编写过程中得到了ABB公司的大力支持，并参阅了该公司的产品说明书与技术资料，在此表示感谢。

　　由于作者水平有限，书中难免存在不足之处，敬请广大读者批评指正。

编著者

2020年1月

目录 CONTENTS

任务1 认识工业机器人

1. 了解工业机器人的产生与发展过程。
2. 了解工业机器人的分类与应用情况。
3. 熟悉工业机器人的组成与特点。
4. 熟悉工业机器人的结构与形态。

1. 能够区别第一代机器人、第二代机器人、第三代机器人。
2. 能够区别加工机器人、装配机器人、搬运机器人、包装机器人。
3. 知道工业机器人系统的组成部件。
4. 能够区别垂直串联机器人、水平串联机器人、并联机器人。

一、工业机器人产生与发展

1. 工业机器人的产生

我国国家标准《机器人与机器人装备 词汇》（GB/T 12643—2013）定义：工业机器人是一种能够"自动控制的、可重复编程、多用途的操作机，可对三个或三个以上轴进行编程"。工业机器人能搬运材料、零件或操持工具，用于完成各种作业。

现代机器人的研究起源于20世纪中叶的美国。第二次世界大战期间（1939—1945年），由于军事、核工业发展的需要，机器人研究迅速发展。在原子能实验室的恶劣环境下，需要有可操作机械来代替人类处理放射性物质，为此，美国的阿尔贡国家实验室（Argonne National Laboratory）开发了一种遥控机械手（Teleoperator），接着，在1947年，又开发出了一种伺服控制的主-从机械手（Master-Slave Manipulator），这些都是工业机器人的雏形。

工业机器人的概念由美国发明家乔治·德沃尔（George Devol）最早提出，他在1954年申请了专利，并在1961年获得授权。1958年，美国著名的机器人专家约瑟夫·恩格尔伯格（Joseph F. Engelberger）建立了Unimation公司，并利用乔治·德沃尔的专利，于1959年研制出了图1.1-1

所示的世界上第一台真正意义上的工业机器人 Unimate，开创了机器人发展的新纪元。

约瑟夫·恩格尔伯格对世界机器人工业的发展作出了杰出的贡献，被人们称为"机器人之父"。1983 年，就在工业机器人销量日渐增长的情况下，他又毅然决定将 Unimation 公司出让给美国西屋电气公司（Westinghouse Electric Corporation，又译威斯汀豪斯公司），并创建了 TRC 公司，前瞻性地开始了服务机器人的研发工作。

从 1968 年起，Unimation 公司先后将工业机器人的制造技术转让给了日本川崎（KAWASAKI）公司和英国吉凯恩（GKN）公司等企业，机器人开始在日本和欧洲快速发展。据有关方面的统计，目前世界上至少有 48 个国家在发展机器人，其中的 25 个国家已在进行智能机器人开发，美国、日本、德国、法国等都是机器人的研发和制造大国，它们无论在基础研究或是产品研发、制造方面均居世界领先水平。

2. 工业机器人的发展

机器人最早用于工业领域，它主要用来协助人类完成重复、频繁、单调、长时间的工作，或进行高温、粉尘、有毒、辐射、易燃、易爆等恶劣、危险环境下的作业。但是，随着社会进步、科学技术发展和智能化技术研究的深入，各式各样具有感知、决策、行动和交互能力，可适应不同领域特殊要求的智能机器人相继被研发，机器人已开始进入人们生产、生活的多个领域，并在某些领域逐步取代人类独立从事相关作业。

根据机器人现有的技术水平，人们一般将机器人产品分为如下三代。

（1）第一代机器人

第一代机器人一般是指能通过离线编程或示教操作生成程序，并再现动作的机器人。第一代机器人所使用的技术和数控机床十分相似，它既可通过离线编制的程序控制机器人的运动，也可通过手动示教操作（数控机床中称为"Teach in"操作），记录运动过程并生成程序，并进行再现运行。

第一代机器人的全部行为完全由人控制，它没有分析和推理能力，不能改变程序动作，无智能性，其控制以示教、再现为主，故又称示教再现机器人。第一代机器人现已实用和普及，图 1.1-2 所示的大多数工业机器人都属于第一代机器人。

图1.1-1　Unimate工业机器人

图1.1-2　第一代机器人

（2）第二代机器人

第二代机器人装备有一定数量的传感器，它能获取作业环境、操作对象等的简单信息，并通过计算机的分析与处理，进行简单推理，并适当调整自身的动作和行为。

例如，在图 1.1-3（a）所示的探测机器人上，可通过所安装的摄像头及视觉传感系统，识别图像、判断和规划探测车的运动轨迹，它对外部环境具有了一定的适应能力。在图 1.1-3（b）所示的人机协同作业机器人上，安装有触觉传感系统，以防止人体碰撞。使用它，可取消第一代机器人作业区间的安全栅栏，实现安全的人机协同作业。

（a）探测机器人　　　　　　　　　　　　（b）人机协同作业机器人

图1.1-3　第二代机器人

第二代机器人已具备一定的感知和简单推理等能力，有一定程度的智能性，故又称感知机器人或低级智能机器人，当前使用的大多数服务机器人或多或少已具备第二代机器人的特征了。

（3）第三代机器人

第三代机器人应具有高度的自适应能力，它有多种感知机能，可通过复杂的推理，作出判断和决策，自主决定机器人的行为，具有相当程度的智能性，故又称为智能机器人。第三代机器人目前主要用于家庭/个人服务及军事、航天等领域（见图 1.1-4），总体尚处于实验和研究阶段，目前还只有美国、日本、德国等少数发达国家能掌握和应用。

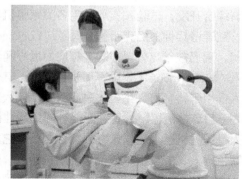

（a）ASIMO 机器人　　　　　　　　　　（b）ROBEAR 护理机器人

图1.1-4　第三代机器人

例如，日本本田（HONDA）公司最新研发的图 1.1-4（a）所示的 ASIMO 机器人，不仅能实现跑步、爬楼梯、跳舞等动作，还能进行踢球、倒饮料、打手语等简单智能动作。日本理化学研究所（Riken Institute）最新研发的图 1.1-4（b）所示的 ROBEAR 护理机器人，其肩部、关节等部位都安装有测力感应系统，可模拟人的怀抱感，它能够像人一样，柔和地将卧床者从床上扶起，或将坐着的人抱起，样子亲切可爱、充满活力。

3. 服务机器人简介

根据机器人的用途，一般将其分为工业机器人和服务机器人两大类：工业机器人用于工业生产环境；服务机器人服务于人类非生产性活动。

服务机器人（Personal Robots，PR）的涵盖范围非常广，简言之，除工业生产用的机器人外，其他所有的机器人均属于服务机器人的范畴，它在机器人中的比例高达 95%以上。服务机器人的出现虽然晚于工业机器人，但由于它与人类进步、社会发展、公共安全等诸多重大问题息息相关，应用领域众多，市场广阔，因此，发展非常迅速、潜力巨大，它是当前机器人的主要发展方向。

服务机器人与工业机器人的区别在于：在大多数情况下，工业机器人的工作环境是已知的，因此，利用第一代机器人技术已可满足其要求；但服务机器人一般没有固定的活动范围和动作行为，其工作环境绝大多数为未知，它需要有良好的自主感知、自主规划、自主行动和自主协同等方面的能力，故需要使用第二代机器人或第三代机器人技术。服务机器人又可分为个人/家庭服务机器人和专业服务机器人两类。

个人/家庭服务机器人（Personal/Domestic Robots）泛指为人们日常生活服务的机器人，服务范围包括家庭作业、娱乐休闲、残障辅助、住宅安全等。其中，家用清洁机器人是家庭服务机器人中最早被实用化的产品之一，美国 iRobot、德国 Karcher 等公司是目前家庭服务机器人行业公认的领先企业。在我国，由于家庭经济条件、传统文化的影响，绝大多数家庭作业都是由家庭成员或家政服务人员承担的，家庭服务机器人的使用率非常低。

专业服务机器人（Professional Service Robots）的主要产品有军事机器人、场地机器人和医疗机器人 3 类。

军事机器人（Military Robots）是为了军事目的而研制的自主、半自主式或遥控的智能化装备，其应用涵盖侦察、排雷、防化、进攻、防御及后勤保障等各方面，无人驾驶飞行器（UAV）、机器人武装战车（ARV）、多功能后勤保障机器人（MULE）等都属于军事机器人。美国是目前世界上唯一具有综合开发、试验和实战应用各类军事机器人能力的国家，其军事机器人的应用已涵盖陆、海、空等诸兵种，洛克希德·马丁（Lockheed Martin）公司、波士顿动力（Boston Dynamics）公司，现已被谷歌公司并购）等均为世界闻名的军事机器人研发制造企业。

场地机器人（Field Robots）是除军事机器人外，其他可进行大范围作业的服务机器人的总称。场地机器人多用于科学研究和公共事业服务，如太空探测、水下作业、危险作业、消防救援、园林作业等。月球探测器、火星探测器等都是场地机器人的标志性产品。

医疗机器人是服务机器人的重点发展领域之一，它主要用于伤病员的手术、救援、转运和康复，包括诊断机器人、外科手术或手术辅助机器人、康复机器人等。当前，医疗机器人的研发与应用大部分都集中于美国、欧洲、日本等发达国家和地区，美国的直觉外科（Intuitive Surgical）公司是全球领先的医疗机器人研发、制造企业。

二、工业机器人分类及应用

工业机器人（Industrial Robots，IR）是用于工业生产活动的机器人的总称。用工业机器人替代人工操作，不仅可以保障人身安全、改善劳动环境、减轻劳动强度、提高劳动生产率，而且能够起到提高产品质量、节约原材料消耗及降低生产成本等多方面作用，因而，它在工业生产各领域的应用也越来越广泛。

1. 工业机器人的分类

工业机器人自 1959 年问世以来，经过 60 余年发展，在性能和用途等方面都有了很大的变化；现代工业机器人的结构越来越合理，控制越来越先进，功能越来越强大。根据工业机器人的功能与用途，其主要产品大致可分为图 1.1-5 所示的加工类机器人、装配类机器人、搬运类机器人、包装类机器人 4 类。

（a）加工类机器人

（b）装配类机器人

（c）搬运类机器人

（d）包装类机器人

图1.1-5　工业机器人的分类

① 加工类机器人。加工类机器人是直接用于工业产品加工作业的工业机器人，常用于金属材料焊接、切割、折弯、冲压、研磨、抛光等；此外，也有部分用于建筑、木材、石材、玻璃等行业的非金属材料切割、研磨、雕刻、抛光等加工作业。

焊接、切割、研磨、雕刻、抛光加工的环境通常较恶劣，加工时所产生的强弧光、高温、烟尘、飞溅物、电磁干扰等都有害人体健康。这些行业采用机器人自动作业，不仅可以改善工作环境，避免人体伤害；而且可以实现自动连续工作，提高工作效率和改善加工质量。

焊接机器人（Welding Robot）是目前工业机器人中产量较大、应用较广的产品，被广泛用于汽车、铁路、航空航天、军工、冶金、电器等行业。自 1969 年美国通用汽车（GM 公司）在美国洛兹敦（Lordstown）汽车组装生产线上装备首台汽车点焊机器人以来，机器人焊接技术已日臻成熟，机器人的自动化焊接作业可提高生产率、确保焊接质量、改善劳动环境，它是当前工业机器人应用的重要方向之一。

材料切割是工业生产中不可缺少的加工方式，从传统的金属材料火焰切割、等离子切割到可用于多种材料的激光切割都可通过机器人完成。目前，薄板类材料的切割大多采用数控火焰切割机、数控等离子切割机和数控激光切割机等数控机床加工；但异形、大型材料或船舶、车辆等大型废旧设备的切割已开始逐步使用工业机器人。

研磨、雕刻、抛光机器人主要用于汽车、摩托车、工程机械、家具建材、电子电气、陶瓷卫浴等行业的表面处理。使用研磨、雕刻、抛光机器人不仅能使操作者远离高温、粉尘、有毒、易燃、易爆的工作环境，而且能够提高加工质量和生产效率。

② 装配类机器人。装配类机器人（Assembly Robot）是将不同的零件或材料组合成组件或成品的工业机器人，常用的有组装机器人和涂装机器人两大类。

计算机（Computer）、通信（Communication）和消费性电子（Consumer Electronic）行业（简称 3C 行业）是目前组装机器人最大的应用市场。3C 行业是典型的劳动密集型产业，采用人工装配，不仅需要使用大量的员工，而且操作工人的工作高度重复、频繁，劳动强度极大；此外，随着电子产品不断向轻薄化、精细化方向发展，产品对零部件装配的精细程度要求日益提高，部分作业人工已无法完成。

涂装机器人用于部件或成品的上漆、喷涂等表面处理，这类处理通常含有影响人体健康的有害、有毒气体，采用机器人自动作业后，不仅可以改善工作环境，避免有害、有毒气体的危害；而且可以自动连续工作，提高工作效率和改善加工质量。

③ 搬运类机器人。搬运类机器人是从事物体移动作业的工业机器人的总称，常用的主要有输送机器人（Transfer Robot）和装卸机器人（Handling Robot）两大类。

工业生产中的输送机器人以无人搬运车（Automated Guided Vehicle，AGV）为主。AGV 具有自身的计算机控制系统和路径识别传感器，能够自动行走和定位停止，可广泛应用于机械、电子、纺织、卷烟、医疗、食品、造纸等行业的物品搬运和输送。在机械加工行业，AGV 大多用于无人化工厂、柔性制造系统（Flexible Manufacturing System，FMS）中工件、刀具的搬运或输送，它通常需要与自动化仓库、刀具中心及数控加工设备、柔性加工单元（Flexible Manufacturing[①] Cell，FMC）的控制系统互连，以构成无人化工厂、柔性制造系统的自动化物流系统。

装卸机器人多用于机械加工设备的工件装卸（上、下料），它通常和数控机床等自动化加工设备组合，构成柔性加工单元，成为无人化工厂、柔性制造系统的一部分。装卸机器人还经常用于冲剪、锻压、铸造等设备的上、下料，以替代人工完成高风险、高温或恶劣环境下的危险作业或繁重作业。

④ 包装类机器人。包装类机器人（Packaging Robot）是用于物品分类、成品包装、码垛的工业机器人，常用的主要有分拣机器人、包装机器人和码垛机器人 3 类。

3C 行业和化工、食品、饮料、药品工业是包装类机器人的主要应用领域。3C 行业的产品产量大、周转速度快，成品包装任务繁重，化工、食品、饮料、药品包装由于行业特殊性，人工作业涉及安全、卫生、清洁、防水、防菌等方面问题，因此，需要利用包装类机器人来完成物品的分拣、包装和码垛作业。

2. 工业机器人应用

根据国际机器人联合会（IFR）等部门的最新统计，当前工业机器人的应用行业分布情况大致如图 1.1-6 所示。

汽车制造业、电子电气工业、金属制品及加工业是目前工业机器人的主要应用领域。汽车及汽车零部件制造业历来是工业机器人用量最大的行业，其使用量长期保持在工业机器人总量的 40%

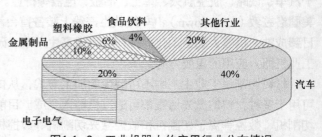

图1.1-6 工业机器人的应用行业分布情况

---

① 作为"单元"的前缀，Manufacturing 此处通常译作"加工"。

左右，使用的产品以加工类、装配类机器人为主，是焊接、研磨、抛光及装配、涂装机器人的主要应用领域。

电子电气（包括计算机、通信、家电、仪器仪表等）是工业机器人应用的另一主要行业，其使用量保持在工业机器人总量的 20% 左右，使用的主要产品为装配类、包装类机器人。金属制品及加工业的机器人用量在工业机器人总量的 10% 左右，使用的产品主要为搬运类的输送机器人和装卸机器人。建筑、化工、橡胶、塑料以及食品、饮料、药品等其他行业的机器人用量都在工业机器人总量的 10% 以下，橡胶、塑料、化工、建筑行业使用的机器人种类较多；食品、饮料、药品行业通常以使用加工类、包装类机器人为主。

中国是目前全世界工业机器人最大的消费国家，可以说近年来全球工业机器人的增长基本上来自中国市场。据中国机器人产业联盟、美国《华尔街日报》等的统计，2013 年中国的工业机器人销量为 3.7 万台，约占全球销量（17.7 万台）的五分之一；2014 年、2015 年，中国工业机器人的年销量分别为 5.7 万台、6.6 万台，达到全球销量（22.5 万台、24.7 万台）的四分之一以上；2016 年、2017 年，中国工业机器人的年销量更是达到了 8.7 万台、14.1 万台，约占全球销量（29.4 万台、38 万台）的三分之一。但是，我们应当清醒地认识到，中国工业机器人市场的壮大，在很大程度上得益于国家政策，而并不代表我国的工业自动化程度已真正超过了发达国家。

实践指导

一、工业机器人组成与特点

1. 工业机器人系统组成

工业机器人是一种功能完整、可独立运行的典型机电一体化设备，它有自身的控制器、驱动系统和操作界面，可对其进行手动、自动操作及编程，它能依靠自身的控制能力来实现所需要的功能。广义上的工业机器人是由图 1.1-7 所示的机器人及相关附加设备组成的完整系统，总体可分为机械部件和电气控制系统两大部分。

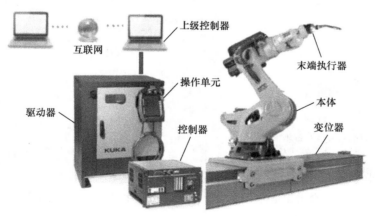

图1.1-7　工业机器人系统组成

工业机器人（简称机器人）系统的机械部件包括机器人本体、末端执行器、变位器等；电气控制系统主要包括控制器、驱动器、操作单元、上级控制器等。其中，机器人本体、末端执行器以及控制器、驱动器、操作单元是机器人必需的基本组成部件。

（1）机器人本体

机器人本体又称操作机，它是用来完成各种作业的执行机构，包括机械部件及安装在机械部件上的驱动电机、传感器等。

机器人本体的形态各异，但绝大多数都是由若干关节（Joint）和连杆（Link）连接而成的。以常用的6轴垂直串联型（Vertical Articulated）工业机器人为例，其运动主要包括整体回转（腰关节）、下臂摆动（肩关节）、上臂摆动（肘关节）、腕回转和摆动（腕关节）等，机器人本体的典型结构如图1.1-8所示，其主要部件包括手部、腕部、上臂、下臂、腰部、基座等。

机器人的手部用来安装末端执行器，它既可以安装类似人类的手爪，也可以安装吸盘或其他各种作业工具。腕部用来连接手部和手臂，起到支撑手部的作用。上臂用来连接腕部和下臂，上臂可回绕下臂摆动，实现手腕大范围的上下（俯仰）运动。下臂用来连接上臂和腰部，并可回绕腰部摆动，以实现手腕大范围的前后运动。腰部用来连接下臂和基座，它可以在基座上回转，以改变整个机器人的作业方向；基座是整个机器人的支持部分。机器人的基座、腰部、下臂、上臂统称机身；机器人的腕部和手部统称手腕。

机器人的末端执行器又称工具，它是安装在机器人手腕上的作业机构。末端执行器与机器人的作业要求、作业对象密切相关，一般需要由机器人制造厂和用户共同设计与制造。例如，用于装配、搬运、包装的机器人需要配置吸盘、手爪等用来抓取零件、夹持物品；而加工类机器人则需要配置用于焊接、切割、打磨等加工的焊枪、割枪、铣头、磨头等各种工具或刀具。

（2）变位器

变位器是工业机器人的主要配套附件，其作用和功能如图1.1-9所示。通过变位器，可以增加机器人的自由度，扩大作业空间，提高作业效率，实现作业对象或多机器人的协同运动，提升机器人系统的整体性能和自动化程度。

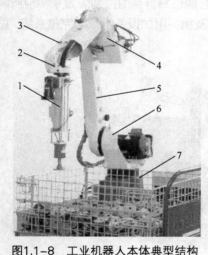

图1.1-8 工业机器人本体典型结构

1—末端执行器；2—手部；3—腕部；4—上臂；

5—下臂；6—腰部；7—基座

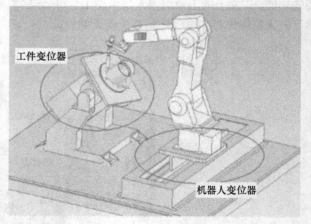

图1.1-9 变位器作用

从用途上说，变位器主要有工件变位器和机器人变位器两大类。

工件变位器如图 1.1-10 所示，它主要用于工件的作业面调整与工件的交换，以减少工件装夹次数，缩短工件装卸等辅助时间，提高机器人的作业效率。

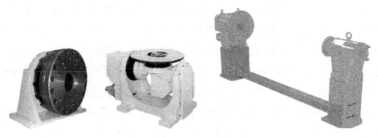

图1.1-10　工件变位器

在结构上，工件变位器以回转变位器居多。通过工件的回转，可在机器人位置保持不变的情况下，改变工件的作业面，以完成工件的多面作业，避免多次装夹。此外，还可通过工装的180°整体回转运动，实现作业区与装卸区的工件自动交换，使得工件的装卸和作业同时进行，从而大大缩短工件装卸时间。

机器人变位器有图 1.1-11 所示的回转变位器与直线变位器两类。机器人回转变位器主要用于大型、重型机器人的 360° 回转变位，例如，取代 4、5 轴垂直串联机器人本体的腰回转轴，可简化机器人本体结构、增强结构刚度。直线变位器主要用于机器人的大范围整体运动，以扩大机器人的作业范

（a）回转变位器　　　（b）直线变位器

图1.1-11　机器人变位器

围，实现大型工件、多工件的作业；或者通过机器人的运动，实现作业区与装卸区的交换，以缩短工件装卸时间，提高机器人的作业效率。

工件变位器、机器人变位器既可选配机器人生产厂家的标准部件，也可由用户根据需要设计、制作。简单机器人系统的变位器一般由机器人控制器直接控制，多机器人复杂系统的变位器需要由上级控制器进行集中控制。

（3）电气控制系统

在机器人电气控制系统中，上级控制器仅用于复杂系统各种机电一体化设备的协同控制、运行管理和调试编程，它通常以网络通信的形式与机器人控制器进行信息交换，因此，实际上属于机器人电气控制系统的外部设备；而机器人控制器、操作单元、驱动器及辅助控制电路，则是机器人控制必不可少的系统部件。

① 机器人控制器。机器人控制器是用于机器人坐标轴位置和运动轨迹控制的装置，输出运动轴的插补脉冲，其功能与数控装置非常类似，控制器的常用结构有工业计算机（PC）型和可编程序控制器（PLC）型两种。

工业 PC 型机器人控制器的主机和通用计算机并无本质的区别，但机器人控制器需要增加传感器、驱动器接口等硬件，这种控制器的兼容性好、软件安装方便、网络通信容易。PLC 型控制器以类似 PLC 的 CPU 模块作为中央处理器，然后通过选配各种 PLC 功能模块，如测量模块、轴控制模块等，实现对机器人的控制，这种控制器的配置灵活，模块通用性好、可靠性高。

② 操作单元。工业机器人的现场编程一般通过示教操作实现，它对操作单元的移动性能和

手动性能的要求较高，但其显示功能一般不及数控系统，因此，机器人的操作单元以手持式为主，习惯上称之为示教器。

传统的示教器由显示器和按键组成，操作者可通过按键直接输入命令和进行所需的操作。目前常用的示教器为菜单式，它由显示器和操作菜单键组成，操作者可通过操作菜单选择需要的操作。先进的示教器使用了与目前智能手机同样的触摸屏和图标界面，这种示教器的最大优点是可直接通过 Wi-Fi 连接控制器和网络，从而省略了示教器和控制器间的连接电缆；智能手机型操作单元的使用灵活、方便，是适合网络环境下使用的新型操作单元。

③ 驱动器。驱动器实际上是用于控制器的插补脉冲功率放大的装置，实现驱动电机位置、速度、转矩控制，驱动器通常安装在控制柜内。驱动器的形式取决于驱动电机的类型，伺服电机需要配套伺服驱动器，步进电机则需要使用步进驱动器。机器人目前常用的驱动器以交流伺服驱动器为主，它有集成式、模块式和独立型 3 种基本结构形式。

集成式驱动器的全部驱动模块集成一体，电源模块可以独立或集成，这种驱动器的结构紧凑、生产成本低，是目前使用较为广泛的结构形式。模块式驱动器的电源模块为公用，驱动模块独立，驱动器需要统一安装。集成式驱动器、模块式驱动器不同控制轴间的关联性强，调试、维修和更换相对比较麻烦。独立型驱动器的电源和驱动电路集成一体，每一轴的驱动器可独立安装和使用，因此，其安装使用灵活、通用性好，调试、维修和更换也较方便。

④ 辅助控制电路。辅助控制电路主要用于控制器、驱动器电源的通断控制和接口信号的转换。由于工业机器人的控制要求类似，接口信号的类型基本统一，因此为了缩小体积、降低成本、方便安装，辅助控制电路常被制成标准的控制模块。

尽管机器人的用途、规格有所不同，但电气控制系统的组成部件和功能类似，因此，机器人生产厂家一般将电气控制系统统一设计成图 1.1-12 所示的箱式或柜式。

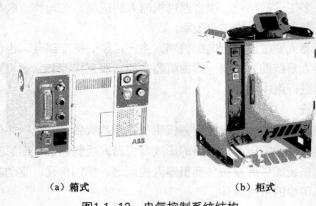

（a）箱式　　　　　　　　　　（b）柜式

图1.1-12　电气控制系统结构

在以上箱式或柜式电气控制系统结构中，示教器是用于工业机器人操作、编程及数据输入/显示的人机界面，为了方便使用，一般为可移动式悬挂部件；驱动器一般为集成式交流伺服驱动器；控制器则以 PLC 型为主。另外，在采用工业 PC 型机器人控制器的系统中，控制器有时也可独立安装，系统的其他控制部件通常统一安装在控制柜内。

2. 工业机器人特点

工业机器人是集机械、电子、控制、检测、计算机、人工智能等多学科先进技术于一体的典型机电一体化设备，其主要技术特点如下。

① 拟人。在结构形态上，大多数工业机器人的本体有类似人类的腰部、大臂、小臂、手腕、手等部件，并接受其控制器的控制。在智能工业机器人上，还安装有模拟人类等生物的传感器，如模拟感官的触觉传感器、力传感器、负载传感器、光传感器，模拟视觉的图像识别传感器，模拟听觉的声传感器、语音传感器等，这样的工业机器人具有类似人类的环境自适应能力。

② 柔性。工业机器人有完整、独立的控制系统，可通过编程来改变其动作和行为，此外，还可通过安装不同的末端执行器来满足不同的应用要求，因此，它具有适应对象变化的柔性。

③ 通用性。除了部分专用工业机器人外，大多数工业机器人都可通过更换工业机器人手部的末端执行器，如更换手爪、夹具、工具等，来完成不同的作业，因此，它具有一定的、执行不同作业任务的通用性。

二、工业机器人结构及形态

从运动学原理上说，绝大多数机器人的本体都是由若干关节（Joint）和连杆（Link）组成的运动链。根据关节间的连接形式，多关节工业机器人的典型结构主要有垂直串联、水平串联（或称 SCARA）和并联 3 类。

1. 垂直串联机器人

垂直串联（Vertical Articulated）是工业机器人常见的结构形式，机器人的本体部分一般由 5～7 个关节在垂直方向依次串联而成，它可以模拟人类从腰部到手腕的运动，用于加工、搬运、装配、包装等各种场合。

图 1.1-13 所示的 6 轴垂直串联结构是垂直串联机器人的典型结构。机器人的 6 个运动轴分别为腰部回转轴 S（Swing，亦称 J1轴）、下臂摆动轴 L（Lower Arm Wiggle，亦称 J2 轴）、上臂摆动轴 U（Upper Arm Wiggle，亦称 J3 轴）、腕回转轴 R（Wrist Rotation，亦称 J4 轴）、腕摆动轴 B（Wrist Bending，亦称 J5 轴）、手回转轴 T（Turning，亦称 J6 轴）。图 1.1-13 中用实线表示的腰部回转轴 S（J1）、腕回转轴 R（J4）、手回转轴 T（J6）可在 4 个象限进行 360°或接近 360°的回转，称为回转轴（Roll）；用虚线表示的下臂摆动轴 L（J2）、上臂摆动轴 U（J3）、腕摆动轴 B（J5）一般只能在 3个象限内进行小于 270°的回转，称为摆动轴（Bend）。

图1.1–13　6轴垂直串联结构

6 轴垂直串联结构机器人的末端执行器作业点的运动由手臂和手腕、手的运动合成，其中，腰部、下臂、上臂 3 个关节可用来改变手腕基准点的位置，称为定位机构。通过腰部回转轴 S 的运动，机器人可绕基座的垂直轴线回转，以改变机器人的作业面方向；通过下臂摆动轴 L 的运动，可使机器人的上部进行垂直方向的偏摆，实现手腕参考点的前后运动；通过上臂摆动轴 U 的运动，可使机器人的上部进行水平方向的偏摆，实现手腕参考点的上下运动（俯仰）。

手腕部分的腕回转、腕摆动和手回转 3 个关节，可用来改变末端执行器的姿态，称为定向机构。腕回转轴 R 可整体改变手腕方向，调整末端执行器的作业面向（指工具安装面方向）；腕摆动轴 B 可用来实现末端执行器的上下或前后、左右摆动，调整末端执行器的作业点；手回转轴 T 用于末端执行器回转控制，它可改变末端执行器的作业方向。

6 轴垂直串联结构机器人通过以上定位机构和定向机构的串联，较好地实现了三维空间内的任意位置和姿态控制，它对于各种作业都有良好的适应性，因此，可用于加工、搬运、装配、包装等各种场合。

6 轴垂直串联结构机器人的缺点是，笛卡儿坐标系上的三维运动需要通过多个回转、摆动轴运动合成，其计算和控制较复杂，加上直线位置不能直接检测，故无法实现高精度、闭环位置控制。此外，由于结构所限，6 轴垂直串联结构机器人存在运动干涉区域，故其进行下部、反向作业非常困难。加上典型结构的手腕驱动机构均安装在关节部位，机上部的质量大、重心高，高速运动时的稳定性较差，故其承载能力通常较低。因此，垂直串联工业机器人有时需要采用图 1.1-14 所示的 7 轴串联、平行四边形连杆驱动等变形结构。

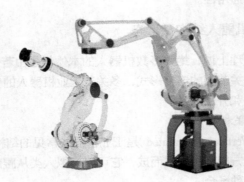

（a）7 轴串联　　　　　　　　　　　（b）连杆驱动

图 1.1-14　平行四边形连杆驱动

2. 水平串联机器人

水平串联（Horizontal Articulated）结构是日本山梨大学的牧野洋在 1978 年发明的，它是一种建立在圆柱坐标上的特殊机器人结构形式，又称 SCARA（ Selective Compliance Assembly Robot Arm，选择顺应性装配机器人手臂）结构。

SCARA 机器人的基本结构如图 1.1-15（a）所示。这种机器人的手臂由 2～3 个轴线相互平行的水平旋转关节 C1、C2、C3 串联而成，以实现平面定位；整个手臂可通过垂直方向的直线移动轴 z 进行升降运动。

SCARA 机器人的结构简单、外形轻巧、定位精度高、运动速度快，它特别适合于平面定位、垂直方向装卸的搬运和装配作业，故首先被用于 3C 行业印制电路板的器件装配和搬运作业；随后在光伏行业的 LED、太阳能电池安装，以及塑料、汽车、药品、食品等行业的平面装配和搬运领域得到了较为广泛的应用。SCARA 结构机器人的工作半径通常为 100～1000mm，承载能力一般在 1～200kg。

采用 SCARA 基本结构的机器人结构紧凑、动作灵巧，但水平旋转关节 C1、C2、C3 的驱动电机均需要安装在基座侧，其传动链长、传动系统结构较为复杂；此外，垂直轴 z 需要控制 3 个手臂的整体升降，其运动部件质量较大、升降行程通常较小，因此，实际使用时经常采用图 1.1-15（b）所示的执行器直接升降结构。

采用执行器升降结构的 SCARA 机器人不但可扩大 z 轴升降行程、减轻升降部件的重量、提高手臂刚性和负载能力，同时，还可将 C2、C3 轴的驱动电机安装位置前移，以缩短传动链、简化传动系统结构。但是，这种结构的机器人回转臂的体积大、结构不及基本型紧凑，因此，多用于垂直方向运动不受限制的平面搬运和部件装配作业。

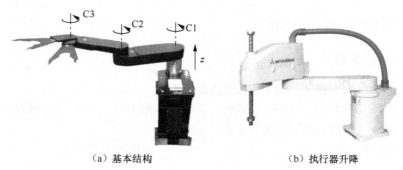

（a）基本结构　　　　　　　　（b）执行器升降

图1.1-15　SCARA机器人

3. 并联机器人

并联机器人（Parallel Robot）的结构设计源自于 1965 年英国科学家斯图尔特（Stewart）在《具有 6 个自由度的平台》（*A Platform with Six Degrees of Freedom*）文中提出的 6 自由度飞行模拟器，即 Stewart 平台机构。Stewart 平台的标准结构如图 1.1-16（a）所示。

Stewart 平台通过空间均布的 6 根并联连杆支撑。当控制 6 根连杆伸缩运动时，便可实现平台在三维空间的前后、左右、升降及倾斜、回转、偏摆等运动。Stewart 平台具有 6 个自由度，可满足机器人的控制要求，1978 年，它被澳大利亚学者享特（Hunt）首次引入到机器人的运动控制。

Stewart 平台的运动需要通过 6 根连杆轴的同步控制实现，其结构较为复杂、控制难度很大。1985 年，瑞士洛桑联邦理工学院（Swiss Federal Institute of Technology in Lausanne，法文简称 EPFL）的 Clavel 博士，发明了一种如图 1.1-16（b）所示的简化结构，它采用悬挂式布置，可通过 3 根并联连杆轴的摆动实现三维空间的平移运动，这一结构称为 Delta 结构。

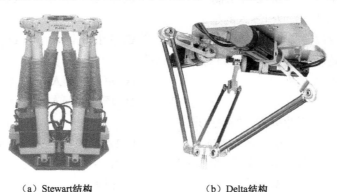

（a）Stewart结构　　　　　　（b）Delta结构

图1.1-16　并联机器人结构

Delta 机构可通过在运动平台上安装回转轴增加回转自由度，方便地实现 4 自由度、5 自由度、6 自由度的控制，以满足不同机器人的控制要求，采用了 Delta 结构的机器人称为 Delta 机器人或 Delta 机械手。

Delta 结构具有结构简单、控制容易、运动快捷、安装方便等优点，因而成为目前并联机器人的基本结构，Delta 机器人被广泛用于食品、药品、电子、电工等行业的物品分拣、装配、搬运，它是高速、轻载并联机器人较为常用的结构形式。

技能训练

结合本任务的学习，完成以下练习。

一、不定项选择题

1. 世界上第一台真正意义上的工业机器人诞生于（　　　）。
   A. 1952 年，美国　B. 1959 年，美国　　　　C. 1959 年，日本　D. 1952 年，德国
2. 以下对第一代机器人理解正确的是（　　　）。
   A. 有分析推理能力　　　　　　　　　B. 以示教再现为主
   C. 已实用普及　　　　　　　　　　　D. 能自主决定行为
3. 以下对第三代机器人理解正确的是（　　　）。
   A. 有分析推理能力　　　　　　　　　B. 以示教再现为主
   C. 已实用普及　　　　　　　　　　　D. 能自主决定行为
4. 目前，大多数工业机器人使用的是（　　　）机器人技术。
   A. 第一代　　　　　　B. 第二代　　　　　　C. 第三代　　　　　　D. 第四代
5. 根据机器人的应用环境，机器人一般分为（　　　）两类。
   A. 串联机器人、并联机器人　　　　　B. 工业机器人、服务机器人
   C. 示教机器人、智能机器人　　　　　D. 顺序机器人、轨迹控制机器人
6. 根据工业机器人的功能与用途进行分类，其目前主要有（　　　）几类。
   A. 加工类　　　　　　B. 装配类　　　　　　C. 搬运类　　　　　　D. 包装类
7. 以下属于加工类工业机器人的是（　　　）。
   A. 焊接机器人　　　B. 装卸机器人　　　　C. 涂装机器人　　　D. 码垛机器人
8. 以下属于装配类工业机器人的是（　　　）。
   A. 焊接机器人　　　B. 涂装机器人　　　　C. 分拣机器人　　　D. 包装机器人
9. 以下属于服务机器人的是（　　　）。
   A. 家庭清洁机器人　　　　　　　　　B. 军事机器人
   C. 医疗机器人　　　　　　　　　　　D. 场地机器人
10. 日本最早生产工业机器人的企业是（　　　）。
    A. KAWASAKI　　　B. YASKAWA　　　　C. FANUC　　　　D. DAIHEN
11. 目前，工业机器人年销量最大的国家是（　　　）。
    A. 美国　　　　　　B. 德国　　　　　　　C. 日本　　　　　　D. 中国
12. 目前工业机器人使用量最大的行业是（　　　）。
    A. 电子电气工业　　　　　　　　　　B. 汽车制造业
    C. 金属制品及加工业　　　　　　　　D. 食品和饮料业
13. 工业机器人系统的机械组成部件包括（　　　）。
    A. 本体　　　　　　B. 末端执行器　　　　C. 变位器　　　　　　D. 电气控制系统
14. 以下属于工业机器人本体的是（　　　）。
    A. 变位器　　　　　B. 作业工具　　　　　C. 机身　　　　　　　D. 手臂

15. 以下属于工业机器人电气控制系统的是（　　　）。
　　A. 示教器　　　　B. 驱动器　　　　　　C. 机器人控制器　　D. 辅助电路
16. 以下属于工业机器人末端执行器的是（　　　）。
　　A. 示教器　　　　B. 弧焊焊枪　　　　　C. 点焊焊钳　　　　D. 物品夹持装置
17. 以下对工业机器人变位器功能理解正确的是（　　　）。
　　A. 控制机器人机身运动　　　　　　　　B. 控制机器人手腕运动
　　C. 控制机器人整体运动　　　　　　　　D. 控制工件整体运动
18. 工业机器人的主要技术特点是（　　　）。
　　A. 拟人　　　　　B. 柔性　　　　　　　C. 通用性　　　　　D. 高精度
19. 多关节工业机器人的主要结构有（　　　）。
　　A. 直角坐标　　　B. 垂直串联　　　　　C. 水平串联　　　　D. 并联
20. 文献中经常提到的 SCARA 机器人属于（　　　）结构。
　　A. 直角坐标　　　B. 垂直串联　　　　　C. 水平串联　　　　D. 并联
21. 文献中经常提到的 Delta 机器人属于（　　　）结构。
　　A. 直角坐标　　　B. 垂直串联　　　　　C. 水平串联　　　　D. 并联

二、简答题

1. 简述第一、二、三代机器人在组成、性能等方面的区别。
2. 根据工业机器人的功能与用途，其主要产品大致可分为哪几类？各有什么特点？
3. 简述工业机器人的主要技术特点。
4. 简要说明垂直串联、SCARA、Delta 机器人的结构区别。

••• 任务 2　工业机器人性能与产品 •••

知识目标

1. 熟悉工业机器人的技术性能。
2. 熟悉 ABB 通用工业机器人产品与主要技术参数。
3. 了解 ABB 专用工业机器人、变位器产品。

能力目标

1. 知道工业机器人主要技术参数及其含义。
2. 能够选择 ABB 通用工业机器人。
3. 知道 ABB 专用工业机器人、变位器的用途。

基础学习

一、工业机器人技术性能

由于机器人的结构、用途和要求不同，其性能也有所不同。一般而言，机器人样本和说明书中所给的主要技术参数有控制轴数（自由度）、承载能力、工作范围（作业空间）、运动速度、位置精度等。

例如，ABB 公司 IRB 140T 和安川公司 MH6 两种 6 轴通用型工业机器人产品样本提供的主要技术参数如表 1.2-1 所示，说明如下。

表 1.2-1　6 轴通用型机器人主要技术参数表

机器人型号		IRB 140T	MH6
规格 （Specification）	承载能力（Payload）	6 kg	6 kg
	控制轴数（Number of Axes）	6	
	安装方式（Mounting）	地面/壁挂/框架/倾斜/倒置	
工作范围 （Working Range）	第 1 轴（Axis 1）	360°	−170°～+170°
	第 2 轴（Axis 2）	200°	−90°～+155°
	第 3 轴（Axis 3）	280°	−175°～+250°
	第 4 轴（Axis 4）	不限	−180°～+180°
	第 5 轴（Axis 5）	230°	−45°～+225°
	第 6 轴（Axis 6）	不限	−360°～+360°
最大速度 （Maximum Speed）	第 1 轴（Axis 1）	250°/s	220°/s
	第 2 轴（Axis 2）	250°/s	200°/s
	第 3 轴（Axis 3）	260°/s	220°/s
	第 4 轴（Axis 4）	360°/s	410°/s
	第 5 轴（Axis 5）	360°/s	410°/s
	第 6 轴（Axis 6）	450°/s	610°/s
重复定位精度（Repeat Position Accurary，RP）		0.03mm/ISO 9238—1998	±0.08mm/JISB8432—1999
工作环境 （Ambient）	工作温度（Operation Temperature）	+5～+45℃	0～+45℃
	储运温度（Transportation Temperature）	−25～+55℃	−25～+55℃
	相对湿度（Relative Humidity）	≤95%RH	20%～80%RH
电源 （Power Supply）	电压（Supply Voltage）	200～600V/50～60Hz	200～400V/50～60Hz
	功耗（Power Consumption）	4.5kV·A	1.5kV·A
外形 （Dimensions）	长×宽×高（Length×Width×Height）	800mm×620mm×950mm	640mm×387mm×1219mm
质量（Weight）		98 kg	130 kg

1. 工作范围

工作范围又称作业空间，它是指机器人在未安装末端执行器时，其手腕参考点所能到达的空间。工作范围是衡量机器人作业能力的重要指标，工作范围越大，机器人的作业区域也就越大。典型结构机器人的作业空间分别如下。

① 垂直串联。垂直串联机器人的工作范围是三维空间的不规则球体，为了便于说明，产品样本中一般需要提供图 1.2-1 所示的详细作业空间图，其中，从底面中心至手臂前伸极限位置的距离，是作业空间的主要参数，通常称为作业半径，图示的 IRB140 作业半径为 810mm（或

0.8m），MH6 作业半径为 1422mm（或 1.42m）等。

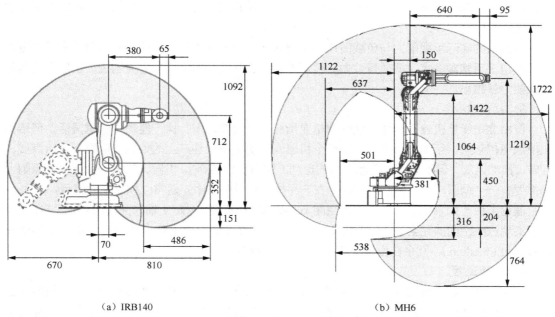

（a）IRB140 （b）MH6

图1.2-1　IRB140和MH6的作业空间

②　SCARA 与 Delta 结构。SCARA 机器人的手腕参考点运动通过 3 轴摆动和垂直升降实现，除了安装基座区域存在干涉、不能运动外，其他区域均可运动，其作业范围为图 1.2-2（a）所示的三维空间的空心圆柱体。并联 Delta 机器人一般采用倒置式安装，其手腕参考点运动通过 3 轴摆动实现，其作业范围为图 1.2-2（b）所示的锥底圆柱体，作业空间不存在运动干涉区。

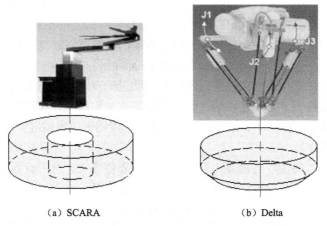

（a）SCARA （b）Delta

图1.2-2　SCARA、Delta机器人作业范围

2. 承载能力

承载能力是指机器人在作业空间内所能承受的最大负载，它一般用质量、力、转矩等技术参数表示。

搬运类机器人、装配类机器人、包装类机器人的承载能力是指机器人高速运动可抓取的物品质量。焊接、切割、喷涂等机器人无须抓取物品，其承载能力就是机器人所能安装的末端执行器质量。切削加工类机器人需要承担切削力，其承载能力通常是指切削加工时所能够承受的最大切削进给力。

机器人的实际承载能力与负载的重心位置有关，产品样本所提供的承载能力通常是假设负载重心位于手腕参考点时的质量或力、转矩参数，负载重心离手腕参考点越远，机器人的实际承载能力就越小。

3. 自由度

自由度是衡量机器人动作灵活性的重要指标，自由度越多，执行器动作就越灵活，但结构和控制也越复杂。所谓自由度，就是整个机器人运动链所能够产生的独立运动数，包括直线、回转、摆动运动，但不包括执行器本身的运动（如刀具旋转等）。机器人的每一个自由度原则上都需要有一个伺服轴进行驱动，因此，在产品样本和说明书中，通常以控制轴数表示。

理论上说，如果机器人具有三维空间 xyz 直线运动及绕 x、y、z 轴的回转运动 6 个自由度，则可实现三维空间的完全控制。自由度超过 6 个时，多余的自由度称为冗余自由度（Redundant Degree of Freedom），冗余自由度一般用来回避障碍物。

4. 运动速度

运动速度决定了机器人的工作效率，样本和说明书中所提供的运动速度一般是指机器人空载、稳态运动所能够达到的最大运动速度，它通常对各关节轴进行分别标注，机器人实际运动时，空间运动速度应是所有运动轴速度的合成。

机器人的运动速度与结构刚性、运动部件质量和惯量、驱动电机功率等因素有关。一般而言，靠近末端执行器的关节轴，其运动部件质量、惯量较小，运动速度和加速度较大；靠近安装基座的关节轴，需要同时驱动机身运动，其运动部件质量、惯量较大，运动速度和加速度较小。

5. 定位精度

机器人的定位精度是指机器人定位时，末端执行器实际到达的位置和目标位置间的误差值。机器人样本和说明书中所提供的定位精度一般是各坐标轴的重复定位（Position Repeatability，RP）精度，部分产品还提供了轨迹重复（Path Repeatability，RT）精度。

绝大多数机器人的定位需要通过关节回转和摆动运动合成，其笛卡儿坐标位置的控制远比以直线运动为主的数控机床等设备困难，两者的测量方法和精度计算标准都不同，数控机床的精度测量标准与要求高于机器人。因此，工业机器人只能用于位置精度要求不高的焊接、切割、打磨、抛光等粗加工。

总之，工业机器人的性能与机器人用途、结构形态等有关。常用机器人的结构形态、控制轴数（自由度）、承载能力、重复定位精度一般如表 1.2-2 所示。

表 1.2-2　各类机器人的主要技术指标要求

类别		结构形态	控制轴数	承载能力/kg	重复定位精度/mm
加工类	弧焊、切割	垂直串联	6～7	3～20	0.05～0.1
	点焊	垂直串联	6～7	50～350	0.2～0.3
装配类	通用装配	垂直串联	4～6	2～20	0.05～0.1
	电子装配	SCARA	4～5	1～5	0.05～0.1
	涂装	垂直串联	6～7	5～30	0.2～0.5

续表

类别		结构形态	控制轴数	承载能力/kg	重复定位精度/mm
搬运类	装卸	垂直串联	4～6	5～200	0.1～0.3
	输送	AGV	—	5～6500	0.2～0.5
包装类	分拣、包装	垂直串联、并联	4～6	2～20	0.05～0.1
	码垛	垂直串联	4～6	50～1500	0.5～1

二、ABB通用工业机器人

ABB 公司是全球著名的工业机器人生产企业,其产品技术先进、规格齐全,在国内外市场的应用非常广泛。ABB 当前生产与销售的工业机器人相关产品主要包括工业机器人、变位器及配套的控制系统、焊接设备等。ABB 通用型工业机器人可用于加工、装配、搬运、包装等多种作业,有垂直串联、水平串联(SCARA)及并联(Delta)3 种结构;其中,垂直串联机器人产品众多,根据承载能力,可分为小型(20kg 以下)、中型(20～100kg)、大型(100～300kg)和重型(大于 300kg)四大类。ABB 通用型工业机器人常用产品如下。

1. 小型工业机器人

目前常用的 20kg 以下 ABB 小型通用工业机器人主要有 IRB120/1200、IRB140/1410、IRB1600、IRB2400 等系列产品,部分产品实物及其作业范围如图 1.2-3 所示。

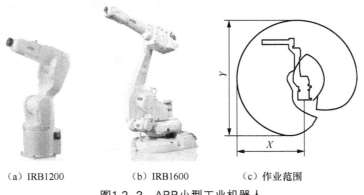

(a) IRB1200　　　(b) IRB1600　　　(c) 作业范围

图1.2-3　ABB小型工业机器人

IRB120/1200 系列通用工业机器人采用的是 6 轴垂直串联、驱动电机内置式前驱手腕结构,机器人外形简洁、防护性能好。IRB120/1200 系列机器人的承载能力有 3kg、5kg、7kg 共 3 种规格;作业半径在 1m 以内。

IRB140/1410、IRB1600、IRB2400 系列通用工业机器人采用的是 6 轴垂直串联、驱动电机外置式后驱手腕标准结构,机器人结构紧凑、运动灵活。IRB140/1410、IRB1600、IRB2400 系列机器人的承载能力有 5kg、6kg、10kg、12kg、20kg 共 5 种规格;作业半径为 1～2m。

以上产品的主要技术参数如表 1.2-3 所示,表中工作范围参数 X、Y 的含义如图 1.2-3(c)所示。

表 1.2-3　ABB 小型通用机器人主要技术参数

系列	型号	承载能力/kg	工作范围/mm		重复定位精度/mm	控制轴数
			X	Y		
IRB120	3/0.6	3	580	982	0.01	6
IRB1200	5/0.9	5	901	1642	0.02	6
	7/0.7	7	703	1304	0.02	6
IRB1410	5/1.44	5	1440	1843	0.05	6
IRB140	6/0.8	6	810	1243	0.03	6
IRB1600	6/1.2	6	1225	2016	0.02	6
	6/1.45	6	1450	2506	0.02	6
	10/1.2	10	1225	2016	0.02	6
	10/1.45	10	1450	2506	0.05	6
IRB2400	10/1.55	12	1550	2065	0.03	6
	16/1.55	20	1550	2065	0.03	6
IRB2600	12/1.65	12	1653	2941	0.04	6
	12/1.85	12	1853	3322	0.04	6
	20/1.65	20	1653	2941	0.04	6

2. 中型工业机器人

目前常用的 20～100kg ABB 中型通用工业机器人，主要有 IRB4400、IRB460/4600 等系列产品，如图 1.2-4 所示。

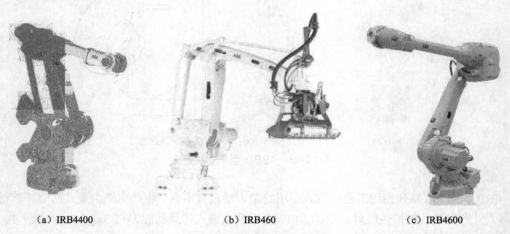

(a) IRB4400　　　　　　　　(b) IRB460　　　　　　　　(c) IRB4600

图 1.2-4　ABB 中型通用工业机器人

IRB4400 系列通用工业机器人采用的是 6 轴垂直串联、连杆驱动、驱动电机外置式后驱手腕结构，机器人结构稳定性好，运动速度快。IRB4400 机器人的承载能力为 60kg；作业半径为 1.955m。

IRB460 系列通用工业机器人可用于中型平面作业，机器人采用的是双连杆驱动、4 轴垂直串联结构，无腕回转轴 R、手回转轴 T；机器人结构简单，稳定性好。IRB460 机器人的承载能力为 110kg；作业半径为 2.4m。

IRB4600 系列通用工业机器人采用的是 6 轴垂直串联、驱动电机外置式后驱手腕结构，机器人结构紧凑，运动灵活。IRB4600 机器人的承载能力有 20kg、40kg、45kg、60kg 共 4 种规格；作业半径为 2～2.5m。

以上产品的主要技术参数如表 1.2-4 所示，表中工作范围参数 X、Y 的含义同前。

表 1.2-4　ABB 中型通用机器人主要技术参数

系列	型号	承载能力/kg	工作范围/mm		重复定位精度/mm	控制轴数
			X	Y		
IRB4400	60/1.96	60	1955	2430	0.19	6
IRB460	110/2.4	110	2403	2238	0.2	4
IRB4600	20/2.51	20	2513	4529	0.06	6
	40/2.55	40	2552	4607	0.06	6
	45/2.05	45	2051	3631	0.06	6
	60/2.05	60	2051	3631	0.06	6

3. 大型工业机器人

目前常用的 100～300kg ABB 大型通用工业机器人，主要有 IRB660、IRB6600、IRB6620/6640/6650S/ 6660、IRB6700/6790 等系列产品，部分产品实物如图 1.2-5 所示。

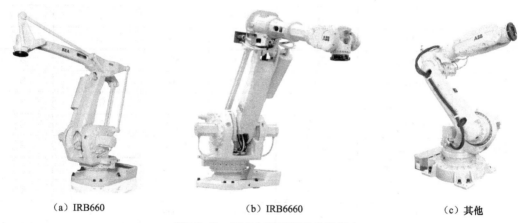

（a）IRB660　　　　　　　（b）IRB6660　　　　　　　（c）其他

图1.2-5　ABB大型通用工业机器人

IRB660 系列通用工业机器人可用于大型平面作业，机器人采用的是双连杆驱动、4 轴垂直串联结构，无腕回转轴 R、手回转轴 T；机器人结构简单，稳定性好。IRB660 机器人的承载能力有 180kg、250kg 共两种规格；作业半径均为 3.15m。

IRB6600 系列通用工业机器人采用连杆驱动、6 轴垂直串联结构，结构稳定性好，运动速度快。作业半径为 1.9～3.3m。

IRB6620/6640/6650S/6660、IRB6700/6790 等系列产品，均采用 6 轴垂直串联、驱动电机外置式后驱手腕标准结构。其中，IRB6640、IRB6700 为 ABB 大型通用机器人的常用产品，规格较多，IRB6640 的承载能力为 130～235kg，作业半径为 2.5～3.2m；IRB6700 的承载能力为 150～300kg，作业半径为 2.6～3.2m。此外，IRB6650S 系列产品采用的是框架式安装（Shelf Mounted）结构，其作业半径可达 3.9m；IRB6700inv 采用的是倒置式安装（Inverted Mounted）

结构，可用于高空悬挂作业。

以上产品的主要技术参数如表 1.2-5 所示，表中工作范围参数 X、Y 的含义同前。

表 1.2-5　ABB 大型通用机器人主要技术参数

系列	型号	承载能力/kg	工作范围/mm		重复定位精度/mm	控制轴数
			X	Y		
IRB660	180/3.15	180	3150	2980	0.1	4
	250/3.15	250	3150	2980	0.1	4
IRB6600	100/3.3	100	3343	3500	0.1	6
	130/3.1	130	3102	3500	0.11	6
	205/1.9	205	1932	2143	0.07	6
IRB6620	150/2.2	150	2204	3540	0.1	6
IRB6640	130/3.2	130	3200	4387	0.07	6
	180/2.55	180	2550	3301	0.07	6
	185/2.8	185	2800	3794	0.07	6
	205/2.75	205	2755	3487	0.07	6
	235/2.55	235	2550	3301	0.06	6
IRB6650S（框架式安装）	90/3.9	90	3932	6585	0.1	6
	125/3.5	125	3484	5692	0.1	6
	200/3.0	200	3039	4801	0.1	6
IRB6700	150/3.2	150	3200	4400	0.1	6
	155/2.85	155	2848	3841	0.1	6
	175/3.05	175	3050	4100	0.1	6
	200/2.6	200	2600	3400	0.1	6
	235/2.65	235	2650	3434	0.1	6
	245/3.0	245	3000	4000	0.1	6
	300/2.7	300	2720	3503	0.1	6
IRB6700inv（倒置式安装）	245/2.9	245	2900	3500	0.1	6
	300/2.6	300	2617	3119	0.1	6
IRB6790	205/2.8	205	2794	3567	0.05	6
	235/2.65	235	2650	3454	0.05	6

4. 重型工业机器人

目前常用的 300kg 以上 ABB 重型通用工业机器人，主要有图 1.2-6 所示的 IRB7600、IRB8700 两大系列产品。

IRB7600 系列产品采用 6 轴垂直串联、驱动电机外置式后驱手腕标准结构，承载能力为 150～500kg，作业半径为 2.55～3.55m。IRB8700 系列产品采用 6 轴垂直串联、连杆驱动后驱手腕结构，承载能力为 550kg、800kg，作业半径分别为 3.5m、4.2m。

（a）IRB7600

（b）IRB8700

图1.2-6　ABB重型通用工业机器人

以上产品的主要技术参数如表 1.2-6 所示，表中工作范围参数 X、Y 的含义同前。

表 1.2-6　ABB 重型通用机器人主要技术参数表

系列	型号	承载能力/kg	工作范围/mm		重复定位精度/mm	控制轴数
			X	Y		
IRB7600	150/3.5	150	3500	5056	0.2	6
	325/3.1	325	3050	4111	0.1	6
	340/2.8	340	2800	3614	0.3	6
	400/2.55	400	2550	3117	0.2	6
	500/3.55	500	2550	3117	0.1	6
IRB8700	550/4.2	550	3343	3500	0.1	6
	800/3.5	800	3102	3500	0.1	6

5. 并联 Delta 结构机器人

并联 Delta 结构的工业机器人多用于输送线物品的拾取与移动（分拣），它在食品、药品、3C 行业的使用较为广泛。

ABB 并联 Delta 结构机器人目前只有图 1.2-7 所示的 IRB360 一个系列，机器人可用于承载能力 8kg 以下、作业半径不超过 1600mm、高度不超过 460mm 的分拣作业。

（a）IRB360

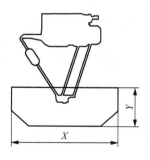

（b）工作范围

图1.2-7　ABB并联机器人

IRB360 并联 Delta 结构机器人的产品规格及主要技术参数如表 1.2-7 所示。

表 1.2-7　ABB 并联 Delta 结构机器人主要技术参数

系列	型号	承载能力/kg	工作范围/mm		重复定位精度/mm	控制轴数
			X	Y		
IRB360	1/800	1	800	200	0.1	4
	1/1130	1	1130	300	0.1	3 或 4
	1/1600	1	1600	300	0.1	4
	3/1130	3	1130	300	0.1	3 或 4
	6/1600	6	1600	460	0.1	4
	8/1130	8	1130	350	0.1	4

6. 水平串联 SCARA 结构机器人

水平串联 SCARA 结构的机器人外形轻巧，定位精度高，运动速度快，特别适合于 3C、药品、食品等行业的平面搬运、装卸作业。

ABB 公司 IRB910SC 系列 SCARA 结构机器人如图 1.2-8 所示，产品规格及主要技术参数如表 1.2-8 所示。

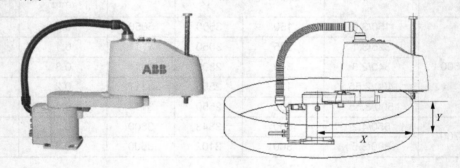

（a）IRB910SC　　　　　　　　（b）工作范围

图1.2-8　ABB水平串联SCARA结构机器人

表 1.2-8　ABB 水平串联 SCARA 结构机器人主要技术参数

系列	型号	承载能力/kg	工作范围/mm		重复定位精度/mm	控制轴数
			X	Y		
IRB910SC	3/0.45	3	450	180	±0.015	4
	3/0.55	3	550	180	±0.015	4
	3/0.65	3	650	180	±0.015	4

实践指导

一、ABB专用工业机器人

专用工业机器人是根据特定的作业需要，专门设计的工业机器人，ABB 专用工业机器人主要有弧焊机器人、涂装机器人两类，其常用规格及主要技术性能如下。

1. 弧焊机器人

用于电弧熔化焊接（Arc Welding）作业的工业机器人简称弧焊机器人，它是工业机器人中用量最大的产品之一。弧焊机器人需要进行焊缝的连续焊接作业，对作业空间和运动灵活性的要求均较高，但其作业工具（焊枪）的质量相对较轻，因此，一般采用小型 6 轴垂直串联结构。

常用的 ABB 弧焊机器人有图 1.2-9 所示的 IRB1520ID、IRB1600ID。如果需要，也可以选用承载能力 8kg、作业半径 2m 或承载能力 15kg、作业半径 1.85m 的 IRB2600ID 系列较大规格弧焊机器人。

（a）IRB1520ID   （b）IRB1600ID

图1.2-9　ABB弧焊机器人

IRB1520ID 弧焊机器人采用 6 轴垂直串联、管线与手臂整体设计结构，机器人的全部管线均可与手臂一体运动，机器人外形紧凑、运动灵活。IRB1600ID 弧焊机器人不仅定位精度比 IRB1520ID 高，而且还采用了倾斜式腰回转特殊结构，使机器人能进行背部作业，其作业范围比传统的水平腰回转更大。

IRB1520ID、IRB1600ID 弧焊机器人的主要技术参数如表 1.2-9 所示，工作范围参数的含义同前。

表 1.2-9　ABB 弧焊机器人主要技术参数

系列	型号	承载能力/kg	工作范围/mm		重复定位精度/mm	控制轴数
			X	Y		
IRB1520ID	4/1.5	4	1500	2601	0.05	6
IRB1600ID	4/1.5	4	1500	2633	0.02	6

2. 涂装机器人

用于上漆、喷涂等涂装作业的工业机器人，需要在充满易燃、易爆气雾的环境中作业，它对机器人的机械结构特别是手腕结构，以及电气安装与连接、产品防护等方面都有特殊要求，因此，需要选用专用工业机器人。ABB 涂装机器人技术先进、性能优异。目前，该公司常用的产品主要有图 1.2-10 所示的 IRB52、IRB5400、IRB5500、IRB580 等系列。

IRB52 系列涂装机器人采用 6 轴垂直串联标准结构，承载能力为 7kg，作业半径有 1.2m 和 1.45m 两种规格。

IRB5400 系列涂装机器人采用 6 轴垂直串联、3R 手腕结构，机器人的 J4（R 轴）、J5（B 轴）、J6（T 轴）可无限回转，机器人运动灵活、作业范围大。IRB5400 的承载能力为 25kg，作业半径为 3.13m。

IRB5500 系列涂装机器人采用 6 轴垂直串联、3R 手腕、壁挂式结构，承载能力为 13kg，作业半径为 2.98m。

IRB580 系列涂装机器人采用 6 轴垂直串联、3R 手腕结构，承载能力为 10kg，作业半径有 2.2m、2.6m 两种规格。

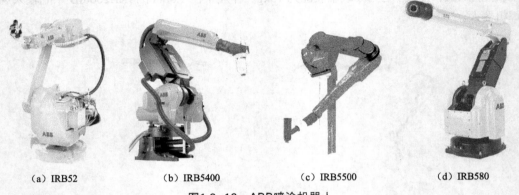

| （a）IRB52 | （b）IRB5400 | （c）IRB5500 | （d）IRB580 |

图 1.2-10　ABB 喷涂机器人

3. 协作型机器人

协作型机器人一般采用垂直串联、类人手臂结构，单臂一般为 7 轴、双臂通常为 15 轴（2 个 7 轴手臂+基座回转轴）。协作型机器人运动灵活、几乎不存在作业死区，是较紧凑灵活的工业机器人。机器人配套触觉传感器后，可感知人体接触并安全停止，以实现人机协同作业。协作型机器人多用于需要人机共同工作的 3C、食品、药品等行业的装配、搬运作业。

YuMi 协作型机器人是 ABB 公司近年研发的最新产品，有图 1.2-11 所示的单臂、双臂两种基本结构；机器人配有触觉传感器，可感知人体接触并安全停止，实现人机协同作业。

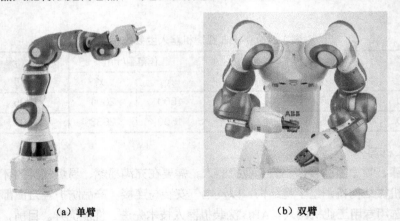

| （a）单臂 | （b）双臂 |

图 1.2-11　YuMi 协作型机器人

YuMi 单臂机器人目前只有 IRB14050 一种产品，其承载能力为 0.5kg，作业半径为 559mm，重复定位精度为 0.02mm，最大移动速度为 1.5m/s，最大加速度为 $11m/s^2$。YuMi 双臂机器人实际上是两个 IRB14050 单臂机器人的组合，目前只有 IRB14000 一种产品，机器人单臂承载能力、作业半径，以及重复定位精度、最大移动速度、最大加速度均与 IRB14050 相同。

二、ABB变位器和控制系统

1. 变位器

ABB 工业机器人配套的变位器有图 1.2-12 所示的几类，变位器均采用伺服电机驱动，并可通过机器人控制器直接控制；变位器在半径 500mm 圆周上的重复定位精度均为 0.1mm（±0.05mm）。

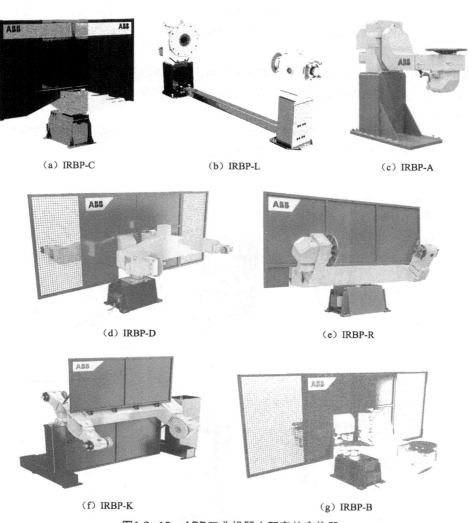

（a）IRBP-C　　　　　　　（b）IRBP-L　　　　　　　（c）IRBP-A

（d）IRBP-D　　　　　　　　　　　　（e）IRBP-R

（f）IRBP-K　　　　　　　　　　　　（g）IRBP-B

图1.2-12　ABB工业机器人配套的变位器

立式单轴 IRBP-C、卧式单轴 IRBP-L、立卧复合双轴 IRBP-A 是 ABB 变位器的基本结构，3 种变位器通过不同的组合，便可构成 IRBP-D、IRBP-R、IRBP-K、IRBP-B 双工位 180° 交换等作业的多轴变位器。

立式单轴 IRBP-C 变位器的回转轴线垂直地面，故可用于工件的水平回转或 180° 交换，变位器承载能力有 500kg、1000kg 两种。卧式 IRBP-L 变位器的回转轴线平行于地面，故可用于工件的垂直回转，变位器承载能力有 300kg、600kg、1000kg、2000kg、5000kg 共 5 种；允许的工件最大直径为 1500～2200mm，最大长度为 1250～4000mm。立卧复合 IRBP-A 双轴变位器可进行水平、垂直两个方向的回转，其承载能力有 250kg、500kg、750kg 3 种；工件最大直径分别为 1180mm、1000mm、1450mm，最大高度分别为 900mm、950mm、950mm。

IRBP-D、IRBP-R 变位器相当于 2 台 IRBP-L 变位器和 1 台立式单轴变位器的组合，通常用于双工位 180°回转交换作业。IRBP-D 的承载能力为 300kg、600kg，IRBP-R 的承载能力为 300kg、600kg、1000kg；允许的工件最大直径均为 1000～1200mm，最大长度均为 1250～2000mm。

IRBP-K 变位器相当于 2 台 IRBP-L 变位器和 1 台卧式单轴变位器的组合，可用于工件高低及回转变位。IRBP-K 变位器的承载能力为 300kg、600kg、1000kg，允许的工件最大直径为 1000～1400mm，最大长度为 1600～4000mm。

IRBP-B 变位器相当于 2 台立卧复合双轴变位器和立式单轴变位器的组合，通常用于双工位 180°回转交换作业。IRBP-B 立卧复合双轴变位器的技术参数与 IRBP-A 相同。

2. 控制系统

ABB 工业机器人控制系统主要有图 1.2-13 所示的 S4 和 IRC5 两大系列。S4 及改进型的 S4C、S4Cplus 多用于早期工业机器人，当前产品配套的是 IRC5 改进型系统。

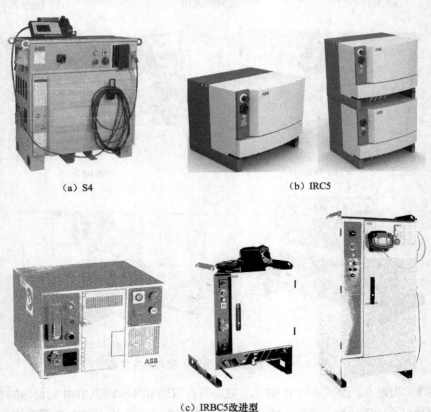

（a）S4 　　　　　　　（b）IRC5

（c）IRBC5改进型

图1.2-13　ABB控制系统

如图 1.2-13（c）所示，IRC5 改进型系统有紧凑型 IRC5C［图 1.2-13（c）左图］、标准型 IRC5［图 1.2-13（c）中图］、涂装集成型 IRC5P［图 1.2-13（c）右图］3 种基本结构。紧凑型系统（Compact Controller）采用箱式结构，所有电气控制部件均安装于控制箱内；紧凑型系统采用单相电源供电，可用于小型机器人的控制。标准型系统采用柜式结构，通常作为单机控制柜（Single Cabinet Controller）使用；标准型系统采用 3 相供电，可用于大中型机器人的控制。如需要，标准型系统也可以板式安装部件型系统 IRC5PMC 的形式提供，安装在用户自行设计的控制柜内。涂装集成型系统的机器人控制系统和涂装控制用的软硬件集成安装于控制柜内；系统采用 3 相供电，可直接用于涂装机器人的控制。

技能训练

结合本任务的学习，完成以下练习。

一、不定项选择题

1. 工业机器人的主要技术参数包括（　　）。
   A. 工作范围与自由度　　　　　　　　　B. 承载能力
   C. 运动速度　　　　　　　　　　　　　D. 定位精度

2. 以下决定工业机器人用途的主要技术参数是（　　）。
   A. 工作范围与自由度　　　　　　　　　B. 承载能力
   C. 运动速度　　　　　　　　　　　　　D. 定位精度

3. 以下决定工业机器人工作效率的主要技术参数是（　　）。
   A. 工作范围与自由度　　　　　　　　　B. 承载能力
   C. 运动速度　　　　　　　　　　　　　D. 定位精度

4. 工业机器人与伺服驱动系统直接相关的主要技术参数是（　　）。
   A. 承载能力　　　　B. 运动速度　　　　C. 作业范围　　　　D. 定位精度

5. 以下对工业机器人工作范围理解正确的是（　　）。
   A. 作业工具可到达的极限位置　　　　　B. 手腕参考点可到达的极限位置
   C. 串联结构均为不规则球体　　　　　　D. 串联结构肯定存在运动干涉区

6. 以下对垂直串联工业机器人作业半径理解正确的是（　　）。
   A. 以底面中心作为基准位置　　　　　　B. 以上臂回转中心作为基准
   C. 手臂垂直上升的极限尺寸　　　　　　D. 手臂水平前升的极限尺寸

7. 工业机器人的自由度指的是（　　）。
   A. 直线运动数　　　B. 回转运动数　　　C. 摆动运动数　　　D. 独立运动数

8. 要实现三维空间完全控制的最少自由度是（　　）。
   A. 3 个　　　　　　B. 5 个　　　　　　C. 6 个　　　　　　D. 7 个

9. 以下对工业机器人自由度理解正确的是（　　）。
   A. 机器人的独立运动数　　　　　　　　B. 一般都由伺服轴驱动
   C. 就是机器人的控制轴数　　　　　　　D. 包括执行器本身运动轴

10. 以下对工业机器人承载能力理解正确的是（　　）。
    A. 在整个作业空间其值不变　　　　　　B. 与负载的重心位置有关
    C. 一律以最大负载质量表示　　　　　　D. 可用力、转矩等参数表示

11. 以下对工业机器人运动速度理解正确的是（　　）。
    A. 是工具控制点（TCP）的最大速度　　B. 是机器人的空载运动速度
    C. 是机器人的稳态运动速度　　　　　　D. 各关节轴需要分别标注

12. 以下对工业机器人定位精度理解正确的是（   ）。
    A. 以实际位置与目标位置误差表示   B. 一般以重复定位精度表示
    C. 测量标准与数控机床相同   D. 定位精度远低于数控机床

13. ABB 公司与工业机器人相关的主要产品有（   ）。
    A. 工业机器人   B. 变位器   C. 控制系统   D. 作业工具

14. ABB 通用工业机器人的结构形态有（   ）。
    A. 垂直串联   B. SCARA   C. Delta   D. Stewart

15. 以下对 ABB 小型垂直串联通用机器人参数理解正确的是（   ）。
    A. 承载能力在 20kg 以内   B. 作业半径不超过 2m
    C. 重复定位精度为 0.01～0.05mm   D. 控制轴数都为 6 轴

16. 以下对 ABB 中型垂直串联通用机器人参数理解正确的是（   ）。
    A. 承载能力在 110kg 以下   B. 作业半径为 2～2.5m
    C. 重复定位精度为 0.02～0.06mm   D. 控制轴数都为 6 轴

17. 以下对 ABB 大型垂直串联通用机器人参数理解正确的是（   ）。
    A. 承载能力为 100～300kg   B. 作业半径为 2～4m
    C. 重复定位精度为 0.05～0.1mm   D. 控制轴数都为 6 轴

18. 以下对 ABB 重型垂直串联通用机器人参数理解正确的是（   ）。
    A. 承载能力在 500kg 以下   B. 作业半径在 3.5m 以下
    C. 重复定位精度为 0.1～0.3mm   D. 控制轴数都为 6 轴

19. 以下对 ABB 并联机器人参数理解正确的是（   ）。
    A. 承载能力在 3kg 以下   B. 作业半径在 1.6m 以内
    C. 重复定位精度为 0.1mm   D. 均采用 Delta 结构

20. 以下对 ABB 水平串联机器人参数理解正确的是（   ）。
    A. 承载能力在 3kg 以下   B. 作业半径在 0.65m 以内
    C. 重复定位精度为 0.03mm   D. 均采用执行器升降结构

21. 以下对 ABB 弧焊机器人参数理解正确的是（   ）。
    A. 承载能力为 4kg   B. 作业半径为 1.5m
    C. 重复定位精度为 0.02mm   D. 控制轴数都为 6 轴

22. 以下对 ABB 涂装机器人参数理解正确的是（   ）。
    A. 承载能力在 20kg 以下   B. 作业半径为 1.2～3m
    C. 大多数采用 3R 手腕   D. 控制轴数都为 6 轴

23. 以下属于 ABB 第二代工业机器人的产品是（   ）。
    A. 通用型机器人   B. 协作型机器人
    C. 焊接机器人   D. 喷涂机器人

24. 以下对协作型工业机器人理解正确的是（   ）。
    A. 采用 7 轴垂直串联类人手臂   B. 双臂机器人通常为 14 轴
    C. 运动灵活、几乎无作业死区   D. 属于第二代工业机器人

25. ABB 公司 YuMi 单臂协作型工业机器人的技术参数为（   ）。
    A. 承载能力为 0.5kg   B. 作业半径为 559mm

C. 重复定位精度为 0.02mm   D. 最大移动速度为 1.5m/s

26. 以下对 ABB 变位器性能理解正确的是（   ）。

    A. 都采用伺服电机驱动   B. 可由机器人控制系统直接控制

    C. 重复定位精度为 0.1/ϕ500mm   D. 基本结构为立式、卧式及立卧复合式

27. 以下对 ABB 立式变位器参数理解正确的是（   ）。

    A. 回转轴线与水平面垂直   B. 回转轴线与水平面平行

    C. 最大承载能力为 1000kg   D. 可用于工件 180° 回转交换

28. 以下对 ABB 卧式变位器参数理解正确的是（   ）。

    A. 最大工件长度为 4m   B. 回转轴线与水平面平行

    C. 最大承载能力为 5t   D. 最大回转半径为 1.1m

二、简答题

1. 工业机器人的主要技术参数有哪些？简要说明其含义。

2. ABB 公司通用机器人有哪些产品？简要说明其结构特点和主要用途。

3. ABB 公司专用机器人有哪些产品？简要说明其结构特点和主要用途。

4. 协作型机器人与普通机器人有何不同？ABB 公司目前有哪些协作型机器人产品？

5. ABB 公司变位器有哪些产品？简要说明其结构特点。

••• **任务 1　RAPID 应用程序格式** •••

知识目标

1. 了解工业机器人程序的基本概念。
2. 熟悉 RAPID 程序模块结构。
3. 掌握 RAPID 作业程序的格式。
4. 掌握子程序执行管理的编程方法。
5. 了解程序声明指令及功能子程序调用方法。

能力目标

1. 能区分线性程序、模块程序。
2. 能编制 RAPID 程序模块。
3. 能编制 RAPID 程序调用指令。
4. 知道程序声明指令与程序参数的含义。
5. 知道功能子程序的调用方法。

基础学习

一、工业机器人程序与编程

1. 程序与指令

工业机器人的工作环境多数为已知，以第一代示教再现机器人居多，机器人一般不具备分析、推理能力和智能性，机器人的全部行为需要由人对其进行控制。因此，操作者必须将全部作业要求编制成控制系统能够识别的命令，并输入到控制系统，使机器人完成所需要的动作。这些命令的集合就是机器人的作业程序（简称程序），编写程序的过程称为编程。

命令又称指令（Instruction），它是程序最重要的组成部分。作为一般概念，工业自动化设备的程序控制指令都由如下指令码和操作数两部分组成。

$$\text{MoveJ} \qquad \text{p1, v1000, z20, tool1;}$$

指令码————┘ └————————操作数

指令码又称操作码，它用来规定控制系统需要执行的操作；操作数又称操作对象，它用来定义执行这一操作的对象。简单地说，指令码告诉控制系统需要做什么，操作数告诉控制系统由谁去做。

指令码、操作数的格式需要由控制系统生产厂家规定，在不同控制系统中有所不同。例如，对于机器人的关节插补、直线插补、圆弧插补，ABB 机器人的指令码为 MoveJ、MoveL、MoveC，安川机器人的指令码为 MOVJ、MOVL、MOVC 等。操作数的种类繁多，它既可以是具体的数值、文本（字符串），也可以是表达式、函数，还可以是规定格式的程序数据或程序文件等。

工业机器人的程序指令大多需要有多个操作数，例如，对于 6 轴垂直串联机器人的焊接作业，指令至少需要 6 个用来确定机器人本体关节轴位置、移动速度的数据，以及多个用来确定刀具、工件作业点及质量和重心等的数据，多个用来确定诸如焊接机器人焊接电流、电压，引弧、熄弧要求的工艺数据等。因此，如每一操作数都在指令中编写，指令将变得十分冗长，为此，在工业机器人程序中，一般需要通过程序数据（Program Data）、文件（File）等方式来一次性定义多个操作数。

指令码、操作数的表示方法称为编程语言（Programming Language）。目前，工业机器人还没有统一的编程语言，不同生产厂家的机器人程序结构、指令格式、操作数的定义方法均有较大的不同；程序还不具备通用性。ABB 机器人采用的 RAPID 编程语言，是目前工业机器人中程序结构复杂、指令功能齐全、操作数丰富的机器人编程语言之一，如操作者掌握了 RAPID 编程技术，则处理其他机器人的编程就相对容易了。

2. 编程方法

第一代机器人的程序编制方法一般有示教编程和虚拟仿真编程两种。

① 示教编程。示教编程是通过作业现场的人机对话操作，完成程序编制的一种方法。所谓示教就是操作者对机器人所进行的作业引导，它需要由操作者按实际作业要求，通过人机对话操作，一步一步地告知机器人需要完成的动作；这些动作可由控制系统，以命令的形式记录与保存；示教操作完成后，程序也就被生成。如果控制系统自动运行示教操作所生成的程序，机器人便可重复全部示教动作，这一过程称为"再现"。

示教编程简单易行，所编制的程序正确性高，机器人的动作安全可靠，是目前工业机器人最为常用的编程方法。示教编程需要有专业经验的操作者，在机器人作业现场完成，编程时间较长，特别对于高精度、复杂轨迹运动，示教相对困难。

② 虚拟仿真编程。虚拟仿真编程是通过专门的编程软件编制程序的一种方法，它不仅可生成程序，而且可进行运动轨迹的模拟与仿真。虚拟仿真编程一般包括几何建模、空间布局、运动规划、动画仿真等步骤，所生成的程序需要经过编译，下载到机器人，并通过试运行确认。

虚拟仿真编程可在计算机上进行，编程效率高，且不影响现场机器人作业，故适合于作业要求变更频繁、运动轨迹复杂的机器人编程。虚拟仿真编程需要配备机器人生产厂家提供的专门编程软件。

示教编程、虚拟仿真编程是两种不同的编程方式。在部分书籍中，对工业机器人的编程还有现场编程、离线编程、在线编程等多种提法，但是，从中文意义上说，所谓现场、非现场只是地点的区别；而离线、在线只能反映编程设备与机器人控制系统间是否存在连接。因此，现场编程并不意味着它必须采用示教方式编程，而编程设备在线时，也不是不可以通过虚拟仿真软件来编制程序。

3. 程序结构

程序的编写方法、格式及系统对程序的组织、管理方式等称为程序结构，工业机器人的应用程序通常有线性结构和模块结构两种基本结构。

（1）线性结构

线性结构程序一般由程序名、指令、程序结束标记组成，一个程序的全部内容都编写在同一个程序块中。程序设计时，只需要按机器人的动作次序，将相应的指令从上至下依次排列，机器人便可按指令次序执行相应的动作。

线性结构是日本等国工业机器人常用的程序结构形式。如安川公司的弧焊机器人进行图 2.1-1 所示作业的程序时，指令中没有明确的

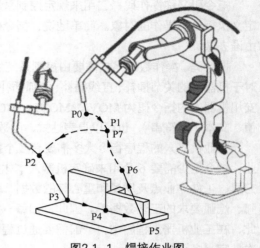

图2.1-1　焊接作业图

移动目标、弧焊电流和电压、引弧/熄弧时间等操作数，这些都需要通过示教编程操作、焊接文件等方式补充、完善。

```
TESTPRO                      // 程序名
0000 NOP                     // 空操作命令
0001 MOVJ VJ=10.00           // P0→P1 点关节插补,速度倍率为 10%
0002 MOVJ VJ=80.00           // P1→P2 点关节插补,速度倍率为 80%
0003 MOVL V=800              // P2→P3 点直线插补,速度为 800cm/min
0004 ARCON ASF# (1)          // 引用焊接文件 ASF#1,在 P3 点启动焊接
0005 MOVL V=50               // P3→P4 点直线插补焊接,速度为 50cm/min
0006 ARCSET AC=200 AVP=100   // 修改焊接条件
0007 MOVL V=50               // P4→P5 点直线插补焊接,速度为 50cm/min
0008 ARCOF AEF# (1)          // 引用焊接文件 AEF#1,在 P5 点关闭焊接
0009 MOVL V=800              // P5→P6 点直线插补,速度为 800cm/min
0010 MOVJ VJ=50.00           // P6→P7 点关节插补,速度倍率为 50%
0011 END                     // 程序结束
```

线性程序的结构简单、编写与管理容易、阅读方便，但参数化编程较困难，故较适合简单作业的机器人系统。

（2）模块结构

模块结构的程序一般由多个程序组成，其中，负责组织、调度的程序称为主程序，其他程序称为子程序。对于一个作业任务，主程序一般只能有一个，而子程序可以有多个。

模块结构的子程序通常都有相对独立的功能且可以被不同主程序调用，因此，可方便地进行参数化编程。模块结构的程序功能强、设计灵活，欧美工业机器人常用此结构。

模块结构程序的结构形式，在不同机器人上有所不同。由于工业机器人程序不仅需要有作业指令，还需要有大量用来定义机器人位置、工具、工件、作业工艺等的数据，因此，ABB 工业机器人的 RAPID 应用程序（简称 RAPID 程序）采用了图 2.1-2 所示的结构，程序由任务、程序模块、系统模块组成。

① 任务。任务（Task）包含了工业机器人完成一项特定作业所需要的全部程序指令和数据，它是一个完整的 RAPID 应用程序。RAPID 任务由若干程序模块、系统模块组成，简单机器人系统通常只有一个任务；多机器人复杂控制系统，可通过多任务（Multitasking）软件，同步执

行多个任务。任务的属性，可通过任务特性参数（Task Property Parameter）定义。

② 程序模块。程序模块（Program Module）是 RAPID 应用程序的主体，它包括程序数据（Program Data）、作业程序（Routine，ABB 说明书中称例行程序）两部分。程序数据用来定义移动目标位置、工具、工件、作业参数等指令操作数；作业程序是用来控制机器人动作的指令集合。

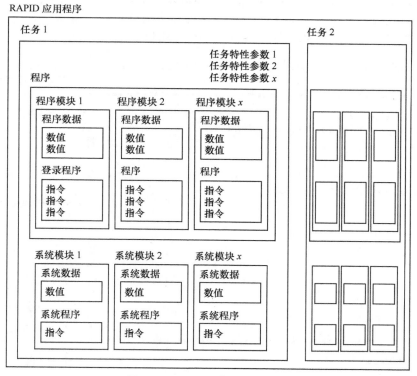

图2.1-2　RAPID应用程序结构

一个任务可有多个程序模块，其中，含有登录程序（Entry Routine，即主程序）的程序模块，用于程序的组织、管理和调度，故称主模块（Main Module）；其他程序模块，一般用来实现某一特定动作或功能，其程序可被主模块中的主程序调用。

③ 系统模块。系统模块（System Module）是用来定义控制系统功能和参数的程序。由于机器人控制系统实际上是一种可用于不同用途、不同规格、不同功能机器人控制的通用装置，因此当它用于特定机器人控制时，需要由系统模块来定义机器人系统的软硬件功能、规格结构等个性化的参数。

系统模块同样由程序和数据组成，但这一程序与数据需要由工业机器人的生产厂家定义，用户一般不可更改，而且需要在控制系统启动时自动加载，因此，它与用户编程无关，本书也将不再对其进行说明。

二、RAPID程序模块格式

1. 示例与说明

RAPID 程序模块是应用程序的主体，它包含了机器人作业的全部数据与指令，需要编程人员编制。程序模块的结构较为复杂，主模块是应用程序不可缺少的基本模块，其结构、格式如下；模块中的指令行"!**…*"是用于分隔的特殊注释行，它不具备任何控制功能。

```
%%%
  VERSION:1
  LANGUAGE:ENGLISH                                      // 标题
%%%
!***************************************************
MODULE MIG_mainmodu                                     // 模块声明
  ! Module name : Mainmodule for MIG welding     // 注释
  ......
  PERS tooldata tMIG1 := [TRUE,[[0,0,0],[1.0,0,0,0]], [1,[0,0,0], [1.0,0,0,0],0, 0,0]] ;
  ......                                                 // 程序数据定义指令
!***************************************************
PROC mainprg ()                                         // 主程序 mainprg
  ! Main program for MIG welding                  // 注释
  Initall ;                                             // 调用子程序 Initall
  ......
WHILE TRUE DO                                           // 循环执行
  IF di01WorkStart=1 THEN
  rWelding;                                             // 调用子程序 rWelding
  ......
  ENDIF
  WaitTime 0.3 ;                                        // 暂停
  ENDWHILE                                              // 结束循环
ERROR                                                   // 错误处理程序
  ......
  ENDIF                                                 // 错误处理程序结束
ENDPROC                                                 // 主程序 mainprg 结束
!***************************************************
PROC Initall()                                          // 子程序 Initall
    ......
  ENDPROC                                               // 子程序 Initall 结束
!***************************************************
PROC rCheckHomePos ()                                   // 子程序 rCheckHomePos
  IF NOT CurrentPos(p0, tMIG1) THEN                     // 调用功能程序 CurrentPos
  ......
  ENDIF
ENDPROC                                                 // 子程序 rCheckHomePos 结束
!***************************************************
FUNC bool CurrentPos(robtarget ComparePos, INOUT tooldata CompareTool)
                                                        // 功能程序 CurrentPos
  ......
  RETURN;                                               // 返回执行结果
ENDFUNC                                                 // 功能程序结束
!***************************************************
TRAP WorkStop                                           // 中断程序 WorkStop
  ......
ENDTRAP                                                 // 中断程序 WorkStop 结束
!***************************************************
PROC rWelding()                                         // 子程序 rWelding
    ......
```

```
ENDPROC                                            // 子程序 rWelding 结束
ENDMODULE                                          // 主模块结束
!**********************************************************
```

RAPID 程序模块的第一部分称为标题，标题之后为程序数据，依次为主程序及各类子程序。程序及数据需要使用标识区分。

① 标题。标题（Header）是程序的简要说明文本，它可根据实际需要添加，无强制性要求。RAPID 程序标题以字符"%%%"作为开始、结束标记。

② 注释。注释（Comment）是为了方便程序阅读所附加的说明文本。注释只能显示，而不具备任何其他功能，设计者可根据要求自由添加或省略。注释指令以符号"！"（指令 COMMENT 的简写）作为起始标记、以换行符结束。

③ 指令。指令（Instruction）是系统的控制命令，定义系统需要执行的操作，如指令"PERS tooldata tMIG1 := ……"用来定义系统的工具数据 tMIG1；指令"MoveJ p1, v100, z30,……" 用来定义机器人运动等。

④ 标识。标识（Identifier）又称名称，它是应用程序构成元素的识别标记。如指令"PERS tooldata tMIG1 := ……"中的"tMIG1"，就是某一作业工具的工具数据（tooldata）名称；指令"VAR speeddata vrapid := ……" 中的 vrapid，则是机器人特定移动速度的名称等。

RAPID 程序标识用不超过 32 字的 ISO 8859-1 标准字符定义，首字符必须为字母，后续字符可为字母、数字或下划线"_"；但不能使用空格及已被系统定义为指令、函数名称的系统专用标识（称保留字）。在同一控制系统中，标识原则上不可重复使用，也不能仅通过字母大小写来区分。

2. 程序模块格式

RAPID 程序模块包括程序数据和作业程序，程序数据利用程序数据声明指令定义；作业程序由主程序及各类子程序组成。

主程序 Main program（登录程序）具有程序组织与管理功能，是程序自动运行的启动程序，它必须作为模块的起始程序，紧接在程序数据之后。子程序由主程序进行调用，根据功能与用途，RAPID 子程序分为普通程序（Procedures，PROC）、功能程序（Functions，FUNC）、中断程序（Trap Routines，TRAP）3 类；子程序可根据实际需要编制，简单程序甚至可以不使用子程序；子程序可编制在主模块或其他程序模块中。

RAPID 主模块的基本格式如下。

```
MODULE 模块名称（属性）；                           // 模块声明（模块起始）
模块注释
程序数据定义
主程序
子程序 1
……
子程序 n
ENDMODULE                                          // 模块结束
```

程序模块以模块声明（Module Declaration）起始、以 ENDMODULE 结束。模块声明用来定义模块名称、属性，它以"MODULE"起始，随后为模块名称（如 MIG_mainmodu 等）；如需要，还可在模块名称后，用括号附加模块属性参数。模块声明中的模块名称可用示教器编辑与显示，但模块属性参数只能通过离线编程软件编辑，不能在示教器上显示。程序模块的属性参数有 SYSMODULE（系统模块）、NOVIEW（可执行、不能显示）、NOSTEPIN（不能单步执行）、VIEWONLY（只能显示）、READONLY（只读）等。

模块声明之后，可根据需要添加模块注释（module comment），注释之后为程序数据。程序数据需要利用 RAPID 数据声明指令定义工具数据（tooldata）、工件数据（wobjdata）、工艺参数、作业起点等数据。作业程序共用的基本数据，一般需要在主模块中定义。

程序数据之后为主程序，各类子程序安排在主程序之后。程序结束后，以模块结束标记"ENDMODULE"结束模块。

三、RAPID作业程序格式

根据程序功能与调用方式，RAPID 程序分为普通程序 PROC、功能程序 FUNC、中断程序 TRAP 3 类，其中，普通程序 PROC 既可作主程序，也可作子程序。不同类别的程序格式与要求分别如下。

1. 主程序

主程序是用来组织、调用子程序的管理程序，每一主模块都需要有一个主程序。RAPID 主程序采用的是普通程序 PROC 格式，程序基本结构如下。

```
PROC 主程序名称（参数表）
    程序注释
    一次性执行子程序
    ......
    WHILE TRUE DO
    循环子程序
    ......
    执行等待指令
    ENDWHILE
    ERROR
    错误处理程序
    ......
    ENDIF
ENDPROC
```

RAPID 主程序以程序声明（Routine Declaration）起始、以 ENDPROC 结束。程序声明用来定义程序的使用范围、类别、名称及程序参数，其定义方法见本任务"实践指导"。

主程序名称（Procedure Name）可按 RAPID 标识要求定义，采用参数化编程的主程序，需要在程序名称后的括号内附加程序参数表（Parameter List）；不使用程序参数时，程序名称后需要保留括号"()"。

主程序的声明后，同样可添加注释。注释后，通常为子程序调用、管理指令。子程序的调用方式与子程序的类别有关。

普通程序 PROC 是主要的子程序，它可用于机器人作业控制或系统的其他处理；普通程序需要通过程序执行管理指令调用，并可根据需要选择无条件调用、条件调用、重复调用等方式。

中断程序 TRAP 是一种由系统自动、强制调用与执行的子程序，中断功能一旦启用（使能），只要中断条件满足，则系统将立即终止现行程序，直接跳转到中断程序，而无须编制其他调用指令。

功能程序 FUNC 是专门用来实现复杂运算或特殊动作的子程序，执行完成后，可将运算或执行结果返回到调用程序。功能子程序可通过功能函数直接调用，而无须编制专门的程序调用指令。

除了以上 3 类子程序外，主程序还可根据需要编制错误处理程序块（ERROR）。错误处理程序块是用来处理程序执行错误的特殊程序块，当程序执行出现错误时，系统可立即中断现行指令，跳转至错误处理程序块，并执行相应的错误处理指令；处理完成后，可返回断点，继续后续指令。错误处理程序块既可在主程序中编制，也可在子程序中编制或省略；省略错误处理程序块时，系统出现错误时将自动调用系统软件的错误处理程序处理错误。

2. 普通程序

普通程序 PROC 可用作主程序或子程序，它既可独立执行，也可被其他程序调用；但不能向调用程序返回执行结果，故又称无返回值程序。

普通程序以程序声明起始、以 ENDPROC 结束。程序声明用来定义程序的使用范围、类别、名称及程序参数，其定义方法见本任务"实践指导"。程序名称可按 RAPID 标识要求定义，采用参数化编程的普通程序，需要在程序名称后的括号内附加程序参数表；不使用程序参数时，程序名称后需要保留括号 "()"。程序声明之后，可编写各种指令，最后，以指令 ENDPROC 代表普通程序结束。

普通程序 PROC 的基本格式如下。

```
PROC 程序名称（参数表）
  程序指令
  ......
ENDPROC
```

普通程序作为子程序被其他程序调用时，可通过结束指令 ENDPROC 或程序返回指令 RETURN，返回到原程序继续执行。

3. 功能程序

功能程序 FUNC 又称有返回值程序，这是一种用来实现用户自定义的特殊运算、比较等的操作，能向调用程序返回执行结果的参数化编程程序。功能程序的调用需要通过程序中的功能函数进行，调用时不仅需要指定功能程序的名称，且必须对功能程序中的参数进行定义与赋值。

功能程序的作用与 RAPID 函数运算命令类似，它可作为标准函数命令的补充，完成用户的特殊运算和处理。

功能程序 FUNC 的基本格式如下。

```
FUNC 数据类型 功能名称（参数表）
  程序数据定义
  程序指令
  ......
  RETURN 返回数据
ENDFUNC
```

功能程序以程序声明起始、以 ENDFUNC 结束。程序声明用来定义程序的使用范围、类别、名称及程序参数，其定义方法见本任务"实践指导"。程序声明后可编写各种指令，功能程序必须包含执行结果返回指令 RETURN，程序最后以 ENDFUNC 结束。

4. 中断程序

中断程序 TRAP 是用来处理系统异常情况的特殊子程序，它由程序中的中断条件自动调用，如中断条件满足，控制系统将立即终止现行程序的执行，无条件调用中断程序，有关内容可参见项目三的中断指令编程。

功能程序以程序声明起始、以 ENDTRAP 结束。程序声明可用来定义程序的使用范围、类别、名称，但不能定义参数。

```
TRAP  程序名称
    程序指令
    ……
ENDTRAP
```

实践指导

一、程序声明与程序参数

1. 程序声明

RAPID 应用程序结构较复杂，任务可能包含多个模块、多个程序，为方便系统组织与管理，需要对模块、程序的使用范围、类别及参数化编程程序的参数等进行定义。用来定义程序模块、作业程序名称、属性等内容的指令称为模块声明或程序声明。

模块声明以"MODULE"起始，其后为模块名称，如需要，可在名称后，用括号附加模块属性。模块声明需要用离线编程软件编辑，示教器只能编辑、显示模块名称，本书不再对其进行说明。

程序声明指令用来定义程序的名称、属性、参数，它可直接利用示教器编辑，指令的基本格式及编制要求如下。

LOCAL	PROC	Procedures1 (	num requi_par,	INOUT VER num inout_par,	……)
使用范围	程序类型	程序名称	程序参数1	程序参数2	

① 使用范围。使用范围用来限定调用该程序的模块，可定义为全局（GLOBAL）或局域（LOCAL）。

全局程序可被任务中的所有模块调用，GLOBAL 是系统默认设定，指令中可以省略，如"PROC mainprg ()"即为全局程序。

局域程序只能由本模块调用，局域程序必须加"LOCAL"声明，且优先级高于全局程序，如任务中存在名称相同的全局程序和局域程序，则系统将优先执行本模块的局域程序，与之同名的全局程序将无效。局域程序的结构、编程方法与全局程序并无区别，因此，在本书后述的内容中，一律以全局程序为例进行说明。

② 程序类型。程序类型是对程序作用和功能的规定，它可选择前述的普通程序 PROC、功能程序 FUNC 和中断程序 TRAP 3 类。

③ 程序名称。程序名称是程序的识别标记，应按前述的 RAPID 标识规定定义。功能程序 FUNC 的名称前必须定义返回数据的类型。例如，用来计算数值型（num）数据的功能程序，名称前必须加"num"。

④ 程序参数。程序参数用于参数化编程的程序，程序参数需要在程序名称的括号内附加。不使用参数化编程的普通程序 PROC 无须定义程序参数，但需要保留名称后的括号；中断程序 TRAP 不能使用参数化编程功能，故名称后不能加括号；功能程序 FUNC 必须采用参数化编程和定义程序参数。

2. 程序参数定义

RAPID 程序参数简称参数，它是用于程序数据赋值、返回执行结果的中间变量，在参数化编程的普通程序 PROC、功能程序 FUNC 中必须定义。程序参数在程序名称后的括号内定义，允许有多个，不同程序参数用逗号分隔。

RAPID 程序参数的定义格式和要求如下。

\	INOUT	PERS	num	par1 {*}	┃ num par2
选择标记	访问模式	数据性质	数据类型	参数/数组名称	排斥参数

① 选择标记。有前缀"\"的参数为可选参数，无前缀的参数为必需参数。可选参数通常用于以函数命令 Present（当前值）作为判断条件的 IF 指令，满足 Present 条件时，参数有效，否则，忽略该参数。

② 访问模式。访问模式用来定义参数的转换方式，可根据需要选择 IN（输入）、INOUT（输入/输出）；IN 为系统默认的访问模式，无须标注。

输入参数在程序调用时需要指定初始值，在程序中，它可作为程序变量（VAR）使用。输入/输出参数需要在程序调用时指定初始值，其在程序执行完成后，能将执行结果保存到程序参数上，供其他程序继续使用。

③ 数据性质。详见"3. 数据性质"。

④ 数据类型。数据类型用来规定程序参数的数据格式，如十进制数值型数据为 num、二进制逻辑状态（布尔状态）型数据为 bool 等。

⑤ 参数/数组名称。参数名称是用 RAPID 标识表示的参数识别标记，参数也可为数组，数组参数名称后需要加"{ * }"标记。

⑥ 排斥参数。用" | "分隔的参数相互排斥，即执行程序时只能选择其中之一。排斥参数属于可选参数，它通常用于以函数命令 Present 作为 ON、OFF 判断条件的 IF 指令。

3. 数据性质

数据性质用来定义程序数据的使用方法及保存、赋值、更新要求，它不仅可用于程序参数，而且还是程序数据定义指令必需的标记。

RAPID 程序数据的性质有常量（Constant，CONST）、永久数据（Persistent，PERS）、程序变量（Variable，VAR）3 类。常量 CONST、永久数据 PERS 保存在系统 SRAM 中，其值可保持；程序变量 VAR 保存在系统 DRAM 中，数值仅对当前执行的程序有效，程序执行完成或系统复位时，将被清除。

常量 CONST、永久数据 PERS、程序变量 VAR 的使用、定义方法如下。

① 常量 CONST。常量在系统中具有恒定的值。常量的值必须通过数据定义指令定义，常量的数值始终保持不变，程序执行完成也将继续保持，因此，它可供模块中的所有作业程序使用，通常需要在模块中定义。

常量值可利用赋值指令、表达式等方式定义，也可用数组一次性定义多个常量。例如：

```
CONST num a := 3 ;                           // 定义常量 a=3
CONST num index := a + 6 ;                   // 用表达式定义常量 index=9
CONST pos seq{3} := [[0, 0, 0], [0, 0, 500], [0, 0,1000]];
                                             // 用 1 阶数组定义 3 个位置常量
CONST num dcounter_2 {2, 3} := [[ 9, 8, 7 ], [ 6, 5, 4 ]] ;
                                             // 用 2 阶数组定义 6 个常量
......
```

以上程序中的运算符 ":=" 为 RAPID 赋值符，其作用相当于等号 "="；有关 RAPID 表达式、数组的编程方法，将在本项目的任务 2 中具体介绍。

② 永久数据 PERS。永久数据可定义初始值，数值可利用程序改变，程序执行结果能保存。永久数据 PERS 同样只能在模块中定义，主程序、子程序中可使用、改变永久数据的值，但不能定义永久数据。

永久数据值可利用赋值指令、函数命令或表达式定义或修改；程序执行完成后，数值能保存在系统中，供其他程序或下次开机时使用。全局永久数据未定义初始值时，系统将自动设定十进制数值数据 num 的初始值为 0，布尔状态数据 bool 的初始值为 FALSE，字符串数据 string 的初始值为空白。例如：

```
MODULE mainmodu (SYSMODULE)              // 永久数据只能在模块中定义
    ......
    PERS num a := 3 ;                    // 定义永久数据 a=3
    PERS num index := a + 5 ;           // 用表达式定义永久数据 index =8
    PERS pos seq{3} := [[0, 0, 0], [0, 0, 500], [0, 0,1000]];
                                         // 用 1 阶数组定义 3 个位置
    PERS num dcounter_2 {2, 3} := [[ 9, 8, 7 ] , [ 6, 5, 4 ]] ;
                                         // 用 2 阶数组定义 6 个常数
    ......
ENDMODULE
```

③ 程序变量 VAR。程序变量（简称变量）是可供模块、程序自由定义、自由使用的程序数据。程序变量 VAR 的数值只对指定的程序有效，因此，它可根据需要，在作业程序中自由定义、使用。

变量值可通过程序中的赋值指令、函数命令或表达式任意设定或修改；在程序执行完成后，变量值将被自动清除。程序变量的初始值、定义方式与永久数据相同。例如：

```
VAR num counter ;                       // 定义 counter 初始值为 0
VAR bool bWorkStop ;                    // 定义 bWorkStop 初始值为 FALSE
VAR pos pHome ;                         // 定义 pHome 初始值为 [ 0, 0, 0]
VAR string author_name ;               // 定义 author_name 初始值为空白
    ......
VAR pos pStart := [100, 100, 50] ;     // 定义 pStart 及 [100, 100, 50]
author_name := "John Smith" ;          // 修改变量 author_name
VAR num index := a + b ;               // 用表达式赋值
VAR num maxno{6} := [1, 2, 3, 9, 8, 7] ;  // 定义 1 阶数组 maxno 并赋值
VAR pos seq{3} := [[0, 0, 0], [0, 0, 500], [0, 0,1000]];
                                        // 定义 1 阶 pos 数组并赋值
VAR num dcounter_2 {2, 3} := [[ 9, 8, 7 ] , [ 6, 5, 4 ]] ;
                                        // 定义 2 阶 num 数组并赋值
    ......
```

二、普通程序执行与调用

程序模块中的各类程序可通过主模块中的主程序进行组织、管理与调用。其中，功能程序 FUNC 和中断程序 TRAP 需要通过程序中的功能函数和中断连接指令进行调用；普通程序 PROC 可通过主程序中的程序执行管理指令选择一次性执行、循环执行，以及重复调用、条件调用等。

1. 一次性执行

一次性执行的程序在主程序启动后，只执行一次。一次性执行的程序调用指令一般应在主

程序起始位置编制，并以无条件调用指令调用。RAPID 子程序无条件调用指令 ProcCall 可直接省略，即对于无条件调用的子程序，只需要在程序行编写子程序名称。例如：

```
rCheckHomePos ;                          //无条件调用子程序 rCheckHomePos
rWelding;                                //无条件调用子程序 rWelding
……
```

一次性执行的子程序通常用于机器人的作业起点定位、程序数据的初始设定等，因此，常称之为"初始化程序"，并以 Init、Initialize、Initall、rInit、rInitialize 等命名。

2. 循环执行

循环执行的程序可无限重复执行，程序调用一般通过 RAPID 条件循环指令"WHILE—DO"实现，调用指令的编程格式如下。

```
WHILE 循环条件 DO
    子程序名称（子程序调用指令）
    ……
    行等待指令
ENDWHILE
ENDPROC
```

控制系统执行条件循环指令 WHILE 时，如循环条件满足，则可执行 WHILE 至 ENDWHILE 间的全部指令；ENDWHILE 指令执行完成后，返回 WHILE 指令，再次检查循环条件，如满足，则继续执行 WHILE 至 ENDWHILE 间的全部指令；如此循环。如 WHILE 条件不满足，系统将跳过 WHILE 至 ENDWHILE 间的全部指令，执行 ENDWHILE 后的其他指令。因此，如将子程序无条件调用指令（子程序名称）直接编制在 WHILE 至 ENDWHILE 指令间，则只要 WHILE 循环条件满足，子程序便可循环执行。

WHILE 指令的循环条件可使用判别、比较式、逻辑状态，如果循环条件直接定义为逻辑状态"TRUE"，则系统将无条件重复 WHILE 至 ENDWHILE 间的循环指令。

3. 重复调用

普通程序的重复调用一般通过重复执行指令 FOR 实现，子程序调用指令（子程序名称）编写在指令 FOR 至 ENDFOR 之间。

重复执行指令 FOR 的编程格式及功能如下。

```
FOR 计数器 FROM 计数起始值 TO 计数结束值 [STEP 计数增量] DO    // 重复指令
    子程序调用
    ……
ENDFOR                                              // 重复执行指令结束
```

FOR 指令可通过计数器的计数，对 FOR 至 ENDFOR 之间的指令重复执行指定的次数。指令的重复执行次数，由计数起始值 FROM、结束值 TO 及计数增量 STEP 控制；计数增量 STEP 的值可为正整数（加计数）、负整数（减计数），或者直接省略，由系统自动选择默认值"+1"或"−1"。

如执行 FOR 指令时，计数器的当前值介于起始值 FROM 与结束值 TO 之间，系统将执行 FOR 至 ENDFOR 之间的指令，并使计数器的当前值增加（加计数）或减少（减计数）一个增量；然后，返回 FOR 指令，再次进行计数值的范围判断并决定是否重复执行 FOR 至 ENDFOR 之间的指令。如计数器的当前值不在起始值 FROM 和结束值 TO 之间，则执行 FOR 指令时，系统将直接跳过 FOR 至 ENDFOR 之间的指令。

4. IF 条件调用

RAPID 条件执行指令 IF 可使用"IF—THEN""IF—THEN—ELSE""IF—THEN—ELSEIF

—THEN—ELSE"等形式编程，利用这些指令，就可实现以下不同的子程序条件调用功能。

使用"IF—THEN"指令条件调用的子程序，可将子程序无条件调用指令（子程序名称）编写在指令 IF 与 ENDIF 之间，此时，如系统满足 IF 条件，子程序将被调用；否则，子程序将被跳过。例如，对于以下程序，如执行 IF 指令时，寄存器 reg1 的值小于 5，系统可调用子程序 work1，work1 执行完成后，执行指令 Reset do1；否则，将跳过子程序 work1，直接执行 Reset do1 指令。

```
IF reg1<5 THEN
  work1 ;
ENDIF
  Reset do1 ;
......
```

使用"IF—THEN—ELSE"指令条件调用子程序时，可根据需要，将子程序无条件调用指令（子程序名称）编写在指令 IF 与 ELSE，或 ELSE 与 ENDIF 之间。当 IF 条件满足时，可执行 IF 与 ELSE 间的子程序调用指令，跳过 ELSE 与 ENDIF 间的子程序调用指令；如 IF 条件不满足，则跳过 IF 与 ELSE 间的子程序调用指令，执行 ELSE 与 ENDIF 间的子程序调用指令。指令"IF—THEN—ELSEIF—THEN—ELSE"可设定多重执行条件，子程序调用指令（子程序名称）可根据实际需要，编写在相应的位置。

5. TEST 条件调用

普通子程序的条件调用，也可通过 RAPID 条件测试指令 TEST，以"TEST—CASE"或"TEST—CASE—DEFAULT"的形式编程。

条件测试指令可通过对 TEST 测试数据的检查，按 CASE 规定的测试值，选择需要执行的指令，CASE 的使用次数不受限制，DEFAULT 测试可根据需要使用或省略。

利用 TEST 条件测试指令调用子程序的编程格式如下。

```
TEST 测试数据
CASE 测试值，测试值，……；
  调用子程序 ；
CASE 测试值，测试值，……；
  调用子程序 ；
......
DEFAULT:
  调用子程序 ；
ENDTEST
  ......
```

三、功能程序及调用

1. 功能程序调用

RAPID 功能程序 FUNC 是用来实现某些复杂运算、比较、判别等用户自定义功能的特殊程序，它可作为 RAPID 标准函数命令的补充，完成用户所需的复杂运算、比较、判别等处理。

功能程序是一种参数化编程的子程序，调用功能程序时，需要通过程序参数对功能程序中所使用的变量进行赋值；程序执行完成后，可将执行结果返回到调用程序。

功能程序的调用需要通过程序中的功能函数实现。功能函数就是功能程序的名称，它可由用户自行定义。功能函数不仅可作为函数运算命令，用来计算、赋值程序数据，而且可直接作为程序中的判断、比较条件。例如：

```
PROC mainprg ()
  ......
  VAR pos p1_pos :=[100, 100, 100]        // 功能程序 veclen 参数赋值
  ......
  work_Dist := veclen(p1_pos) ; // 调用功能子程序 veclen,计算程序数据 work_Dist
ENDPROC
```

在上述程序 PROC mainprg ()中，程序数据 work_Dist 需要调用用户自定义功能程序 veclen，利用功能程序返回的执行结果进行赋值； veclen 的输入参数通过赋值指令 "VAR pos p1_pos" 定义。

2. 功能程序与声明

用来实现以上功能的功能程序示例如下，程序中所涉及的程序数据、表达式、函数等概念，将在本书后述内容中具体说明。

```
!**********************************************************
FUNC num veclen(pos vector) // 功能程序 veclen 声明
  RETURN sqrt(quad(vector.x) + quad(vector.y) + quad(vector.z));
                          // 计算位置数据 vector 的 √(x² + y² + z²) 值，并返回结果
ENDFUNC
!**********************************************************
```

功能程序 veclen 用来计算程序点 p1 至坐标原点的空间距离 work_Dist，其 RAPID 数据类型为 num（数值型数据），因此，功能程序声明为 "FUNC num veclen"。程序的输入参数在程序中的名称定义为 "vector"，其 RAPID 数据类型为 "pos"（x、y、z 坐标值），由于访问模式为 IN，数据性质 VAR 均为系统默认值，因此，程序声明中的程序参数为 "(pos vector)"。

程序点（x, y, z）到原点的空间距离计算式为 $\sqrt{x^2 + y^2 + z^2}$，这一运算可通过 RAPID 标准函数命令 sqrt（平方根）、quad （平方）的运算直接实现；在 RAPID 程序中，表达式可代替程序数据编程，因此，功能程序 veclen 的数据返回指令 RETURN，直接使用了表达式 "sqrt(quad(vector.x) + quad(vector.y) + quad(vector.z))" 的运算结果。

技能训练

结合本任务的学习，完成以下练习。

一、不定项选择题

1. 工业机器人程序指令的基本组成是（   ）。
   A. 行号　　　　　　B. 指令码　　　　　　C. 注释　　　　　　D. 操作数
2. 以下对工业机器人编程理解正确的是（   ）。
   A. 编程语言、指令代码相同　　　　B. 操作数的定义方法相同
   C. ABB 机器人使用 RAPID 语言　　D. 不同厂家的程序可以通用
3. 以下对工业机器人编程方法理解错误的是（   ）。
   A. 现场编程只能是示教编程　　　　B. 在线编程只能是示教编程

C. 虚拟仿真编程一定要离线 D. 虚拟仿真必须有专门软件

4. 以下对工业机器人程序结构理解正确的是（　　　）。

    A. 线性结构一般无子程序 B. 所有机器人程序都为线性结构

    C. 模块程序必须有子程序 D. 所有机器人程序都为模块结构

5. 以下对 ABB 机器人"任务"理解正确的是（　　　）。

    A. 就是机器人的实际作业程序 B. 是完整的 RAPID 应用程序

    C. 由系统模块、程序模块组成 D. 任务可以有多个

6. 以下对 ABB 机器人"程序模块"理解正确的是（　　　）。

    A. 由程序数据、作业程序组成 B. 是 RAPID 应用程序的主体

    C. 程序模块可以有多个 D. 至少有 1 个主模块

7. 以下对 ABB 机器人"系统模块"理解正确的是（　　　）。

    A. 由系统数据、系统程序组成 B. 用于机器人参数、功能定义

    C. 需要用户自行编制、安装 D. 用户可以对其进行编辑修改

8. 以下对 RAPID 程序模块编程格式与要求理解正确的是（　　　）。

    A. 必须有标题 B. 必须有注释 C. 标识可任意 D. 注释可任意

9. 以下对 RAPID 主模块编程格式与要求理解正确的是（　　　）。

    A. 机器人可以不编制主模块 B. 必须包含主程序

    C. 模块必须包含全部子程序 D. 需要编制声明指令

10. 以下对 RAPID 主程序编程格式与要求理解正确的是（　　　）。

    A. 具有程序组织管理功能 B. 所有程序模块都必须有

    C. 程序类型为 PROC D. 需要编制声明指令

11. 以下对 RAPID 子程序编程格式与要求理解正确的是（　　　）。

    A. 具有程序组织管理功能 B. 所有程序模块都必须有

    C. 程序类型肯定为 PROC D. 需要编制声明指令

12. 以下对 RAPID 普通程序编程格式与要求理解正确的是（　　　）。

    A. 用 ENDPROC 指令结束 B. 所有程序模块都必须有

    C. 必须有程序参数 D. 需要编制声明指令

13. 以下对 RAPID 功能程序编程格式与要求理解正确的是（　　　）。

    A. 用 ENDPROC 指令结束 B. 所有程序模块都必须有

    C. 必须有程序参数 D. 需要编制声明指令

14. RAPID 程序参数默认的访问模式、数据性质是（　　　）。

    A. IN、PERS B. INOUT、VAR C. IN、VAR D. INOUT、PERS

15. 以下对常量 CONST 理解正确的是（　　　）。

    A. 数值恒定 B. 数值可通过程序改变

    C. 保存在 SRAM 中 D. 程序结束后保持

16. 以下对永久数据 PERS 理解正确的是（　　　）。

    A. 数值恒定 B. 数值可通过程序改变

    C. 保存在 SRAM 中 D. 程序结束后保持

17. 以下对程序变量 VAR 理解正确的是（　　　）。

A. 数值恒定   B. 数值可通过程序改变

C. 保存在 SRAM 中   D. 程序结束后保持

18. 以下可在作业程序中定义的程序数据是（   ）。

  A. CONST   B. PERS   C. VAR   D. 程序参数

19. 以下对 RAPID 普通子程序调用指令编程格式与要求理解正确的是（   ）。

  A. 可直接用程序名称调用   B. 必须用指令 ProcCall 调用

  C. 能够返回执行结果   D. 返回后能继续执行原程序

20. 循环执行的子程序，其编程指令一般需要使用（   ）。

  A. FOR   B. WHILE—DO C. IF—THEN D. TEST—CASE

21. 重复执行的子程序，其编程指令一般需要使用（   ）。

  A. FOR   B. WHILE—DO C. IF—THEN D. TEST—CASE

22. 条件执行的子程序，其编程指令一般需要使用（   ）。

  A. FOR   B. WHILE—DO C. IF—THEN D. TEST—CASE

23. 以下对 RAPID 功能子程序调用指令编程格式与要求理解正确的是（   ）。

  A. 可直接用程序名称调用   B. 必须用功能函数调用

  C. 能够返回执行结果   D. 返回后能继续执行原程序

二、简答题

1. 简述示教编程、虚拟仿真编程的方法及优缺点。

2. 简述线性结构程序、模块结构程序的特点。

3. 简述 RAPID 程序模块的组成及各部分的作用。

4. 简述 RAPID 标识的编写要求。

5. 简述 RAPID 功能程序的基本格式及编制要点。

三、程序分析题

1. 以下程序中，rWelding 为子程序名称，Reset do1 为机器人控制指令，试分析说明以下程序段的作用与功能。

```
FOR i FROM 1 TO 10 DO
  rWelding;
ENDFOR
  Reset do1 ;
  ……
```

2. 以下程序中，work1～work4 为子程序名称，Reset do1 为机器人控制指令，试分析说明以下程序段的作用与功能。

```
IF reg1<4 THEN
  work1 ;
ELSEIF reg1=4 OR reg1=5 THEN
  work2 ;
ELSEIF reg1<10 THEN
  work3 ;
ELSE
  work4 ;
```

```
  ENDIF
    Reset do1 ;
    ······
```

3. 以下程序中，work1～work4 为子程序名称，Reset do1 为机器人控制指令，试分析说明以下程序段的作用与功能。

```
TEST reg1
CASE 1, 2, 3:
  work1 ;
CASE 4, 5:
  work2 ;
CASE 6:
  work3 ;
DEFAULT:
  work4 ;
ENDTEST
  Reset do1 ;
  ······
```

●●● 任务 2　RAPID 程序数据定义 ●●●

知识目标

1. 熟悉 RAPID 数据声明指令。
2. 熟悉基本型、复合型数据的格式要求与定义方法。
3. 掌握 RAPID 表达式与运算指令的编程方法。
4. 掌握 RAPID 数据运算函数命令的编程方法。

能力目标

1. 能编制 RAPID 数据声明指令。
2. 能进行基本型、复合型程序数据的编程。
3. 能进行表达式与运算指令的编程。
4. 能进行 RAPID 数据运算函数命令编程。

基础学习

一、程序数据定义指令

1. 数据声明指令格式

通过任务 1 的学习，我们知道 RAPID 程序模块由程序数据、作业程序组成。程序数据是程序指令的操作数，它们通常需要在程序模块、作业程序的开始位置定义。

RAPID 程序数据的数量众多、格式各异。为了便于用户使用，控制系统出厂时，生产厂家已对部分常用的程序数据进行了预定义，这些数据可直接在程序中使用，编程时无须另行定义。系统预定义的程序数据数值在所有程序中都一致。

当机器人用于指定作业时，除了系统预定义的程序数据外，还需要有作业工具、工件、工艺参数、机器人 TCP 位置、移动速度等其他程序数据，这些数据都需要在模块或程序中予以定义。

一般而言，机器人的作业工具、工件数据、工艺参数，以及机器人作业起点与终点、作业移动速度等程序数据，是程序模块中各程序共用的基本程序数据，通常在程序模块的起始位置予以统一定义。如果程序数据只用于某一作业程序，则这些数据可在指定程序中，进行补充定义。

用来定义 RAPID 程序数据的指令称为数据声明（Data Declaration）指令。数据声明指令可对程序数据的使用范围、性质、类型、名称等内容进行规定，如需要，还可定义程序数据的初始赋值。

RAPID 数据声明指令的基本格式如下。

TASK　　PERS　　pos　　segpos {2}　:= [[0, 0, 0], [200, –100, 500]]

使用范围　数据性质　数据类型　数据名称/个数　　　　数据初始值

2. 编程要求

① 使用范围。其用来规定程序数据的使用对象，即指定程序数据可用于哪些任务、模块和程序。使用范围可选择全局数据 GLOBAL、任务数据 TASK 和局部数据 LOCAL 3 类。

全局数据是可供所有任务、所有模块和程序使用的程序数据，它在系统中具有唯一名称和唯一的值。全局数据是系统默认设定的，故无须在指令中声明 GLOBAL。

任务数据只能供本任务使用，局部数据只能供本模块使用；任务数据、局部数据声明指令只能在模块中编程，而不能在主程序、子程序中编程。局部数据是系统优先使用的程序数据，如系统中存在与局部数据同名的全局数据、任务数据，则这些程序数据将被同名局部数据替代。

② 数据性质。其用来规定程序数据的使用方法及数据的保存、赋值、更新要求。RAPID 程序数据有常量 CONST、永久数据 PERS、程序变量 VAR 和程序参数 4 类，其中，程序参数用于参数化编程的程序，它需要在相关程序的程序声明中定义。常量 CONST、永久数据 PERS、程序变量 VAR 的特点及定义方法可参见本项目任务 1。

③ 数据类型。其用来规定程序数据的格式与用途，程序数据类型由控制系统生产厂家统一规定。例如，十进制数值型数据的类型为“num”，二进制逻辑状态型数据的类型为“bool”，字符串（文本）型数据的类型为“string”，机器人 TCP 位置型数据的类型为“robtarget”等。

为了便于数据分类和检索，用户也可通过 RAPID 数据等同指令 ALIAS，对控制系统生产厂家定义的数据类型增加一个别名，这样的数据称为“等同型（alias）数据”。利用指令 ALIAS 定义的数据类型名，可直接代替系统数据类型名使用。

④ 数据名称/个数。数据名称是程序数据的识别标记，需要按 RAPID 标识的规定命名，原则上说，在同一系统中，程序数据的名称不应重复定义。数据类型相同的多个程序数据，也可用数组的形式统一命名，数组数据名后需要后缀 “{数据元数}”标记；例如，当程序数据 segpos 为包含 2 个 x、y、z 位置数据的 2 元数组时，其数据名称为“segpos{2}”等。

⑤ 数据初始值。数据初始值用来定义程序数据的初始值，初始值必须符合程序数据的格式要求，它可为具体的数值，也可以为 RAPID 表达式的运算结果。如果数据声明指令未定义程序数据初始值，则控制系统将自动取默认的初始值，例如，十进制数值型数据 num 的初始值默认为“0”，二进制逻辑状态型数据 bool 的初始值为“FALSE”，字符串型数据 string 的初始值为“空白”等。

程序数据一旦定义，便可在程序中按系统规定的格式，对其进行赋值、运算等操作与处理。一般而言，类型相同的程序数据可直接通过 RAPID 表达式（运算式），进行算术、逻辑运算等处理，所得到的结果为同类数据；不同类型的数据原则上不能直接运算，但部分程序数据可通过 RAPID 数据转换函数命令转换格式。

RAPID 程序数据的形式多样，从数据组成与结构上说，有基本型（Atomic）数据、复合型（Recode）数据及数组 3 类。

二、基本型数据定义

基本型数据在 ABB 机器人说明书中有时被译为"原子型数据"，它通常由数字、字符等基本元素构成。基本型数据在程序中一般只能整体使用，而不再进行分解。

机器人作业程序常用的基本型数据主要有数值型（num）/双精度数值型（dnum）、字节型（byte）、逻辑状态型（bool）、字符串型（string、stringdig）4 类，其组成特点、格式要求及编程示例如下。

1. 数值型数据

数值型数据是用十进制数值表示的数据，它们以"ANSI IEEE 754 IEEE Standard for Floating-Point Arithmetic"（二进制浮点数标准，等同 ISO/IEC/IEEE 60559）格式存储。根据数据长度，数值型数据可分为单精度数值型（num，简称数值型）、双精度数值型（dnum）两类。

num 数据以 32 位二进制（4 字节）单精度（Single Precision）格式存储，其中，数据位为 23 位、指数位为 8 位、符号位为 1 位；数据位可表示的十进制数值范围为 $-2^{23} \sim (2^{23}-1)$。dnum 数据以 64 位二进制（8 字节）双精度（Double Precision）格式存储，其中，数据位为 52 位，指数位为 11 位，符号位为 1 位；数据位可表示的十进制数值范围为 $-2^{52} \sim +(2^{52}-1)$。dnum 数据一般只用来表示超过 num 型数据范围的特殊数值。

num、dnum 数据用来表示数值时，可使用十进制整数、小数、指数、二进制（bin）、八进制（oct）或十六进制（hex）等形式表示。在 num 数值允许的范围内，num、dnum 数据可自动转换，并进行运算。

num、dnum 数据的小数位数有限，其计算可能是近似值，因此，通过运算得到的 num、dnum 数据一般不能用于"等于""不等于"比较运算；对于除法运算，即使商为整数，系统也不认为它是准确的整数。

例如，对于以下程序，由于系统不认为 a/b 是准确的整数 2，因而 IF 的指令条件将永远无法满足。

```
a := 10 ;
b := 5 ;
IF a/b=2 THEN
……
```

num、dnum 数据的编程示例如下，系统默认的初始值为 0。

```
VAR num counter ;              // 定义 counter 为 num 数据,初始值为 0
counter :=250 ;                // 数据赋值,counter =250
VAR num nCount :=1 ;           // 定义 nCount 为 num 数据并赋值 1
VAR dnum reg1 :=10000 ;        // 定义 reg1 为 dnum 数据并赋值 10000
VAR dnum bin := 0b11111111;    // 定义 bin 为二进制格式 dnum 数据并赋值 255
VAR dnum oct := 0o377;         // 定义 oct 为八进制格式 dnum 数据并赋值 255
```

```
VAR dnum hex := 0xFFFFFFFF ;      // 定义 hex 为十六进制 dnum 数据并赋值(2³²-1)
a := 10 DIV 3 ;                   // 数据 a=10÷3 的商（a=3）
b := 10 MOD 3 ;                   // 数据 b=10÷3 的余数（b=1）
……
```

数值型数据既可表示数值，也可用来表示控制系统的工作状态，因此，RAPID 程序中又分为多种类型。例如，用数值"0"或"1"表示开关量输入/输出信号（DI/DO）逻辑状态的 num 数据，称为 dionum 数据；用正整数 0～3 表示系统错误性质的 num 数据，称为 errtype 数据等。

为了避免歧义，在 RAPID 程序中，用来代表系统工作状态的 num 数据，通常用特定的文字符号来表示数值。例如，逻辑状态数据 dionum 的数值 0、1，通常用"FALSE""TRUE"表示（也可用于编程）；系统错误性质数据 errtype 的数值 1、2、3，通常用"TYPE_STATE （操作提示）""TYPE_WARN（系统警示）""TYPE_ERR（系统报警）"表示（也可用于编程）等。

2. 字节型、逻辑状态型数据

字节型数据在 RAPID 程序中称为 byte 数据，它们只能以 8 位二进制正整数的形式表示，其十进制的数值范围为 0～255。在程序中，字节型数据主要用来表示开关量输入/输出组信号的状态，进行多位逻辑运算处理。

逻辑状态型数据在 RAPID 程序中称为 bool 数据，它们只能用来表示二进制逻辑状态，数值 0、1 通常直接以字符"FALSE""TRUE"表示。在程序中，bool 数据也可直接用 TRUE、FALSE 赋值，进行比较、判断及逻辑运算，或者，直接作为 IF 指令的判别条件。

byte、bool 数据的编程示例如下，如果仅定义数据类型，则系统默认数据的初始值为 0 或 FALSE。

```
VAR byte data3 ;                   // 定义 data3 为 byte 数据,初始值为 0(0000 0000)
VAR byte data1 := 38 ;             // 定义 data1 为 byte 数据并赋值 38（0010 0110）
VAR byte data2 := 40 ;             // 定义 data2 为 byte 数据并赋值 40（0010 1000）
data3 := BitAnd(data1, data2);     // 进行 8 位逻辑与运算,结果 data3=0010 0000
……
VAR bool flag1 ;                   // 定义 flag1 为 bool 数据,初始值为 0（FALSE）
VAR bool active := TRUE;           // 定义 active 为 bool 数据并赋值 1（TRUE）
VAR bool highvalue ;               // 定义 highvalue 为 bool 数据,初始值为 0(FALSE)
VAR num reg1 ;                     // 定义 reg1 为 num 数据,初始值为 0
highvalue := reg1 > 100 ;    // highvalue 赋值,reg1 > 100 时为 TRUE,否则为 FALSE
IF highvalue Set do1 ;       // highvalue 为 TRUE 时,设定系统输出 do1 = 1
medvalue := reg1 > 20 AND NOT highvalue ;
// medvalue 赋值,reg1 > 20 及 highvalue 为 0 时(20<reg1≤100)为 TRUE,否则为 FALSE
……
```

3. 字符串型数据

字符串型数据亦称文本（Text），在 RAPID 程序中称为 string 数据，它们是由英文字母、数字及符号构成的特殊数据，RAPID 程序的 string 数据最大长度为 80 字符（ASCII）。

在 RAPID 程序中，string 数据的前后均需要用英文双引号（"）标记。如 string 数据本身含有双引号"或反斜杠\，则需要用连续的 2 个双引号或反斜杠\表示。

由纯数字 0～9 组成的特殊字符串型数据，在 RAPID 程序中称为 stringdig 型数据，它们可用来表示正整数的数值。用 stringdig 型数据表示的数值范围可达 0～2^{32}、大于 num 型数据（$2^{23}-1$）的值；stringdig 型数据还可直接通过 RAPID 函数命令（StrDigCalc、StrDigCmp 等），以及 opcalc、opnum 型运算及比较符（LT、EQ、GT 等），在程序中进行算术运算和比较处理（见后述）。

　　string 数据的编程示例如下，如果仅定义数据类型、不进行赋值，则系统默认其初始值为空白或 0。

```
VAR string text ;                      // 定义 text 为 string 数据,空白文本
text := "start welding pipe 1" ;       // text 赋值为 start welding pipe 1
TPWrite text ;                         // 示教器显示文本 start welding pipe 1
……
VAR string name := "John Smith";// 定义 name 为 string 数据,并赋值 John Smith
VAR string text2 := "start " "welding\\pipe" " 2 ";      // text2 赋值为 start
                                                            welding\\pipe 2
TPWrite text2 ;                        // 示教器显示文本 start welding\\pipe 2
……
VAR stringdig digits1 ;                // 定义 digits1 为 stringdig 数据,初始值为 0
VAR stringdig digits2 := "4000000" ;
                                       // 定义 digits2 为 stringdig 数据并赋值 4000000
VAR stringdig res ;                    // 定义 res 为 stringdig 数据,初始值为 0
VAR bool flag1 ;                       // 定义 flag1 为 bool 数据,初始值为 0
……
digits1 := "5000000" ;                 // 定义 digits1 为 stringdig 数据并赋值 5000000
flag1 := StrDigCmp (digits1, LT, digits2) ;
                                       // stringdig 数据比较,如 digits1 > digits2,
                                         bool 数据 flag1 为 TRUE
res := StrDigCalc(digits1, OpAdd, digits2) ;
                                       // stringdig 数据加法运算 (digits1 + digits2)
……
```

三、复合型数据与数组定义

1. 复合型数据

　　复合型数据是由多个数据按规定格式复合而成的数据，在 ABB 机器人说明书中有时译为"记录型"数据。复合型数据的数量众多，例如，用来表示机器人位置、移动速度、工具、工件的数据均为复合型数据。

　　复合型数据的构成元可以是基本型数据，也可以是其他复合型数据。例如，用来表示机器人 TCP 位置的 robtarget 数据，是由 4 个构成元[trans，rot，robconf，extax] 复合而成的多重复合数据。其中，构成元 trans 是由 3 个 num 型数据[x，y，z]复合而成的（x，y，z）坐标数据（pos 数据）；构成元 rot 是由 4 个 num 数据[q1，q2，q3，q4] 复合而成的工具姿态四元数（rot 数据）；构成元 robconf 是由 4 个 num 数据[cf1，cf4，cf6，cf$x$]复合而成的机器人姿态数据（confdata 数据）；构成元 extax 是由 6 个 num 数据[e1，e2，e3，e4，e5，e6]复合而成的机器人外部轴关节位置数据（extjoint 数据）等。

　　在 RAPID 程序中，复合型数据既可整体使用，也可只使用其中的某一部分，或某一部分数据的某一项；复合型数据、复合型数据的构成元均可用 RAPID 表达式、函数命令进行运算与处理。例如，机器人 TCP 位置数据 robtarget，既可整体用作机器人移动的目标位置，也可只取其（x，y，z）坐标数据 trans（pos 数据），或（x，y，z）坐标数据 trans 中的坐标值 x（num 数据），对其进行单独定义，或参与其他 pos 型数据、num 型数据的运算。

　　在 RAPID 程序中，复合数据的构成元、数据项可用"数据名. 构成元名""数据名. 构成元名. 数据项名"的形式引用。例如，机器人 TCP 位置型数据 p0 中的（x，y，z）坐标数据 trans，

可用"p0. trans"的形式引用；而(x, y, z)坐标数据 trans 中的坐标值 x 项，则可用"p0. trans. x"的形式引用等。有关复合型数据的具体格式、定义要求，将在本书后述的内容中，结合编程指令进行详细介绍。

复合型数据的编程示例如下，如仅定义数据类型，则系统默认其初始的数值为 0，姿态为初始状态。

```
VAR robtarget p0 ;                    // 定义 p0 为复合型 TCP 位置数据,初始状态
VAR robtarget p1 := [ [0, 0, 10], [1, 0, 0, 0], [1, 1,0, 0], [ 0, 0, 9E9,
9E9, 9E9, 9E9] ] ;                    // 定义 p1 为复合型 TCP 位置数据并整体赋值
VAR robtarget pos2 ;                  // 定义 pos2 为复合型 TCP 位置数据,初始状态
VAR pos p2 := [100, 100, 200] ;       // 定义复合型 (x, y, z) 坐标数据并赋值
VAR pos pos3 ;                        // 定义复合型 (x, y, z) 坐标数据,初始值为 0
……
p0 := [ [0, 0, 0], [1, 0, 0, 0], [1, 1,0, 0], [ 0, 0, 9E9, 9E9, 9E9, 9E9] ] ;
                                      // 复合型 TCP 位置数据 p0 整体赋值
pos2. trans := p2 ;                   // 仅对复合型 TCP 位置数据 pos2 的 trans 部分赋值
pos3.x := 500.21 ;                    // 仅对复合型 (x, y, z) 坐标数据 pos3 的 x 坐标赋值
……
```

2. 数组

为了减少指令、简化程序，类型相同的多个程序数据可用数组的形式，进行一次性定义；多个数组数据还可用复合数组（多阶数组）的形式定义，复合数组所包含的数组数，称为数组阶数或维数；每一数组所包含的数据数，称为数据元数。

以数组形式定义的程序数据，其数据名称相同。对于 1 阶（1 维）数组，定义时需要在数组名称后附加"｛元数｝"标记；引用数据时，需要在数组名称后附加"｛元序号｝"标记。对于多阶（多维）数组，定义时需要在名称后附加"｛阶数，元数｝"标记；引用数据时，需要在数组名称后附加"｛阶序号，元序号｝"标记。

RAPID 数组数据的定义及引用示例如下，如仅定义数据类型，则系统默认初始值为 0。

```
……
VAR num dcounter_1 {5} := [ 9, 8, 7, 6, 5 ] ; // 1 阶、5 元 num 数组定义并赋值
reg1 := dcounter_1 {3} ;           // 1 阶、5 元 num 数组数据引用,reg1=7
VAR pos seq{3} := [[0, 0, 0], [0, 0, 500], [0, 0,1000]];
                                   // 1 阶、3 元 pos 数组定义并赋值
pos1 := seq{2}                     //1 阶、3 元 pos 数组数据引用,pos1=[0, 0, 500]
……
VAR num dcounter_2 {2, 3} := [[ 9, 8, 7 ] , [ 6, 5, 4 ]] ;
                                   // 2 阶、3 元 num 数组定义并赋值
reg2 := dcounter_2 {1, 2}          // 2 阶、3 元 num 数组数据引用,reg2=8
reg3 := dcounter_2 {2, 3}          // 2 阶、3 元 num 数组数据引用,reg3=4
……
```

实践指导

一、表达式与运算指令

1. 表达式及编程

在 RAPID 程序中，程序数据的值既可直接利用赋值指令":="定义，也可利用表达式、运算指令或函数命令进行定义。

　　表达式是用来计算程序数据数值、逻辑状态的算术/逻辑运算式或比较式。在 RAPID 程序中，表达式可用于程序数据的赋值、IF 指令判断条件定义等场合。

　　表达式中的运算数可以是程序数据，也可以是程序中定义的常量 CONST、永久数据 PERS 和程序变量 VAR。表达式中的运算数需要用运算符连接，不同运算对运算数的格式（类型）有规定要求；简单四则运算和比较操作可使用基本运算符，复杂运算则需要用 RAPID 函数命令或编制专门的功能程序。

　　RAPID 基本运算符的说明如表 2.2-1 所示。

表 2.2-1　RAPID 基本运算符

运算符		运算	运算数类型	编程示例
算术运算	:=	赋值	任意	a := b
	+	加	num, dnum, pos, string	[x1, y1, z1] + [x2, y2, z2] = [x1+x2, y1+y2, z1+z2]; " IN " + " OUT " = " INOUT "
	−	减	num, dnum, pos	[x1, y1, z1] − [x2, y2, z2] = [x1−x2, y1−y2, z1−z2]
	*	乘	num, dnum, pos, orient	[x1, y1, z1] * [x2, y2, z2] = [x1*x2, y1*y2, z1*z2]; a * [x, y, z] = [a*x, a*y, a*z]
	/	除	num, dnum	a/b；a/2
逻辑运算	AND	逻辑与	bool	a AND b
	OR	逻辑或	bool	a OR b
	NOT	逻辑非	bool	NOT a
	XOR	异或	bool	a XOR b
比较运算	<	小于	num, dnum	(3 < 5) = TRUE；(5 < 3) = FALSE
	<=	小于等于	num, dnum	—
	=	等于	任意同类数据	([0, 0, 100] = [0, 0, 100]) = TRUE； ([100, 0, 100] = [0, 0, 100]) = FALSE
	>	大于	num, dnum	—
	>=	大于等于	num, dnum	—
	<>	不等于	任意同类数据	([0, 0, 100] <> [0, 0, 100]) = FALSE； ([100, 0, 100] <> [0, 0, 100]) = TRUE

　　RAPID 表达式的运算次序与通常的算术、逻辑运算相同，并可使用括号。在比较、逻辑运算混合表达式上，比较运算优先于逻辑运算，如运算式 "a<b AND c<d"，首先进行的是 a<b、c<d 比较运算，然后，再对比较结果进行逻辑与运算。

　　表达式的编程示例如下。

```
CONST num a := 3 ;
PERS num b := 5 ;
VAR num c := 10 ;
……
reg1 := c* (a+b) ;                              // 数值计算, reg1=80
val _ bit := a AND b ;                          // 逻辑运算
highstatus := reg1>100 OR reg1<10;              // 比较、逻辑混合运算
pos1 := [100, 200, 2*a] ;                       // 代替数值
WaitTime a+b ;                                  // 代替操作数
```

```
IF a > 2 AND NOT highstatus THEN                    // 作为 IF 指令判断条件
   ......
```

2. 运算指令及编程

程序数据的运算也可使用 RAPID 运算指令编程。RAPID 运算指令的功能较简单，它通常只能用于数值型数据 num、dnum 的清除，以及加、增/减 1 等基本运算，指令的编程格式及简要说明如表 2.2-2 所示。

表 2.2-2　RAPID 运算指令及编程格式

名称		编程格式与示例	
数值清除	Clear	编程格式	Clear　Name | Dname ;
		程序数据	Name 或 Dname：需清除的数据（num 或 dnum）
	简要说明	清除指定程序数据的数值	
加运算	Add	编程格式	Add　Name | Dname, AddValue | AddDvalue ;
		程序数据	Name 或 Dname：被加数（num 或 dnum）； AddValue 或 AddDvalue：加数（num 或 dnum），可为负数
	简要说明	同类型程序数据加运算，结果保存在被加数上	
数值增 1	Incr	编程格式	Incr　Name | Dname ;
		程序数据	Name 或 Dname：需增 1 的数据（num 或 dnum）
	简要说明	指定的程序数据数值增 1	
数值减 1	Decr	编程格式	Decr　Name | Dname ;
		程序数据	Name 或 Dname：需减 1 的数据（num 或 dnum）
	简要说明	指定的程序数据数值减 1	
指定位置位	BitSet	编程格式	BitSet　BitData | DnumData,　BitPos
		程序数据	BitData 或 DnumData：需要置位的数据（num 或 dnum）； BitPos：需置 1 的数据位
	简要说明	将 byte、dnum 型数据指定位的状态置 1	
指定位复位	BitClear	编程格式	BitClear　BitData | DnumData,　BitPos
		程序数据	BitData 或 DnumData：需要复位的数据（num 或 dnum）； BitPos：需要复位的数据位
	简要说明	将 byte、dnum 型数据指定位的状态置 0	

RAPID 运算指令的编程示例如下。

```
Clear reg1 ;                            // reg1=0
Add reg1, 3 ;                           // reg1=reg1+3
Add reg1, -reg2 ;                       // reg1= reg1-reg2
Incr reg1 ;                             // reg1=reg1+1
BitSet data1, 8 ;                       // data1 的 bit8 置 1
......
```

二、数据运算函数命令

1. 命令与参数

RAPID 函数命令（简称函数或命令）相当于编程软件固有的功能程序，它可通过函数命令直接调用。与功能程序一样，RAPID 函数命令同样需要定义参数，参数数量、类型必须与函数命令的要求一致；函数命令的执行结果可直接用于程序数据赋值。

函数命令所需的运算参数，可为数值、已赋值的程序数据、表达式，或程序中定义的常量 CONST、永久数据 PERS、程序变量 VAR 等。例如：

```
reg1 := Sin(45) ;                        // 用数值指定参数
angle1 := ATan2(y_value, x_value) ;      // 用程序变量指定参数
angle2 := ATan2(a :=2, b :=2) ;          // 用表达式指定参数
......
```

RAPID 函数命令数量众多。算术和逻辑运算、字符串运算和比较是 RAPID 程序最常用的命令，说明如下。

2. 算术、逻辑运算函数

算术、逻辑运算函数命令可用于复杂算术运算、三角函数及多位逻辑运算，常用命令如表 2.2-3 所示。

表 2.2-3　常用算术、逻辑运算函数命令

	函数命令	功能	编程示例
算术运算	Abs、AbsDnum	绝对值	val:= Abs(value)
	DIV	求商	val:= 20 DIV 3
	MOD	求余数	val:= 20 MOD 3
	quad、quadDmum	平方	val := quad (value)
	Sqrt、SqrtDmum	平方根	val:= Sqrt(value)
	Exp	计算 e^x	val:= Exp(x_ value)
	Pow、PowDnum	计算 x^y	val:= Pow(x_ value, y_ value)
	Round、RoundDnum	小数位取整	val := Round(value \Dec:=1)
	Trunc、TruncDnum	小数位舍尾	val := Trunc(value \Dec:=1)
三角函数运算	Sin、SinDnum	正弦	val := Sin(angle)
	Cos、CosDnum	余弦	val := Cos(angle)
	Tan、TanDnum	正切	val := Tan(angle)
	Asin、AsinDnum	−90°～90°反正弦	Angle1:= Asin (value)
	Acos、AcosDnum	0°～180°反余弦	Angle1:= Acos (value)
	ATan、ATanDnum	−90°～90°反正切	Angle1:= ATan (value)
	ATan2、ATan2Dnum	y/x 的反正切	Angle1:= ATan (y_value, x_value)
多位逻辑运算	BitAnd、BitAndDnum	位 "与"	val _ byte:= BitAnd(byte1, byte2)
	BitOr、BitOrDnum	位 "或"	val _ byte:= BitOr(byte1, byte2)
	BitXOr、BitXOrDnum	位 "异或"	val _ byte:= BitXOr(byte1, byte2)
	BitNeg、BitNegDnum	位 "非"	val _ byte := BitNeg(byte)
	BitLSh、BitLShDnum	左移位	val _ byte := BitLSh(byte, value)
	BitRSh、BitRShDnum	右移位	val _ byte := BitRSh(byte, value)
	BitCheck、BitCheckDnum	位状态检查	IF BitCheck(byte 1, value) = TRUE THEN

算术、逻辑运算命令的功能清晰、使用简单，简要说明如下。

① 算术运算命令。Round、Trunc 为取近似值命令，Round 为"四舍五入"，Trunc 为"舍尾"，添加项\Dec 用来指定小数位数，不使用\Dec 时，只保留整数。例如：

```
VAR num reg1 := 0.8665372 ;
VAR num reg2 := 0.6356138 ;
val1 := Round(reg1\Dec:=3) ;              // 保留 3 位小数、四舍五入,val1=0.867
val2 := Round(reg2) ;                     // 保留整数、四舍五入,val2=1
val3 := Trunc(reg1\Dec:=3) ;              // 保留 3 位小数、舍尾,val3=0.866
val4 := Trunc(reg2) ;                     // 保留整数、舍尾,val4=0
......
```

② 三角函数运算命令。命令 Asin 的计算结果为-90°～90°，Acos 的计算结果为 0°～180°；Atan 的计算结果为-90°～90°。Atan2 可根据 y、x 值确定象限，并利用 Atan（y/x）求出角度，其计算结果为-180°～180°。例如：

```
VAR num value1 := 1 ;
VAR num value2 := -1 ;
val6 := Atan(value1) ;                    // val6=45
val7 := Atan(value2) ;                    // val7=－45
val8 := Atan2(value1, value1) ;           // val8=45
val9 := Atan2(value1, value2) ;           // val9=135
val10 := Atan2(value2, value1) ;          // val10=－45
val11 := Atan2(value2, value2) ;          // val11=－135
......
```

③ 逻辑运算命令。BitAnd、BitOr、BitXOr、BitNeg、BitLSh、BitRSh、BitCheck 用于字节型数据 byte 的 8 位逻辑操作。例如：

```
VAR byte data1 := 38 ;                    // 定义 byte 数据 data1=0010 0110
VAR byte data2 := 40 ;                    // 定义 byte 数据 data2=0010 1000
data3 := BitAnd(data1, data2) ;           // 8 位逻辑与运算 data3=0010 0000
data4 := BitOr(data1, data2) ;            // 8 位逻辑或运算 data4=0010 1110
data5 := BitXOr(data1, data2) ;           // 8 位逻辑异或运算 data5=0000 1110
data6 := BitNeg(data1) ;                  // 8 位逻辑非运算 data6=1101 1001
data7 := BitLSh(data1, index_bit) ;       // 左移 3 位操作 data7=0011 0000
data8 := BitRSh(data1, index_bit) ;       // 右移 3 位操作 data8=0000 0100
IF BitCheck(data1, index_bit) = TRUE THEN // 检查第 3 位（bit2）的"1"状态
......
```

3. 字符串操作函数

字符串操作命令 StrDigCalc、StrDigCmp 用于纯数字字符串数据 stringdig 的四则运算运算和比较，进行字符串运算的数据必须为纯数字正整数字符串（stringdig），如果出现运算结果为负、除数为 0 或数据范围超过 2^{32} 的情况，则控制系统将发出运算出错报警。

字符串操作需要使用表 2.2-4 所示的文字型运算符 opcalc、比较符 opnum 进行编程。

表 2.2-4 运算符 opcalc 及比较符 opnum 一览表

运算符 opcalc	OpAdd	OpSub	OpMult	OpDiv	OpMod	
运算	加	减	乘	求商	求余数	
比较符 opnum	LT	LTEQ	EQ	GT	GTEQ	NOTEQ
操作	小于	小于等于	等于	大于	大于等于	不等于

字符串操作命令的编程示例如下，字符串数据在程序中需要用英文双引号标记。

```
VAR stringdig digits1 := "99988" ;        // 定义纯数字字符串 1
VAR stringdig digits2 := "12345" ;        // 定义纯数字字符串 2
res1 := StrDigCalc(str1, OpAdd, str2) ;   // res1="112333"
```

```
res2 := StrDigCalc(str1, OpSub, str2) ;        // res2="87643"
res3 := StrDigCalc(str1, OpMult, str2) ;       // res3="1234351860"
res4 := StrDigCalc(str1, OpDiv, str2) ;        // res4="8"
res5 := StrDigCalc(str1, OpMod, str2) ;        // res5="1228"
is_not1 := StrDigCmp(digits1, LT, digits2) ;   // is_not1 为 FALSE
is_not2 := StrDigCmp(digits1, EQ, digits2) ;   // is_not2 为 FALSE
is_not3 := StrDigCmp(digits1, GT, digits2) ;   // is_not3 为 TRUE
is_not4 := StrDigCmp(digits1, NOTEQ, digits2) ; // is_not4 为 TRUE
......
```

技能训练

结合本任务的学习，完成以下练习。

一、不定项选择题

1. 以下对 RAPID 程序数据定义要求理解正确的是（   ）。
   A. 所有程序数据都需要定义   B. 可使用系统预定义数据
   C. 系统预定义数据的值不能改变   D. 作业程序数据需要用户定义

2. 以下可通过数据声明指令定义的是（   ）。
   A. 使用范围   B. 数据性质   C. 数据类型   D. 初始值

3. 根据数据结构，RAPID 程序数据可以分为（   ）。
   A. 数值型   B. 复合型   C. 数组   D. 基本型

4. 以下对 RAPID 数值型数据 num 理解正确的是（   ）。
   A. 可带符号   B. 字长 32 位   C. 最大值 $2^{23}-1$ D. 最小值 $-2^{23}+1$

5. 以下对 RAPID 数值型数据 dnum 理解正确的是（   ）。
   A. 可带符号   B. 字长 64 位   C. 最大值 $2^{52}-1$ D. 最小值 $-2^{52}+1$

6. 以下可用 RAPID 数值型数据 num、dnum 表示的是（   ）。
   A. 逻辑状态   B. 二进制数   C. 八进制数   D. 十六进制数

7. 以下不能使用 num、dnum 运算结果的比较操作是（   ）。
   A. 小于   B. 大于   C. 等于   D. 不等于

8. 以下对 RAPID 字节型数据 byte 理解正确的是（   ）。
   A. 可带符号   B. 可为小数   C. 只能为正整数   D. 最大值为 255

9. 以下对 RAPID 逻辑状态型数据 bool 理解正确的是（   ）。
   A. 状态 1 表示为 TRUE   B. 状态 0 表示为 FALSE
   C. 可作为 IF 指令条件   D. 可进行算术运算

10. 以下对 RAPID 字符串型数据 string 理解正确的是（   ）。
    A. 最大长度为 80 字符   B. 不能使用双引号
    C. 不能使用反斜杠   D. 可进行算术、比较运算

11. 以下对 RAPID 复合型数据的构成元理解正确的是（   ）。
    A. 只能是基本型数据   B. 可以是复合数据
    C. 不能超过 4 个   D. 只能整体编程、使用

12. 以下对 RAPID 数组数据的构成元理解正确的是（   ）。

A. 只能表示同类型数据   B. 只能表示 1 阶数组

C. 1 阶数组只需要附加"元数"   D. 只能整组编程、使用

13. 以下可通过 RAPID 表达式进行的运算是（   ）。

     A. 四则运算   B. 逻辑运算   C. 比较运算   D. 三角函数运算

14. 以下可以用于 RAPID 表达式运算的数据是（   ）。

     A. 常数   B. 常量 CONST   C. 永久数据 PERS   D. 程序变量 VAR

15. 以下对 RAPID 表达式运算优先级理解正确的是（   ）。

     A. 与通常运算相同   B. 可使用括号

     C. 运算、比较可混用   D. 逻辑运算优先于比较运算

16. 以下可通过 RAPID 运算指令进行的数据运算是（   ）。

     A. 加法运算   B. 减法运算   C. 加/减 1 运算   D. 乘除运算

17. 以下对 RAPID 函数命令理解正确的是（   ）。

     A. 需要定义参数   B. 参数类型有规定要求

     C. 参数数量有规定要求   D. 功能可由用户定义

18. 以下可通过 RAPID 函数命令进行数据运算的是（   ）。

     A. 幂函数   B. 三角函数   C. 反三角函数   D. 多位逻辑运算

19. 以下可通过 RAPID 函数命令进行的字符串运算是（   ）。

     A. 四则运算   B. 函数运算   C. 逻辑运算   D. 比较运算

二、程序分析题

1. 分析说明以下程序段中各指令的功能，并确定程序数据 val1～val4 的值。

```
VAR num reg2 := 30 ;
reg1 := Cos(reg2) ;
val1 := Round(reg1\Dec:=3) ;
val2 := Round(reg2) ;
val3 := Trunc(reg1\Dec:=3) ;
val4 := Trunc(reg2) ;
```

2. 分析说明以下程序段中各指令的功能，并确定程序数据 data3～data8 的值。

```
VAR byte data1 := 39 ;
VAR byte data2 := 41 ;
data3 := BitAnd(data1, data2) ;
data4 := BitOr(data1, data2) ;
data5 := BitXOr(data1, data2) ;
data6 := BitNeg(data1) ;
data7 := BitLSh(data1, index_bit) ;
data8 := BitRSh(data1, index_bit) ;
……
```

••• 任务 3 坐标系与姿态定义 •••

知识目标

1. 熟悉运动轴、轴组、机械单元等基本概念。

2. 掌握工业机器人基准点、基准线的定义方法。

3. 掌握工业机器人坐标系、姿态的定义方法。

能力目标

1. 能正确划分、判定机器人的运动轴、轴组、机械单元。

2. 能确定机器人基准点、基准线。

3. 能设定机器人坐标系、姿态和判定奇点。

基础学习

一、机器人基准与轴组

1. 机器人基准

机器人手动操作或程序自动运行时，其目标位置、运动轨迹等都需要有明确的控制对象（控制目标点），然后通过相应的坐标系来描述其位置和运动轨迹。为了确定机器人的控制目标点、建立坐标系，需要在机器人上选择某些特征点、特征线，作为系统运动控制的基准点、基准线，以便建立运动控制模型。

机器人的基准点、基准线与机器人结构形态有关，垂直串联机器人基准点与基准线的定义方法一般如下。

① 基准点。垂直串联机器人的系统运动控制基准点一般有图 2.3-1 所示的工具控制点（TCP）、工具参考点（TRP）、手腕中心点（WCP）3 个。

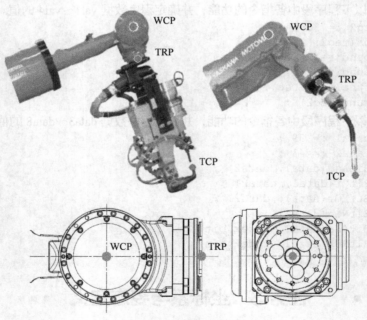

图2.3-1　机器人基准点

TCP 是工具控制点（Tool Control Point）的英文简称，又称工具中心点（Tool Center Point）。TCP 就是机器人末端执行器（工具）的实际作业点，它是机器人运动控制的最终目标，机器人手动操作、程序运行时的位置、轨迹都是针对 TCP 而言的。TCP 的位置与作业工具的形状、安装方式等密切相关，例如，弧焊机器人的 TCP 通常为焊枪的枪尖，点焊机器人的 TCP 一般为焊钳固定电极的端点等。

TRP 是机器人工具参考点（Tool Reference Point）的英文简称，它是机器人工具安装的基准点，机器人工具坐标系、作业工具的质量和重心位置等数据，都需要以 TRP 为基准定义。TRP 也是确定 TCP 的基准，如不安装工具或未定义工具坐标系，则系统将默认 TRP 和 TCP 重合。TRP 通常为机器人手腕上的工具安装法兰中心点。

WCP 是机器人手腕中心点（Wrist Center Point）的英文简称，它是确定机器人姿态、判别机器人奇点（Singularity）的基准点。垂直串联机器人的 WCP 一般为腕摆动轴 j5 和手回转轴 j6 的回转中心线交点。

② 基准线。垂直串联机器人的基准线有图 2.3-2 所示的机器人回转中心线、下臂中心线、上臂中心线、手回转中心线 4 条，其定义方法如下。

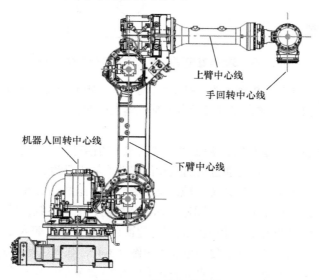

图2.3-2　机器人基准线

机器人回转中心线：通过腰回转轴 j1 回转中心，且与机器人基座安装底平面垂直的直线。

下臂中心线：机器人下臂上，与下臂摆动轴 j2 中心线和上臂摆动轴 j3 摆动中心线垂直相交的直线。

上臂中心线：机器人上臂上，通过腕回转轴 j4 回转中心，且与腕摆动轴 j5 摆动中心线垂直相交的直线。上臂中心线通常就是机器人的腕回转中心线。

手回转中心线：通过手回转轴 j6 回转中心，且与手腕工具安装法兰端面垂直的直线。

③ 运动控制模型。6 轴垂直串联机器人的本体运动控制模型如图 2.3-3 所示，它需要在控制系统中定义如下结构参数。

基座高度（Height of Foot）：下臂摆动中心线离地面的高度。

下臂（j2）偏移（Offset of Joint 2）：下臂摆动中心线与机器人回转中心线的距离。

下臂长度（Length of Lower Arm）：下臂摆动中心线与上臂摆动中心线的距离。

上臂（j3）偏移（Offset of Joint 3）：上臂摆动中心线与上臂回转中心线的距离。

上臂长度（Length of Upper Arm）：上臂中心线与下臂中心线垂直部分的长度。

手腕长度（Length of Wrist）：TRP 离腕摆动轴 j5 摆动中心线的距离。

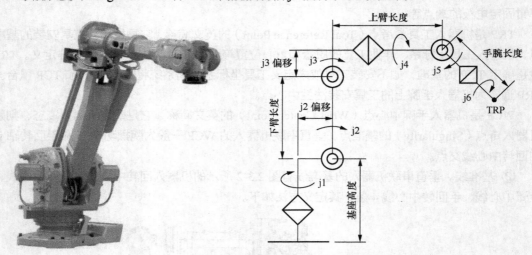

图2.3-3　6轴垂直串联机器人控制模型与结构参数

运动控制模型一旦建立，机器人的 TRP 就被确定了；如不安装工具或未定义工具坐标系，则系统将以 TRP 替代 TCP，作为控制目标点控制机器人运动。

2. 控制轴组

机器人作业需要通过机器人 TCP 和工件（或基准）的相对运动实现，这一运动，既可通过机器人本体的关节回转实现，也可通过机器人整体移动（基座运动）、工件运动实现。机器人系统的回转、摆动、直线运动轴统称为关节轴，其数量众多、组成形式多样。

例如，对于机器人（基座）和工件固定不动的单机器人简单系统，只能通过控制机器人本体的关节轴运动来改变机器人 TCP 和工件的相对位置；而对于有机器人变位器、工件变位器等辅助部件的双机器人（或多机器人）复杂系统（见图 2.3-4），则有机器人 1、机器人 2、机器人变位器、工件变位器 4 个运动单元，只要机器人（1 或 2）或其他任何一个单元产生运动，就可改变对应机器人（1 或 2）TCP 和工件的相对位置。

为了便于控制与编程，在机器人控制系统上，通常需要根据机械运动部件的组成与功能，对需要系统控制位置的伺服驱动轴实行分组管理，将伺服驱动轴划分为若干个具有独立功能的运动单元。例如，对于图 2.3-4 所示的双机器人作业系统，可将机器人 1 的 6 个运动轴定义为运动单元 1、机器人 2 的 6 个运动轴定义为运动单元 2、机器人 1 基座的 1 个运动轴定义为运动单元 3、工件变位器的 2 个运动轴定义为运动单元 4 等。

运动单元的名称在不同公司生产的机器人上有所不同。例如，ABB 机器人称之为"机械单元（Mechanical Unit）"；安川机器人将其称为"控制轴组（Control Axis Group）"；FANUC 机器人则称之为"运动群组（Motion Group）"等。

一般而言，工业机器人系统的运动单元可分为如下 3 类。

① 机器人单元。机器人单元由控制机器人本体运动的关节轴组成，它将直接使机器人 TCP 和基座产生相对运动。在多机器人控制系统上，每一机器人都是一个相对独立的运动单元；机器人单元一旦选定，对应的机器人就可进行手动操作或程序自动运行。

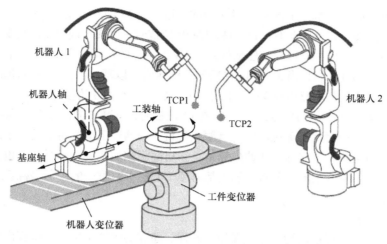

图2.3-4 双机器人作业系统

② 基座单元。基座单元由控制机器人基座运动的关节轴组成,基座单元的运动可实现机器人整体变位,使机器人 TCP 和大地产生相对运动。基座单元一旦选定,对应的机器人变位器就可进行手动操作或自动运行程序。

③ 工装单元。工装单元由控制工件运动的关节轴组成,工装单元的运动可实现工件整体变位,使机器人 TCP 和工件产生相对运动。工装单元一旦选定,对应的工件变位器就可进行手动操作或自动运行程序。

机器人单元是任何机器人系统必需的基本运动单元,基座单元、工装单元是机器人系统的辅助设备,只有在系统配置有变位器时才具备。由于基座单元、工装单元的控制轴通常较少,因此,在大多数机器人上,将基座运动轴、工装运动轴统称为"外部轴"或"外部关节",并进行集中管理;如果作业工具(如伺服焊钳等)含有系统控制的伺服驱动轴,那么它也属于外部轴的范畴。

机器人手动操作或程序运行时,运动单元可利用控制指令生效或撤销。生效的运动单元的全部运动轴都处于实时控制状态;被撤销的运动单元将处于相对静止的"伺服锁定"状态,其位置通过伺服驱动系统的闭环调节功能保持不变。

二、机器人本体坐标系

从形式上说,工业机器人坐标系有关节坐标系、笛卡儿坐标系两大类;从用途上说,工业机器人坐标系有基本坐标系、作业坐标系两大类。

1. 关节坐标系

关节坐标系(Joint Coordinates)用于机器人关节轴的实际运动控制,它用来规定机器人各关节的最大回转速度、最大回转范围等基本参数。6 轴垂直串联机器人的关节坐标轴名称、方向、原点的一般定义方法如下。

腰回转轴:J1 或 S、j1;回转方向以基座坐标系+z 轴为基准,按右手定则确定;上臂中心线与基座坐标系+xz 平面平行的位置,为 J1 轴 0° 位置。

下臂摆动轴:J2 或 L、j2;当 J1 在 0° 位置时,回转方向以基座坐标系+y 为基准、按右手定则确定,下臂中心线与基座坐标系+z 轴平行的位置,为 J2 轴 0° 位置。

上臂摆动轴:J3 或 U、j3;当 J1 在 0° 位置时,回转方向以基座坐标系-y 为基准、按右手定则确定，上臂中心线与基座坐标系+x 轴平行的位置，为 J3 轴 0° 位置。

腕回转轴：J4 或 R、j4；当 J1、J2、J3 均在 0° 位置时，回转方向以基座坐标系−x 为基准、按右手定则确定、手回转中心线与基座坐标系+xz 平面平行的位置，为 J4 轴 0° 位置。

腕摆动轴：J5 或 B、j5；当 J1 在 0° 位置时，回转方向以基座坐标系−y 为基准、按右手定则确定，手回转中心线与基座坐标系+x 轴平行的位置，为 J5 轴 0° 位置。

手回转轴：J6 或 T、j6；J1、J2、J3、J5 在 0° 位置时，回转方向以基座坐标系−x 为基准、按右手定则确定，J6 轴通常可无限回转，其原点位置一般通过工具安装法兰的基准孔确定。

机器人的关节坐标系是实际存在的坐标系，它与伺服驱动系统一一对应，也是控制系统能真正实施控制的坐标系，因此，所有机器人都必须（必然）有唯一的关节坐标系。关节坐标系是机器人的基本坐标系之一。

2. 笛卡儿坐标系

机器人的笛卡儿坐标系是为了方便操作、编程而建立的虚拟坐标系，垂直串联机器人一般有多个坐标系，坐标系的名称、数量及定义方法在不同机器人上稍有不同。例如，ABB 机器人有 1 个基座坐标系、1 个大地坐标系，并可根据需要设定任意多个工具坐标系、用户坐标系和工件坐标系；安川机器人有 1 个基座坐标系、1 个圆柱坐标系，并可根据需要设定最多 64 个工具坐标系、63 个用户坐标系；FANUC 机器人有 1 个全局坐标系，并可根据需要设定最多 9 个工具坐标系、9 个用户坐标系、5 个手动（JOG）坐标系。

在众多的笛卡儿坐标系中，基座坐标系（Base Coordinates）是用来描述机器人 TCP 相对于基座进行三维空间运动的基本坐标系，有时直接称为机器人坐标系。工具坐标系、工件坐标系等是用来确定作业工具 TCP 位置及安装方位，描述机器人和工件相对运动的坐标系，可方便操作和编程，因此，它们是机器人作业所需的坐标系，故称作业坐标系，作业坐标系可根据需要设定、选择。

垂直串联机器人的基座坐标系通常如图 2.3-5 所示，坐标轴方向、原点的定义方法一般如下。

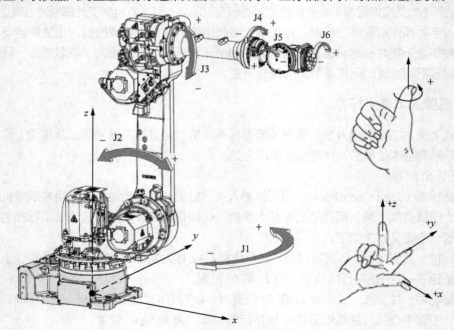

图2.3-5 基座坐标系、关节坐标系定义

原点：机器人基座安装底平面与机器人回转中心线的交点。

z 轴：机器人回转中心线，垂直底平面向上方向为+z 方向。

x 轴：垂直基座前侧面向外方向为+x 方向；

y 轴：右手定则决定。

三、机器人本体姿态

1. 机身位置与姿态

机器人 TCP 在三维空间位置可通过两种方式描述：一是以各关节轴的原点为基准，直接通过关节坐标位置来描述；二是通过 TCP 在虚拟笛卡儿坐标系的 x，y，z 值描述。

机器人的关节坐标位置（简称关节位置）实际就是伺服电机所转过的绝对角度，它通过伺服电机内置的脉冲编码器进行检测，利用编码器转过的脉冲计数来描述，因此，关节位置又称"脉冲型位置"。由于工业机器人伺服电机所采用的编码器都具有断电保持功能（绝对编码器），其计数基准（原点）一旦设定，在任何时刻，电机所转过的脉冲数都是一个确定值，因此，关节位置是与机器人结构、笛卡儿坐标系设定无关的唯一位置，也不存在奇点（Singularity）。

利用基座等虚拟笛卡儿坐标系定义的位置，称为"xyz 型位置"。由于机器人采用的逆运动学，对于垂直串联机器人，具有相同坐标值（x，y，z）的 TCP 位置，可通过多种形式的关节运动实现。

例如，对于图 2.3-6 所示的 TCP 位置 p1，即便 j4、j6 位置不变，也可通过如下 3 种本体姿态实现定位。

图 2.3-6（a）采用 j1 轴朝前、j2 轴向上、j3 轴前伸、j5 轴下俯姿态，机器人直立。

图 2.3-6（b）采用 j1 轴朝前、j2 轴前倾、j3 轴后仰、j5 轴下俯姿态，机器人俯卧。

图 2.3-6（c）采用 j1 轴朝后、j2 轴后倒、j3 轴后仰、j5 轴上仰姿态，机器人仰卧。

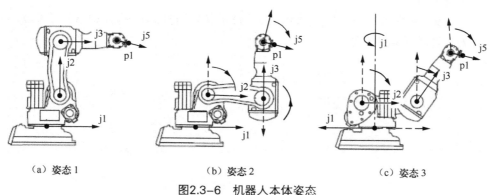

（a）姿态 1　　　　　　　（b）姿态 2　　　　　　　（c）姿态 3

图2.3-6　机器人本体姿态

因此，利用笛卡儿坐标系指定机器人运动时，不仅需要规定（x，y，z）坐标值，而且还必须规定机器人本体姿态。

机器人本体姿态又称机器人形态或机器人配置（Robot Configuration）、关节配置（Joint Placement），在不同公司的机器人上，其表示方法有所不同。例如，ABB 公司利用表示机身前/后、肘正/反、手腕俯/仰状态的姿态号，以及腰回转轴 j1、腕回转轴 j4、手回转轴 j6 的位置（区间）表示；安川公司用机身前/后、肘正/反、手腕俯/仰，以及腰回转轴 S、腕回转轴 R、手回转轴 T 的位置（范围）表示；FANUC 公司用机身前/后、肘上/下、手腕俯仰，以及腰回转轴 J1、腕回转轴 J4、手回转轴 J6 的位置（区间）表示等。

以上定义方法虽然形式有所不同，但实质一致。

2. 本体姿态定义

① 机身前/后。机器人的机身状态用前（Front）/后（Back）描述，定义方法如图 2.3-7 所示。通过基座坐标系 z 轴，且与 J1 轴当前位置（角度线）垂直的平面，是定义机身前后状态的基准面，如机器人 WCP 位于基准平面的前侧，称为"前"；如 WCP 位于基准平面后侧，称为"后"。WCP 位于基准平面时，为机器人"臂奇点"。

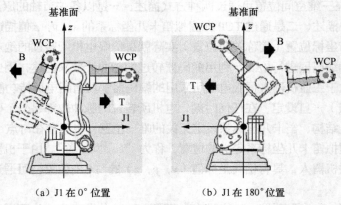

（a）J1 在 0° 位置　　　　　　　　　（b）J1 在 180° 位置

图 2.3-7　机身前/后

例如，当 J1 轴处于图 2.3-7（a）所示的 0° 位置时，如果 WCP 位于基座坐标系的 $+x$ 方向，就是机身前位（T），如果 WCP 位于 $-x$ 方向，就是机身后位（B）；而当 J1 轴处于图 2.3-7（b）所示的 180° 位置时，如果 WCP 位于基座坐标系的 $+x$ 方向，为机身后位，如果 WCP 位于 $-x$ 方向，则为机身前位。

② 肘正/反。机器人的上、下臂摆动轴 J3、J2 的状态用肘正/反或上（Up）/下（Down）描述，定义方法如图 2.3-8 所示。

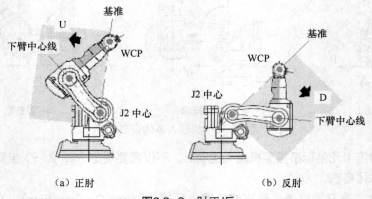

（a）正肘　　　　　　　　　　　（b）反肘

图 2.3-8　肘正/反

连接 WCP 与下臂摆动轴 J2 中心的连线，是定义肘正/反状态的基准线。从机器人的正侧面看，下臂中心线位于基准线逆时针旋转方向，称为"正肘"；如果下臂中心线位于基准线顺时针旋转方向，称为"反肘"；如果下臂中心线与基准线重合的位置为特殊的"肘奇点"。

③ 手腕俯/仰。机器人腕摆动轴 J5 状态用俯（Noflip）/仰（Flip）描述，定义方法如图 2.3-9 所示。摆动轴 J5 俯仰以 J5 在 0°位置时为基准，如果 J5 轴角度为负，称为"俯"；如果 J5 轴角度为正，称为"仰"；J5=0°位置为特殊的"腕奇点"。

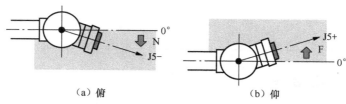

（a）俯　　　　　　　　　　　（b）仰

图2.3-9　手腕俯/仰

3. J1/J4/J6 区间定义

定义 J1/J4/J6 区间的目的是规避机器人奇点。奇点（Singularity）又称奇异点，其数学意义是不满足整体性质的个别点。按照 RIA 标准定义，机器人奇点是"由两个或多个机器人轴共线对准所引起的、机器人运动状态和速度不可预测的点"。

在垂直串联等结构的机器人上，由于笛卡儿坐标系都是虚拟的，因此，当机器人 TCP 位置以（x，y，z）形式指令时，关节轴的实际位置需要通过逆运动学计算、求解，且存在多种实现的可能性。为此，需要定义 J1/J4/J6 区间，来明确关节轴的具体位置。

6 轴垂直串联机器人工作范围内的奇点主要有图 2.3-10 所示的臂奇点、肘奇点、腕奇点 3 类。

臂奇点如图 2.3-10（a）所示，它是机器人手腕中心点 WCP 正好处于判别机身前后的基准平面时的所有情况。在臂奇点上，即使确定了肘正/反、手腕俯/仰状态，机器人的 J1、J4 轴也仍有多种实现的可能，机器人存在 J1、J4 轴瞬间旋转 180°的危险。

肘奇点如图 2.3-10（b）所示，它是下臂中心线正好与判别肘正/反的基准线重合的所有位置。在肘奇点上，机器人手臂的伸长已到达极限，可能会导致机器人运动的不可控。

腕奇点如图 2.3-10（c）所示，它是摆动轴 J5 在 0°位置时的所有位置。在腕奇点上，由于回转轴 J4、J6 的中心线重合，因此即使规定了机身前/后、肘正/反，J4、J6 轴仍有多种实现的可能，机器人存在 J4、J6 轴瞬间旋转 180°的危险。

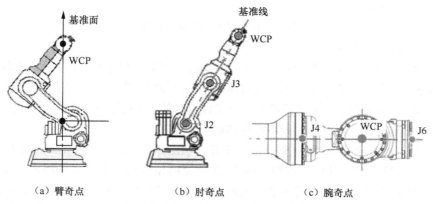

（a）臂奇点　　　　　（b）肘奇点　　　　　（c）腕奇点

图2.3-10　垂直串联机器人的奇点

为了防止机器人在以上的奇点出现不可预见的运动，必须在机器人姿态参数中进一步明确 J1、J4、J6 轴的实际位置。

机器人 J1、J4、J6 轴的实际位置定义方法在不同机器人上稍有不同,例如,ABB 公司以象限代号表示角度范围、以正/负号表示转向;安川机器人以 < 180°、≥180° 的简单方法定义,FANUC 机器人划分为(−539.999°~−180°)、(−179.999°~+179.999°)、(+180°~+539.999°)3 个区间等。

一、工具坐标系及姿态

1. 作业坐标系

大地坐标系、工具坐标系、工件坐标系等是用来确定机器人、作业工具、工件的基准点及安装方位,描述机器人、工具、工件相对运动的坐标系,它们是机器人作业所需的坐标系,故称为作业坐标系。

垂直串联机器人常用的作业坐标系如图 2.3-11 所示。

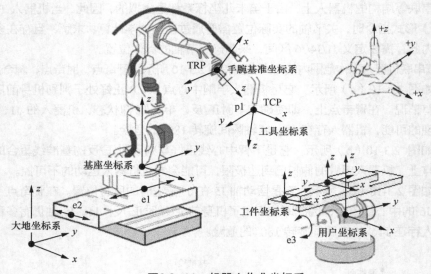

图2.3−11　机器人作业坐标系

2. 工具坐标系的作用

工具坐标系具有定义工具控制点(TCP)位置和规定工具方向(姿态)两方面作用,每一作业工具都需要有自己的工具坐标系。工具坐标系一旦设定,当机器人需要用不同工具、通过同一程序进行同样作业时,操作者只需要改变工具坐标系,就能保证所有工具的 TCP 都能按照程序所指定的轨迹运动,而无须对程序进行其他修改。

在机器人上,TCP 的位置需要通过虚拟笛卡儿坐标系(工具坐标系)的(x, y, z)坐标值定义,但是,对于利用逆运动学确定 TCP 空间位置的垂直串联机器人来说,三维空间中的同一 TCP 位置,机器人的关节轴可通过多种方式实现。例如,对于图 2.3-12 所示的弧焊焊枪、点焊焊钳,在 TCP 三维空间位置不变的前提下,关节轴可以通过多种方式定位工具。

因此,机器人的工具坐标系不仅需要定义 TCP 的位置,还需要规定工具的方向(姿态)。

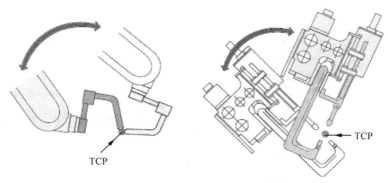

图2.3-12 工具姿态

3. 工具坐标系设定

机器人工具坐标系通过图 2.3-11 所示的手腕基准坐标系（基准坐标系）变换定义。

手腕基准坐标系是以机器人手腕上的 TRP 为原点，以手回转中心线为 z 轴，以工具安装法兰面为 xy 平面的虚拟笛卡儿坐标系；垂直工具安装法兰面向外的方向为+z 方向；手腕上仰的方向为+x 方向；+y 方向用右手定则确定。手腕基准坐标系是工具坐标系的变换基准，如不设定工具坐标系，则控制系统将默认手腕基准坐标系为工具坐标系。

工具坐标系是以 TCP 为原点、以工具中心线为 z 轴、工具接近工件的方向为+z 向的虚拟笛卡儿坐标系，点焊、弧焊机器人的工具坐标系一般如图 2.3-13 所示。

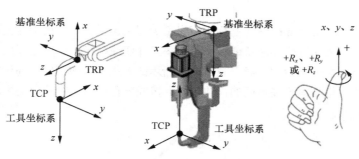

图2.3-13 工具坐标系及基准

工具坐标系需要通过手腕基准坐标系的原点偏移、坐标旋转定义，TCP 在手腕基准坐标系上的位置就是工具坐标系的原点偏离；坐标旋转可用四元数法（Quaternion）、基准坐标系 $z/x/y$ 轴旋转角 $R_z/R_x/R_y$ 等方法定义。

二、其他作业坐标系

大地坐标系、用户坐标系、工件坐标系是用来确定机器人基座、工件基准点及安装方位的坐标系，它们可根据机器人系统结构及实际作业要求，有选择地定义。

1. 大地坐标系

大地坐标系（World Coordinates，亦称世界坐标系）如图 2.3-14 所示。

大地坐标系是以地面为基准、z 轴向上的三维笛卡儿坐标系。在使用机器人变位器或多机器人协同作业的系统上，为了确定机器人的基座位置和运动状态，需要建立大地坐标系；此外，在图 2.3-14 所示的倒置或倾斜安装的机器人上，也需要通过大地坐标系来确定基座坐标系的原点及方向。

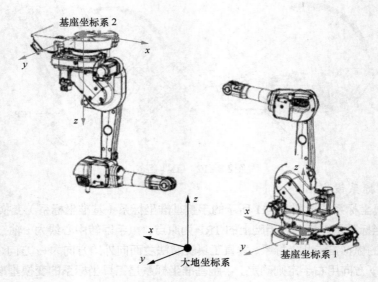

图2.3-14 大地坐标系

对于垂直地面安装、不使用变位器的单机器人系统，控制系统将默认基座坐标系为大地坐标系，无须进行大地坐标系设定。

2. 用户坐标系

用户坐标系（User Coordinates）是用来定义工装安装位置的虚拟笛卡儿坐标系，用于配置有工件变位器的机器人协同作业系统或多工位、多工件作业系统。用户坐标系可根据实际需要设定多个，用户坐标系一旦设定，对于图 2.3-15 所示的多工位、多工件相同作业，只需要改变用户坐标系，就能保证机器人在不同的作业区域，按同一程序所指令的轨迹运动，而无须对作业程序进行其他修改。

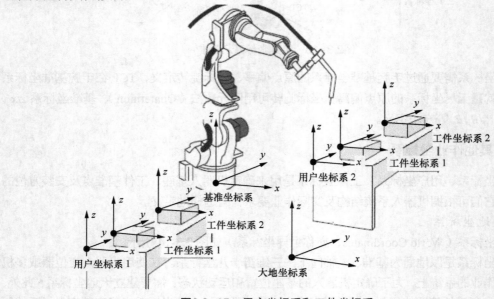

图2.3-15 用户坐标系和工件坐标系

用户坐标系通常通过大地（或基座）坐标系的偏移、旋转变换得到；对于无工件变位器的单机器人作业系统，控制系统默认基座坐标系为用户坐标系，无须设定用户坐标系。

3. 工件坐标系

工件坐标系（Object Coordinates）是以工件为基准描述 TCP 运动的虚拟笛卡儿坐标系。工件坐标系用于图 2.3-15 所示的多工件作业系统，以及通过机器人移动工件的工具固定作业系统。工件坐标系可根据实际需要设定多个，工件坐标系一旦设定，机器人需要进行多工件相同作业时，只需要改变工件坐标系，就能保证机器人在不同的作业区域，按同一程序所指令的轨迹运动，而无须对程序进行其他修改。

需要注意的是：对于工具固定、机器人用于工件移动的作业系统，工件坐标系需要以机器人手腕基准坐标系为基准进行设定，它实际上代替了工具坐标系的功能，因此，固定工具作业系统必须设定工件坐标系。

工件坐标系通常通过用户坐标系的偏移、旋转变换得到；对于通常的工具移动、单工件作业系统，系统将默认用户坐标系为工件坐标系，如不设定用户坐标系，则基座坐标系就是系统默认的用户坐标系和工件坐标系，无须设定工件坐标系。

4. JOG 坐标系

FANUC 机器人可以设定 JOG 坐标系，JOG 坐标系仅仅是为了在三维空间进行机器人手动 x、y、z 轴运动而建立的临时坐标系，对机器人的程序运行无效，因此，操作者可根据自己的需要任意设定。

JOG 坐标系通常以机器人基座（全局）坐标系为基准设定，如不设定 JOG 坐标系，则控制系统将以基座（全局）坐标系作为默认的 JOG 坐标系。

技能训练

结合本任务的学习，完成以下练习。

一、不定项选择题

1. 以下对工业机器人 TCP 理解正确的是（　　）。
   A. 工具中心点　　B. 工具安装基准点　　C. 手腕中心点　　D. 工具控制点
2. 以下对工业机器人 TRP 理解正确的是（　　）。
   A. 工具中心点　　B. 工具安装基准点　　C. 手腕中心点　　D. 工具控制点
3. 以下对工业机器人 WCP 理解正确的是（　　）。
   A. 工具中心点　　B. 工具安装基准点　　C. 手腕中心点　　D. 工具控制点
4. 如果机器人不安装工具，以下理解正确的是（　　）。
   A. TCP 与 WCP 重合　　　　　　　B. TCP 与 TRP 重合
   C. TRP 与 WCP 重合　　　　　　　D. 3 点都不重合
5. 以下可以作为机器人手动操作、程序指令控制目标的点是（　　）。
   A. TRP　　　　B. TCP　　　　C. WCP　　　　D. TCP 或 TRP
6. 以下对 6 轴串联机器人回转中心线理解正确的是（　　）。
   A. 下臂回转中心线　　　　　　　B. 上臂回转中心线
   C. 腰回转中心线　　　　　　　　D. 腕回转中心线

7. 以下对 6 轴串联机器人下臂中心线理解正确的是（　　　）。
　　A. 下臂摆动中心线　　　　　　　　　　B. 上臂摆动中心线
　　C. 腰回转中心线　　　　　　　　　　　D. 与上/下臂摆动中心线垂直相交的直线

8. 以下对 6 轴串联机器人上臂中心线理解正确的是（　　　）。
　　A. 通过腕回转轴中心，且与腕摆动中心线垂直相交的直线
　　B. 上臂摆动中心线
　　C. 腕摆动中心线
　　D. 腕回转中心线

9. 以下对 6 轴串联机器人手回转中心线理解正确的是（　　　）。
　　A. 通过手回转中心，且与手腕工具安装法兰端面垂直的直线
　　B. 手回转轴的 0° 线
　　C. 腕摆动中心线
　　D. 腕回转中心线

10. 以下对机器人系统控制轴组理解正确的是（　　　）。
　　A. 按运动单元划分　　　　　　　　　　B. 又称机械单元
　　C. 又称运动群组　　　　　　　　　　　D. 只包含伺服轴

11. 以下对机器人系统"外部轴"理解正确的是（　　　）。
　　A. 就是基座轴　　B. 就是工装轴　　　C. 就是工具轴　　　D. A、B、C 都是

12. 没有生效的运动单元，其伺服驱动电机的状态为（　　　）。
　　A. 实时控制　　　B. 闭环位置调节　　C. 伺服锁定　　　　D. 完全自由

13. 以下属于实际存在、控制系统能真正实施控制的坐标系是（　　　）。
　　A. 基座坐标系　　B. 关节坐标系　　　C. 工具坐标系　　　D. 工件坐标系

14. 以下属于机器人基本坐标系的是（　　　）。
　　A. 基座坐标系　　B. 关节坐标系　　　C. 工具坐标系　　　D. 工件坐标系

15. 以下机器人坐标系中，可以设定多个的是（　　　）。
　　A. 关节坐标系　　B. 基座坐标系　　　C. 工具坐标系　　　D. 工件坐标系

16. 以下对机器人基座坐标系理解正确的是（　　　）。
　　A. 笛卡儿坐标系　　　　　　　　　　　B. 基本坐标系
　　C. 虚拟、但必需　　　　　　　　　　　D. 就是大地坐标系

17. 以下对机器人工具坐标系理解正确的是（　　　）。
　　A. 笛卡儿坐标系　　　　　　　　　　　B. 基本坐标系
　　C. 手动操作必需　　　　　　　　　　　D. 程序作业必需

18. 以下对机器人工件坐标系理解正确的是（　　　）。
　　A. 笛卡儿坐标系　　　　　　　　　　　B. 基本坐标系
　　C. 手动操作必需　　　　　　　　　　　D. 程序作业必需

19. 以下对机器人关节位置理解正确的是（　　　）。
　　A. 用脉冲数表示　　B. 可断电保持　　C. 位置唯一　　　　D. 没有奇点

20. 以下对机器人笛卡儿坐标系位置理解正确的是（　　　）。
　　A. 用 x、y、z 值表示　　　　　　　　B. 与坐标系有关

C. 位置唯一   D. 没有奇点

21. 以下用于机器人本体姿态定义的参数是（   ）。

    A. 机身前/后   B. 肘正/反或上/下   C. 手腕俯/仰   D. J1/J4/J6 轴位置

22. 以下用于机器人本体姿态参数中，用来规避奇点的参数是（   ）。

    A. 机身前/后   B. 肘正/反或上/下   C. 手腕俯/仰   D. J1/J4/J6 轴位置

23. 用来判定机器人机身前/后位置的判别点是（   ）。

    A. TCP   B. TRP   C. WCP   D. 臂奇点

24. 用来判定机器人肘正/反位置的判别线是（   ）。

    A. 机器人回转中心线   B. 下臂中心线

    C. 上臂中心线   D. 手回转中心线

25. 机器人手腕俯/仰的判别依据是（   ）。

    A. J4 轴位置   B. J5 轴位置   C. J6 轴位置   D. J1/J4/J6 轴位置

26. 在机器人臂奇点上，运动不可控的轴是（   ）。

    A. J1   B. J4   C. J6   D. J1 和 J4

27. 在机器人腕奇点上，运动不可控的轴是（   ）。

    A. J1   B. J4   C. J6   D. J4 和 J6

28. 以下机器人系统中必须设定大地坐标系的是（   ）。

    A. 多机器人作业   B. 带机器人变位器

    C. 机器人倒置或倾斜   D. 带工件变位器

29. 以下机器人系统中必须设定用户坐标系的是（   ）。

    A. 多工件作业   B. 多工位、多工件作业

    C. 多机器人作业   D. 工具固定作业

30. 以下机器人系统中必须设定工件坐标系的是（   ）。

    A. 多工件作业   B. 多工位、多工件作业

    C. 多机器人作业   D. 工具固定作业

二、简答题

ABB 机器人的本体姿态可通过机器人配置参数 cfx 定义，试根据图 2.3-16 的 6 轴垂直串联机器人典型配置参数，在表 2.3-1 中填写机器人姿态。

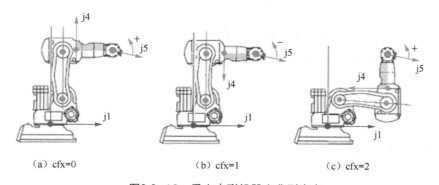

（a）cfx=0   （b）cfx=1   （c）cfx=2

图2.3-16 垂直串联机器人典型姿态

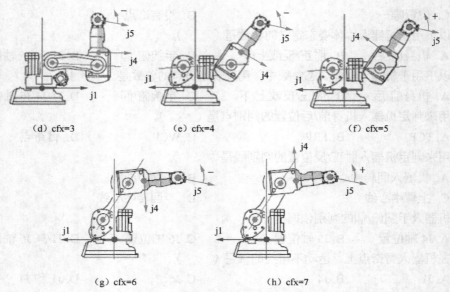

（d）cfx=3 （e）cfx=4 （f）cfx=5

（g）cfx=6 （h）cfx=7

图2.3-16　垂直串联机器人典型姿态（续）

表2.3-1　垂直串联机器人姿态

cfx 参数值	0	1	2	3	4	5	6	7
机身状态（前、后）								
肘状态（正、反）								
手腕状态（俯、仰）								

••• 任务 4　常用程序数据及定义 •••

知识目标

1. 熟悉目标位置、到位区间、移动速度等基本概念。
2. 掌握 RAPID 程序点、到位区间、移动速度的定义方法。
3. 熟悉 RAPID 工具、工件数据的定义方法。

能力目标

1. 能正确定义 RAPID 关节位置、TCP 位置。
2. 能正确定义 RAPID 到位区间、移动速度。
3. 能看懂 RAPID 工具、工件数据。

基础学习

一、机器人定位位置

1. 移动要素

机器人程序自动运行时，需要通过移动指令来控制机器人、外部轴运动，为此，需要定义移动定位位置、到位区间、移动轨迹、移动速度等基本的移动要素。

① 定位位置。定位位置就是移动指令的目标位置。移动指令的起点总是在指令执行前机器人的当前位置，移动目标位置可以直接在程序中给定，也可以通过机器人的示教操作设定，因此，它又称程序点、示教点。

机器人的目标位置可以是机器人、外部轴关节坐标系的绝对位置，也可以是机器人 TCP 点在基座、用户、工件等笛卡儿坐标系上的 x, y, z 值，以笛卡儿坐标系 xyz 方式定义的目标位置，需要同时规定机器人的姿态。

② 到位区间。到位区间又称定位等级（Positioning Level）、定位类型（Continuous Termination）、定位允差等，它是控制系统用来判断机器人是否到达目标位置的依据，如果机器人已经到达目标位置的到位区间范围内，控制系统便认为当前的移动指令已经执行完成，系统将执行下一程序指令。需要注意的是，采用闭环位置控制系统（伺服驱动系统）的到位区间并不是运动轴最终的定位误差，即使运动轴到达了到位区间，伺服系统仍能够通过闭环自动调节功能进一步消除误差，直至达到系统可能的最小值。

③ 移动轨迹。移动轨迹就是机器人 TCP 在三维空间的运动路线，它需要通过不同的移动指令代码来规定。例如，ABB 机器人的绝对位置定位指令代码为 MoveAbsJ，关节插补指令代码为 MoveJ、直线插补指令代码为 MoveL、圆弧插补指令代码为 MoveC 等，有关内容将在项目三中学习。

④ 移动速度。其用来定义机器人、外部轴的运动速度。移动速度可用两种形式指定：关节坐标系的绝对位置定位运动，直接指定各关节的回转或直线移动速度；关节、直线、圆弧插补时，需要指定机器人 TCP 在笛卡儿坐标系的移动速度，它是各关节轴运动合成后的移动速度。

2. 关节位置及定义

关节位置又称绝对位置，它是以各关节轴自身的计数零位（原点）为基准，直接用回转角度或直线位置描述的机器人关节轴、外部轴位置。关节位置是机器人绝对位置定位指令的目标位置，它无须考虑机器人、工具的姿态。

例如，对于图 2.4-1 所示的机器人系统，其机器人关节轴的绝对位置：j1、j2、j3、j4、j6 为 0°，j5 为 30°；外部轴的绝对位置：e1 为 682mm，e2 为 45°等。

关节位置（绝对位置）是真正由机器人伺服驱动系统实施控制的位置。在机器人控制系统中，关节位置一般通过位置检测编码器的脉冲计数得到，故又称"脉冲型位置"。机器人的位置检测编码器一般直接安装在伺服电机内（称内置编码器），并与电机输出轴同轴，因此，编码器的输出脉冲数直接反映了电机轴的回转角度。

现代机器人所使用的位置编码器都带有后备电池，它可以在断电状态下保持脉冲计数值，因此，编码器的计数零位（原点）一经设定，在任何时刻，电机轴所转过的脉冲计数值都是一个确定的值，它既不受机器人、工具、工件等坐标系设定的影响，也与机器人、工具的姿态无关（不存在奇点）。

3. TCP 位置与定义

利用虚拟笛卡儿坐标系定义的机器人 TCP 位置，是以指定坐标系的原点为基准，通过三维空间的位置值（x, y, z）描述的 TCP 位置，故又称 xyz 位置。在机器人程序中，进行关节插补、直线插补、圆弧插补移动的指令，其移动目标位置都需要以 TCP 位置的形式指定。

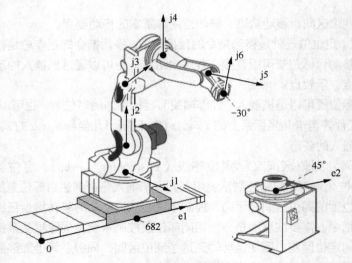

图2.4-1 关节轴绝对位置

机器人的 TCP 位置与所选择的坐标系有关，如选择基座坐标系，则它就是机器人 TCP 相对于基座坐标系原点的位置值；如果选择工件坐标系，则它就是机器人 TCP 相对于工件坐标系原点的位置值等。

例如，对于图 2.4-2 所示的控制系统默认的机器人 TCP 位置，利用基座坐标系指定的位置值为（800，0，1000），大地坐标系的位置值为（600，682，1200），工件坐标系的位置值为（300，200，500）等。

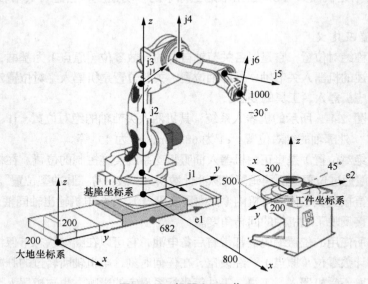

图2.4-2 机器人TCP位置

在垂直串联等结构的机器人上，由于笛卡儿坐标系是虚拟坐标系，因此，当机器人 TCP 位置以（x，y，z）形式指定时，控制系统需要通过逆运动学计算、求解关节轴的位置，且存在多组解，因此，必须同时规定机器人、工具的姿态，以便获得唯一解。由于不同机器人的姿态定义方式有所不同，因此，机器人的 TCP 位置格式也有所区别。

二、机器人到位区间

1. 到位区间的作用

到位区间是控制系统判别机器人移动指令是否执行完成的依据。在程序自动运行时，它是系统结束当前指令、启动下一指令的条件，如果机器人 TCP 到达了目标位置的到位区间范围内，则认为指令的目标位置到达，系统随即开始执行后续指令。

到位区间并不是机器人 TCP 的实际定位误差，因为当 TCP 到达目标位置的到位区间后，伺服驱动系统还将通过闭环位置调节功能自动消除误差，尽可能向目标位置接近。正因为如此，当机器人连续执行移动指令时，在指令转换点上，控制系统一方面通过闭环调节功能消除上一移动指令的定位误差，同时，又开始了下一移动指令的运动，这样，在两指令的运动轨迹连接处将产生图 2.4-3（a）所示的抛物线轨迹，由于轨迹近似圆弧，故俗称圆拐角。

机器人 TCP 的目标位置定位是一个减速运动过程，越接近目标点，机器人的移动速度就越低。因此，到位区间越大，移动指令的执行时间就越短，运动连续性就越好；但是，机器人 TCP 的运动轨迹偏离指令目标点就越远，轨迹精度也就越低。

例如，如果到位区间足够大，机器人执行图 2.4-3（b）所示的 P1→P2→P3 连续移动指令时，则可能直接从 P1 点连续运动至 P3 点，而不再经过 P2 点。

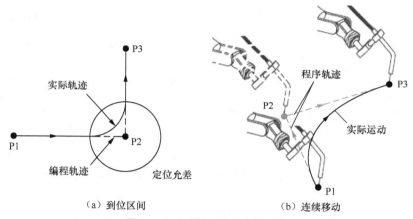

（a）到位区间　　　　　　　　（b）连续移动

图2.4-3　到位区间与连续移动

2. 到位区间的定义

到位区间有不同的名称和定义方法，在不同机器人上有所不同。例如，ABB 机器人称为到位区间（zone），系统预定义到位区间为 z0～z200，z0 为准确定位，z200 为半径 200mm 的范围；如需要，也可通过程序数据 zonedata，直接在程序指令中自行定义。

安川机器人的到位区间称为定位等级（Positioning Level，PL），PL 区间范围有 0～8 共 9级，PL=0 为准确定位，PL=8 的区间半径最大；PL=0～8 的区间半径值，通过系统参数设定。

FANUC 机器人的到位区间定义方法与 ABB、安川机器人都不同，它需要通过定位类型参数 CNT 在移动指令中定义，定位类型又称定位中断（Continuous Termination，CNT），参数含义如图 2.4-4 所示。

定位类型实际上是一种拐角减速功能，指令中的 CNT 参数用来定义拐角减速倍率，定义范围为 CNT0～CNT100。CNT0 为减速停止定位，机器人需要在每一移动指令的终点减速停止，然后才能启动下一指令；如指定 CNT100，则机器人将在拐角处执行不减速的连续运动，形成最大的圆角。

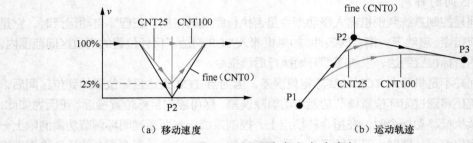

（a）移动速度　　　　　　　　　　（b）运动轨迹

图2.4-4　CNT与拐角自动减速

3. 准确定位

通过到位区间 zone（或定位等级 PL、定位类型 CNT）的设定，机器人连续移动时的拐角半径得到了有效控制，但是，即使将到位区间定义为 z0 或 PL=0、CNT=0，由于伺服系统的位置跟随误差，轨迹转换处实际上还是会产生圆角的。

图 2.4-5 为伺服系统的实际停止过程。运动轴停止时，控制系统的指令速度将按加减速要求

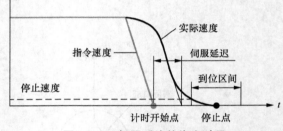

下降，指令速度为 0 的点，就是到位区间为 0 的停止位置。由于伺服系统存在惯性，关节轴的实际运动速度必然滞后于系统指令（称为伺服延时），因此，如果在指令速度为 0 的点上立即启动下一移动指令，则拐角轨迹仍有一定的圆角。

伺服延时所产生的圆角可通过程序暂停、到位判别两种方法消除。

图2.4-5　伺服系统的停止过程

一般而言，交流伺服驱动系统的伺服延时在 100ms 左右，因此，如果在连续移动的指令中添加一个大于 100ms 的程序暂停动作，就基本上能消除伺服延时误差，保证机器人准确到达指令目标位置。

在 ABB、FANUC 机器人上，目标位置的准确定位还可通过到位判别的方式实现。当移动指令的到位区间定义为"fine"（准确定位）时，机器人到达目标位置、停止运动后，控制系统还需要对运动轴的实际位置进行检测，只有所有运动轴的实际位置均到达目标位置的准确定位允差范围，才能启动下一指令的移动。利用到位区间自动实现的机器人准确定位，是由控制系统自动完成、确保实际位置到达的定位方式，与使用程序暂停指令比较，其定位精度、终点暂停时间的控制更加准确、合理。在 ABB、FANUC 机器人上，目标位置的到位检测还可进一步增加移动速度、停顿时间、拐角半径等更多的判断条件。

三、机器人移动速度

机器人系统的运动控制方式可分为各关节轴独立控制的运动（回转、直线）、通过多轴联动控制的机器人 TCP 插补运动、TCP 保持不变的工具定向运动 3 类。3 类运动的速度定义方式有所区别。

1. 关节速度及定义

关节速度一般用于机器人手动操作，以及关节位置绝对定位、关节插补指令的速度控制。机器人系统的关节速度是各关节轴独立的回转或直线运动速度，回转/摆动轴的速度基本单位为°/s；直线运动轴的速度基本单位为 mm/s。

机器人样本中所提供的最大速度（Maximum Speed），就是各关节轴的最大移动速度；最大速度是关节轴的极限速度，在任何情况下都不允许超过。当机器人以 TCP 速度、工具定向速度等方式指定速度时，如某一轴或某几轴的关节速度超过了最大速度，则控制系统自动将超过最大速度的关节轴限定为最大速度，并以此为基准，调整其他关节轴速度，以保证运动轨迹的准确。

关节速度通常以最大速度倍率（百分率）的形式定义。关节速度（百分率）一旦定义，对于 TCP 定位运动，系统中所有需要运动的轴，都将按统一的倍率，调整各自的速度，进行独立的运动；关节轴的实际移动速度为关节速度（百分率）与该轴关节最大速度的乘积。

关节速度不能用于机器人 TCP 运动速度的定义。机器人执行多轴同时运动的手动操作或关节位置绝对定位、关节插补指令时，其 TCP 的线速度为各关节轴运动的合成。

例如，假设机器人腰回转轴 J1、下臂摆动轴 J2 的最大速度分别为 250°/s、150°/s，如定义关节速度为 80%，则 J1、J2 轴的实际速度将分别为 200°/s、120°/s；当 J1、J2 轴同时进行定位运动时，机器人 TCP 的最大线速度将为：

$$v_{TCP} = \sqrt{200^2 + 120^2} \approx 233(°/s)$$

在部分机器人上（如 ABB 机器人），关节速度也可用移动时间的方式定义，此时，各关节轴的移动距离除以移动时间所得的商，就是关节速度。

2. TCP 速度及定义

TCP 速度用于机器人 TCP 的线速度控制，对于需要控制 TCP 运动轨迹的直线插补、圆弧插补等指令，都应定义 TCP 速度。在 ABB 等具有绝对定位功能的机器人上，关节插补指令的速度需要用 TCP 速度进行定义。

TCP 速度是系统中所有参与插补的关节轴运动合成后的机器人 TCP 运动速度，它需要通过控制系统的多轴同时控制（联动）功能实现，TCP 速度的基本单位一般为 mm/s。在机器人移动指令上，TCP 速度不但可用速度值的形式直接定义（如 800mm/s 等），而且可用移动时间的形式间接定义（如 5s 等）。利用移动时间定义 TCP 速度时，机器人 TCP 的空间移动距离（轨迹长度）除以移动时间所得的商，就是 TCP 速度。

机器人的 TCP 速度是多关节轴运动合成的速度，参与运动的各关节轴的实际关节速度，需要通过 TCP 速度的逆向求解得到。由 TCP 速度求解得到的关节轴回转速度，均不能超过关节轴的最大速度，否则，控制系统将自动限制 TCP 速度，以保证 TCP 运动轨迹准确。

3. 工具定向速度

工具定向速度用于图 2.4-6 所示的机器人工具方向调整运动的速度控制，运动速度的基本单位为°/s。

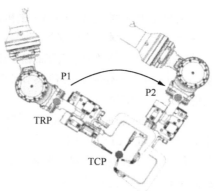

图2.4-6 工具定向运动

工具定向运动多用于机器人作业开始、作业结束或轨迹转换处。在这些作业部位，为了避免机器人运动过程可能出现的运动部件干涉，经常需要改变工具方向，才能接近、离开工件或转换轨迹。在这种情况下，就需要对作业工具进行 TCP 位置保持不变的工具方向调整运动，这样的运动称为工具定向运动。

工具定向运动一般需要通过机器人工具参考点 TRP 绕 TCP 的回转运动实现，因此，工具定向速度实际上用来定义机器人 TRP 的回转速度。

工具定向速度同样是系统中所有参与运动的关节轴运动合成后的机器人 TRP 回转速度，它也需要通过控制系统的多轴同时控制（联动）功能实现，由于工具定向是 TRP 绕 TCP 的回转运动，故其速度基本单位为 °/s。由工具定向速度求解得到的各关节轴回转速度，同样不能超过关节轴的最大速度，否则，控制系统将自动限制工具定向速度，以保证 TRP 运动轨迹的准确。

机器人的工具定向速度，同样可采用速度值或移动时间两种定义形式。利用移动时间定义工具定向速度时，机器人 TRP 的空间移动距离（轨迹长度）除以移动时间所得的商，就是工具定向速度。

实践指导

一、RAPID程序点定义

1. 关节位置定义

在 RAPID 程序中，机器人的移动目标位置（程序点）可通过以下两种方式定义。用关节轴绝对位置形式定义的 RAPID 程序点数据，称为关节位置数据（jointtarget）。关节位置数据属于 RAPID 复合型数据（recode），不同的程序点数据可用数据名称区分。

定义关节位置数据（jointtarget）的指令格式如下，指令中的 ":=" 为 RAPID 运算符，作用与 "=" 号相同。

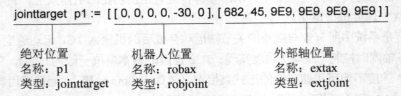

```
jointtarget  p1 := [ [ 0, 0, 0, 0, -30, 0 ], [ 682, 45, 9E9, 9E9, 9E9, 9E9 ] ]
```

绝对位置　　　　　机器人位置　　　　　外部轴位置
名称：p1　　　　　名称：robax　　　　 名称：extax
类型：jointtarget　类型：robjoint　　　类型：extjoint

关节位置数据（jointtarget）由机器人本体关节位置（robax）和外部轴位置（extax）两组数据复合而成，数据项的含义如下。

robax：机器人本体关节轴绝对位置数据（robjoint），标准编程软件允许一次性指定 6 个运动轴（j1～j6）的位置；回转关节轴的位置以绝对角度表示，单位为 °；直线运动关节轴以绝对位置表示，单位为 mm。

extax：外部轴（基座轴、工装轴）绝对位置数据（extjoint），标准编程软件允许一次性指定 6 个外部轴（e1～e6）的位置；同样，外部回转关节轴的位置以绝对角度表示，单位为 °；外部直线运动关节轴以绝对位置表示，单位为 mm；不使用外部轴或外部轴少于 6 轴时，未使用的外部轴位置定义为 "9E9"。

在 RAPID 程序中，绝对位置既可完整定义，也可只对其中的部分进行定义或修改，如仅定义数据名称，则系统默认其值为 0。绝对位置的定义示例如下，程序指令中的 VAR 用来规定数据的属性，有关内容将在项目三介绍。

```
VAR jointtarget p0 ;                              // 定义程序点 p0, 初始值为 0
p0 := [[0,0,0,0,0,0],[ 0,0,9E9,9E9,9E9,9E9]] ;    // 完整定义程序点 p0
p0.robax := [0, 45, 30, 0, -30, 0];               // 定义程序点 p0 的机器人本体位置
p0.extax := [-500, -180, 9E9,9E9,9E9,9E9];        // 定义程序点 p0 的外部轴位置
......
```

2. TCP 位置定义

TCP 位置是以笛卡儿坐标系三维空间的位置值（x, y, z）描述的机器人工具控制点（TCP）位置，它不仅需要定义坐标值，而且需要定义机器人姿态、工具姿态。用 TCP 位置形式定义的 RAPID 程序点数据，称为机器人位置数据（robtarget），或直接称 TCP 位置数据。TCP 位置数据属于 RAPID 复合型数据（recode），不同的程序点数据同样可用数据名称区分。

定义 TCP 位置数据的指令格式如下。

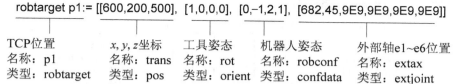

TCP 位置数据 robtarget 由空间位置（trans）、工具姿态（rot）、机器人姿态（robconf）、外部轴位置（extax）4 组数据复合而成，数据项的含义如下。

trans：x, y, z 位置数据（pos），机器人 TCP 在指定坐标系上的（x, y, z）值。

rot：工具姿态数据（orient），用四元数法表示的工具坐标系方向（见本项目任务 3）。

robconf：机器人姿态数据（confdata），格式为 [cf1, cf4, cf6, cfx]；数据项 cf1、cf4、cf6 分别为机器人 j1、j4、j6 轴的区间号，设定值的含义如图 2.4-7 所示；cfx 为机器人的姿态号，设定范围为 0～7，姿态号的含义可参见本项目任务 3 相关内容。

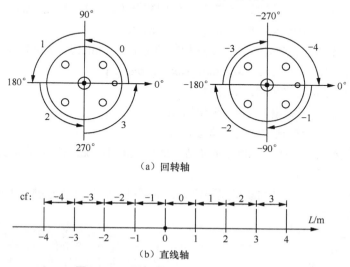

图 2.4-7 区间号 cf1、cf4、cf6 的定义

extax：外部轴（基座轴、工装轴）e1～e6 绝对位置数据（extjoint），定义方法与关节位置数据 jointtarget 相同。

在 RAPID 程序中，TCP 位置既可完整定义，也可只对其中的部分进行定义或修改，如仅定义数据名称，则系统默认其值为 0。TCP 位置的定义示例如下。

```
VAR robtarget p1 ;                                      // 定义程序点 p1,初始值为 0
p1 := [[0,0,0],[1,0,0,0],[0,1,0,0],[0,0,9E9,9E9,9E9,9E9]] ;
                                                        // 完整定义程序点 p1
p1.pos := [50, 100, 200];                               // 定义程序点 p1 的 (x, y, z) 值
p1.pos.z := 200;                                        // 仅定义程序点 p1 的 z 值
```

二、RAPID到位区间定义

1. 到位区间定义

在 RAPID 程序中，到位区间可通过区间数据（zonedata）定义，在此基础上，还可通过添加项（\Inpos），增加到位检测条件。区间数据属于 6 元数组，不同的到位区间可用数据名称区分。定义到位区间数据的指令格式如下。

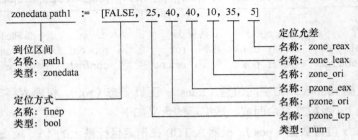

区间数据由 6 个不同格式的数据构成，数据项含义如下。

finep：定位方式，二进制逻辑状态型（布尔型）数据（bool）。"TRUE"为目标位置暂停，"FALSE"为机器人连续运动。

pzone_tcp：TCP 到位区间，十进制数值型数据（num），单位为 mm。

pzone_ori：工具姿态到位区间，十进制数值型数据（num），单位为 mm；设定值应大于等于 pzone_tcp，否则，系统将自动取 pzone_ori = pzone_tcp。

pzone_eax：外部轴定位到位区间，十进制数值型数据（num），单位为 mm；设定值应大于等于 pzone_tcp，否则，系统将自动取 pzone_eax = pzone_tcp。

zone_ori：工具定向到位区间，单位为 °。

zone_leax：外部直线轴到位区间，单位为 mm。

zone_reax：外部回转轴到位区间，单位为 °。

为了确保机器人能够到达程序指令的轨迹，到位区间不能超过运动轨迹长度的 1/2，否则，系统将自动缩小到位区间。

在 RAPID 程序中，到位区间既可完整定义，也可对其中某一部分进行单独修改或设定。到位区间的定义示例如下。

```
VAR zonedata path1 ;                     // 定义到位区间 path1,初始值为 0
path1 := [ FALSE,25,35,40,10,35,5 ] ;    // 完整定义到位区间 path1
Path1. pzone_tcp :=30 ;                   // 定义 path1 的 TCP 到位区间
Path1. pzone_ori :=40 ;                   // 定义 path1 的工具姿态到位区间
......
```

为便于用户编程，ABB 机器人出厂时已预定义了到位区间 z0/1/5/10/15/20/30/40/50/60/

80/100/150/200，其 pzone_tcp 的设定值分别为 0.3/1/5/10/15/20/30/40/50/60/80/100/150/200mm；pzone_ori、pzone_eax、zone_leax 的设定值为 1.5×（pzone_tcp）mm；zone_ori、zone_reax 的设定值为 0.15×（pzone_tcp）°；选择 z0 为准确定位（fine）。

2. 到位检测定义

为了保证机器人能够准确到达目标位置，在 RAPID 程序中，机器人的目标位置可增加到位检测条件，机器人只有满足目标位置的检测条件，控制系统才启动下一指令的执行。到位检测条件需要以添加项\Inpos 的形式，添加在到位区间之后。

RAPID 程序的到位检测条件，需要通过停止点数据（stoppointdata）定义，停止点数据是复合型数据，不同的停止点数据可用数据名称区分。定义停止点数据的指令格式如下。

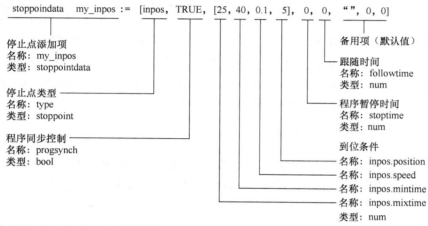

停止点数据由多个不同类型的数据构成，数据项含义如下。

① type：定位方式定义，可用数值或文字形式定义，设定值如下：

0（fine）：准确定位，到位区间为 z0；

1（inpos）：到位停止，到位检测条件由数据项 inpos.position、inpos.speed、inpos.mintime、inpos.maxtime 设定；

2（stoptime）：程序暂停，暂停时间由数据项 stoptime 设定；

3（followtime）：跟随停止，仅用于协同作业同步控制，跟随时间由数据项 followtime 设定。

② progsynch：程序同步控制，布尔型数据。"TRUE"为到位检测，机器人只有满足到位检测条件，才能执行下一条指令；"FALSE"为连续运动，机器人只要到达目标位置到位区间，便可执行后续指令。

③ inpos.position：到位检测区间，十进制数值型数据（num），设定到位区间 z0（fine）的百分率。

④ inpos.speed：到位检测速度条件，十进制数值型数据（num），设定到位区间 z0（fine）的移动速度百分率。

⑤ inpos.mintime：到位最短停顿时间，十进制数值型数据（num），单位为 s。在设定的时间内，即使到位检测条件满足，也必须等到该时间到达，才能执行后续指令。

⑥ inpos.maxtime：到位最长停顿时间，十进制数值型数据（num），单位为 s。如果设定时间到达，则即使检测条件未满足，也将启动后续指令。

⑦ stoptime：程序暂停时间，十进制数值型数据（num），单位为 s。定位方式 stoptime 的

目标位置暂停时间。

⑧ followtime：跟随时间，十进制数值型数据（num），单位为 s。定位方式 followtime 的目标位置暂停时间。

⑨ signal、relation、checkvalue：数据项目前不使用，可直接设定为["", 0, 0]。

在 RAPID 程序中，停止点数据既可完整定义，也可对其中某一部分进行单独修改或设定。停止点数据的定义示例如下。

```
VAR stoppointdata path_inpos1;           // 定义停止点 path_inpos1,默认值为 0
path_inpos1 := [inpos, TRUE, [25,40,1,3], 0, 0, "", 0, 0] ;
                                         //完整定义停止点 path_inpos1
path_inpos1. inpos.position :=40 ;       // 定义停止点 path_inpos1 的数据项
path_inpos1. inpos.stoptime :=3 ;        // 定义停止点 path_inpos1 的数据项
……
```

为便于用户编程，ABB 机器人出厂时已预定义了部分到位停止点数据，其中，inpos20、inpos50、inpos100 为到位停止检测条件，其到位检测区间、到位检测速度分别为准确定位 z0（fine）的 20%、50%、100%，到位最长停顿时间为 2s；stoptime0_5、stoptime1_0、stoptime1_5 为程序暂停条件，其目标位置暂停时间分别为 0.5s、1s、1.5s。

三、RAPID移动速度定义

在 RAPID 程序中，机器人的移动速度可通过速度数据（speeddata）一次性定义，并在程序中引用；也可以利用速度添加项，在指令中直接定义。利用速度数据一次性定义时，不同的速度数据可用不同的数据名称区分。

1. 速度数据定义

RAPID 速度数据为四元十进制数值型数据（num），格式为[v_tcp, v_ori, v_leax, v_reax]，数据项的含义如下。

v_tcp：TCP 速度定义，单位为 mm/s。

v_ori：工具定向速度定义，单位为°/s。

v_leax：外部直线轴移动速度定义，单位为 mm/s。

v_reax：外部回转轴回转速度定义，单位为°/s。

在 RAPID 程序中，速度数据既可完整定义，也可对其中某一部分进行修改或设定。定义速度数据的指令格式如下。

```
VAR speeddata v_work ;              // 定义速度数据 v_work,初始值为 0
v_work := [500,30,250,15] ;        // 完整定义速度数据
v_work. v_tcp:=200 ;               // 定义数据项 v_tcp
v_work. v_ori:=12 ;                // 定义数据项 v_ori
```

为便于用户编程，ABB 机器人出厂时控制系统已预定义了如下速度数据。

TCP 速度：v5/10/20/30/40/50/60/80/100/150/200/300/400/500/600/800/1000/1500/2000/2500/3000/4000/5000/6000/7000。利用系统预定义 TCP 速度指定机器人移动速度时，数据名 v5～v7000 中的数值，就是 TCP 速度 v_tcp（mm/s）；工具定向速度 v_ori 统一为 500°/s；外部轴回转速度 v_reax 统一为 1000°/s；外部直线轴速度 v_leax 统一为 5000mm/s。例如，移动指令的速度定义为 v100 时，机器人 TCP 速度为 100mm/s，工具定向速度为 500°/s，外部轴回转速度为 1000°/s，外部直线轴速度为 5000mm/s。

回转速度：vrot1/2/5/10/20/50/100。回转速度只能用于工具定向、外部回转轴的回转运动速度定义，其 TCP 速度 v_tcp、直线运动速度 v_leax 均为 0。数据名中的数值就是回转速度（°/s），例如，移动指令的速度定义为 vrot10 时，工具定向、外部回转轴的回转速度为 10°/s，TCP 速度、外部直线轴速度均为 0。

直线运动速度：vlin10/20/50/100/200/500/1000。直线运动速度一般只用于外部直线轴速度 v_leax 的定义，其 TCP 速度 v_tcp、工具定向回转速度 v_ori、外部轴回转速度 v_reax 均为 0。数据名中的数值就是直线运动速度 v_leax（单位为 mm/s），例如，移动指令的速度定义为 vlin100 时，外部轴直线运动速度为 100mm/s，TCP 速度、工具定向速度、外部回转轴速度均为 0。

2. 速度直接定义

RAPID 移动速度也可在指令上直接定义，直接定义的速度可通过附加在系统预定义速度后的添加项\V 或\T 指定，例如，v200\V:=250、vrot10\T:=6 等。但是，在同一移动指令中，不能同时使用添加项\V 和\T。\V 和\T 的含义与定义方法如下。

① 添加项\V。其直接定义 TCP 速度，单位为 mm/s。添加项\V 可替代 v_tcp，直接设定机器人 TCP 的移动速度。例如，指令 v200\V:=250，可直接定义机器人 TCP 移动速度为 250mm/s，此时，系统预定义速度 v200 中的数据项 v_tcp 速度（200mm/s）将无效。

添加项\V 只能定义 TCP 速度，以取代 RAPID 速度数据的数据项 v_tcp，它对工具定向、外部轴定位无效。

② 添加项\T。其定义移动时间，单位为 s。添加项\T 可规定移动指令的执行时间，从而间接定义机器人移动速度。例如，v100\T:=4，可定义机器人 TCP 从指令起点到目标位置的移动时间为 4s，此时，系统预定义速度 v100 中的 v_tcp 速度（100mm/s）将无效。

利用添加项\T 定义 TCP 速度时，机器人 TCP 的实际移动速度与移动距离（轨迹长度）有关。例如，对于速度 v100\T:=4，如 TCP 移动距离为 500mm，则 TCP 速度为 125mm/s；如 TCP 移动距离为 200mm，则 TCP 速度为 50mm/s。

RAPID 添加项\T 可用来定义 TCP 速度、工具定向速度，以及外部轴回转、直线运动速度（关节速度）等。例如，利用 vrot10\T:=6，可定义工具定向或外部轴回转的时间为 6s，此时，系统预定义速度 vrot10 中的 v_reax 速度（10°/s）将无效；而利用 vlin100\T:=6，可定义外部轴直线运动的时间为 6s，此时，系统预定义速度 vlin100 中的 v_leax 速度（100mm/s）将无效。

利用添加项\T 定义工具定向、外部轴回转、外部轴直线运动速度时，机器人 TRP 或外部轴的实际移动速度同样与移动距离（回转角度、直线轴行程）有关。例如，对于速度 vrot10\T:=6，如外部轴回转角度为 90°，则其关节回转速度为 15°/s 等。

四、工具与工件数据定义

1. 工具数据定义

当机器人用于多工具、多工件复杂作业时，为了使作业程序能适应不同工具、工件的需要，在更换工具、改变工件位置后，仍能利用同样的程序完成相同的作业，就需要定义工具坐标系、工件坐标系等数据。

在 RAPID 程序中，工具数据是用来全面描述作业工具特性的程序数据，它不仅包括了工具坐标系（TCP 位置、姿态）数据，而且可以定义工具安装方式、工具质量和重心等参数。RAPID

工件数据是用来描述工件安装特性的程序数据，它可用来定义工件安装方式、用户坐标系、工件坐标系等参数。工具、工件数据的定义方法如下。

RAPID 工具数据定义指令的格式如下。

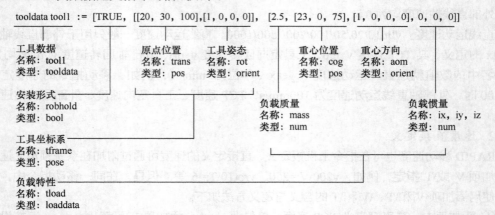

RAPID 工具数据是由多种格式数据复合而成的多元数组，不同的工具数据可用数据名称区分。工具数据的数据项定义方法如下。

① 工具安装形式 robhold。其为布尔型数据。机器人的工具安装有图 2.4-8 所示的两种形式，设定"TRUE"，为图 2.4-8（a）所示的机器人安装工具的工具移动作业；设定"FALSE"，为图 2.4-8（b）所示的机器人移动工件的工具固定作业。

② 工具坐标系 tframe。其为姿态型数据，由原点位置数据 trans、坐标系方位数据 rot 复合而成。其中，trans 是以[x，y，z]坐标值表示的工具坐标系原点位置数据；rot 是以[q_1，q_2，q_3，q_4]四元数表示的坐标轴方向数据。

工具安装形式不同时，工具坐标系的定义基准有所区别，在图 2.4-8（a）所示的机器人安装工具的场合，工具坐标系的定义基准为机器人手腕基准坐标系；对于图 2.4-8（b）所示的工具固定的场合，工具坐标系的定义基准为大地（或基座）坐标系。

③ 负载特性 tload。其为负载型数据，用来定义图 2.4-9 所示的安装在机器人手腕上的负载（工具或工件）质量、重心和惯量，它由如下数据复合而成。

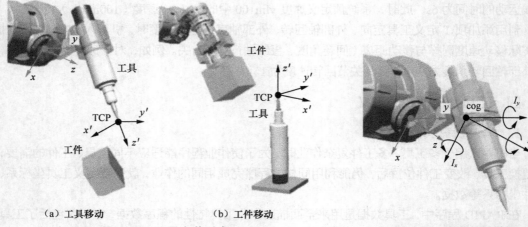

（a）工具移动　　　　　（b）工件移动
图2.4-8　工具安装形式　　　　　　　　　　　图2.4-9　负载特性数据

mass：负载质量，十进制数值型数据，用来定义负载（工具或工件）质量，单位为 kg。

cog：重心位置，位置型数据；用来定义负载（工具或工件）重心在手腕基准坐标系上的坐标值（x，y，z）。

aom：重心方向，坐标轴方向数据；以手腕基准坐标系为基准、用[q_1，q_2，q_3，q_4]四元数表示的负载重心方向。

ix、iy、iz：转动惯量，十进制数值型数据；I_x、I_y、I_z 依次为负载在手腕基准坐标系 x、y、z 方向的负载转动惯量，单位为 kg·m²。如定义 I_z、I_y、I_z 均为 0，则控制系统将视负载为质点。

在 RAPID 程序中，负载特性数据 tload 也可通过移动指令添加项\TLoad 直接定义，添加项 \TLoad 一旦指定，工具数据 tooldata 中所定义的负载特性数据项 tload 将无效。

在 RAPID 程序中，工具数据既可完整定义，也可对其中某一部分进行修改或设定。定义工具数据的指令格式如下，程序指令中的 PERS 用来规定数据的属性，有关内容将在项目三介绍。

```
PERS tooldata tool1 ;                 // 定义工具数据,初值为 tool0
tool1:= [TRUE, [ [97.4, 0, 223.1], [0.966, 0,0.259 ,0] ], [ 5, [23, 0, 75],
[1, 0, 0, 0], 0, 0, 0] ] ;            // 工具数据完整定义
tool1.tframe.trans := [100, 0, 220] ; // 仅定义 tool1 的工具坐标系原点
tool1.tframe.trans.z := 300 ;         // 仅定义 tool1 的工具坐标系原点的 z 坐标
......
```

由于工具数据的计算较为复杂，因此为了便于用户编程，ABB 机器人可直接采用工具数据自动测定指令，由控制系统自动测试并设定工具数据。

2. 工件数据定义

RAPID 工件数据是用来描述工件安装特性的程序数据，可用来定义工件安装方式、用户坐标系、工件坐标系等参数。

RAPID 工件数据是由多种格式数据复合而成的多元数组，不同的工件数据可用数据名称区分。工件数据的格式、数据项的含义如下。

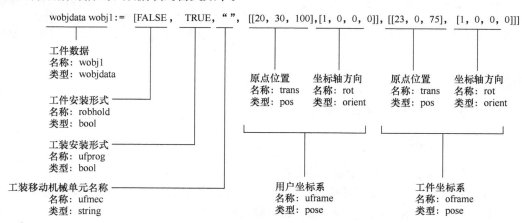

① 工件安装形式 robhold。其为布尔型数据，设定值为"TRUE""FALSE"，分别代表工件移动、工件固定。

机器人的工件安装有图 2.4-8 所示的两种形式，对于图 2.4-8（a）所示的机器人移动工具作业，工件为固定安装，工件安装形式数据 robhold 定义为"FALSE"；对于图 2.4-8（b）所示的工具固定、由机器人移动工件作业，工件安装形式数据 robhold 定义为"TRUE"。

② 工装安装形式 ufprog。其为布尔型数据，设定值为"TRUE""FALSE"，分别代表工装固定、工装移动。工装移动仅用于带工件变位器的协同作业系统（MultiMove）。在工装移动（ufprog 定义为"FALSE"）的系统上，还需要在数据项 ufmec 上，定义用于工装移动的机械单元名称。

③ 工装移动机械单元名称 ufmec。其为文本（字符串）型数据，定义工装移动系统的工装移动机械单元名称。RAPID 文本（字符串）型数据需要加英文双引号标识；在工装固定的作业系统上，也将保留英文双引号。

④ 用户坐标系 uframe。其为姿态型数据，由原点位置数据 trans、坐标系方位数据 rot 复合而成。其中，trans 是以[x，y，z]坐标值表示的用户坐标系原点位置数据；rot 是以[q_1，q_2，q_3，q_4]四元数表示的坐标轴方向数据。

用户坐标系的设定基准与工件安装形式有关。对于工件固定、机器人移动工具作业（工件安装形式 robhold 设定为"FALSE"），用户坐标系以大地（或基座）坐标系为基准设定；对于工具固定、机器人移动工件作业（工件安装形式 robhold 设定为"TRUE"），用户坐标系需要以手腕基准坐标系为基准设定。

⑤ 工件坐标系 oframe。其为姿态型数据，由原点位置数据 trans、坐标系方位数据 rot 复合而成。其中，trans 是以[x，y，z]坐标值表示的工件坐标系原点位置数据；rot 是以[q_1，q_2，q_3，q_4]四元数表示的坐标轴方向数据。工件坐标系需要以用户坐标系为基准定义。对于单工件固定作业，系统默认用户坐标系、工件坐标系重合，无须另行设定工件坐标系。

在 RAPID 程序中，工件数据既可完整定义，也可对其中某一部分进行修改或设定。定义工件数据的指令格式如下。

```
PERS wobjdata wobj1 ;              // 定义工件数据,初始值为 wobj0
wobj1 := [ FALSE, TRUE, "", [ [0, 0, 200], [1, 0,0 ,0] ], [ [100, 200, 0],
[1, 0, 0 ,0] ] ] ;                // 工件数据完整定义
wobj1.uframe.trans := [100, 0, 200] ; // 仅定义 wobj1 的用户坐标系原点
wobj1.uframe.trans.z := 300 ;     // 仅定义 wobj1 用户坐标系原点的 z 坐标
wobj1.oframe.trans := [100, 200, 0] ; // 仅定义 wobj1 的工件坐标系原点
wobj1.oframe.trans.z := 300 ;     // 仅定义 wobj1 工件坐标系原点的 z 坐标
……
```

技能训练

结合本任务的学习，完成以下练习。

一、不定项选择题

1. 工业机器人移动指令必须定义的要素是（　　　）。

　　A. 移动目标　　　　　B. 到位区间　　　　　　C. 移动速度　　　　　D. 运动轨迹

2. 以下对工业机器人移动指令目标位置理解正确的是（　　　）。

　　A. 运动起点　　　　　B. 运动终点　　　　　　C. 必须是关节位置　D. 必须是 TCP 位置

3. 以下对工业机器人程序点理解正确的是（　　　）。

　　A. 是机器人的定位点　　　　　　　　　　B. 必须是关节绝对位置

　　C. 可以通过示教操作设定　　　　　　　　D. 必须通过程序指令定义

4. 以下对工业机器人到位区间理解正确的是（　　　）。

A. 就是机器人的实际定位误差   B. 减小到位区间可提高机器人定位精度

  C. 只用来判别指令是否执行完成   D. 减小到位区间可提高程序执行速度

5. 以下对工业机器人到位区间编程理解正确的是（ ）。

  A. 只要移动指令就必须定义   B. 有的机器人用定位等级定义

  C. 有的机器人用定位类型定义   D. 到位区间越大，运动连续性越好

6. 以下对工业机器人移动速度理解正确的是（ ）。

  A. 是机器人关节的回转速度   B. 是机器人 TCP 的运动速度

  C. 是机器人外部轴的速度   D. 以上 A、B、C 都有可能

7. 以下对工业机器人关节位置定义理解正确的是（ ）。

  A. 是机器人的绝对位置   B. 与编程坐标系有关

  C. 与机器人的姿态有关   D. 与作业工具有关

8. 以下对工业机器人关节位置数据理解正确的是（ ）。

  A. 通过编码器计数得到   B. 肯定用角度表示

  C. 有时称为脉冲型位置   D. 数据可断电保持

9. 以下对工业机器人 TCP 位置定义理解正确的是（ ）。

  A. 是机器人的绝对位置   B. 与编程坐标系有关

  C. 与机器人的姿态有关   D. 与作业工具有关

10. 以下对工业机器人 TCP 位置数据理解正确的是（ ）。

  A. 只需要 x, y, z 坐标值   B. 需要包含机器人姿态

  C. 需要包含工具姿态   D. 需要包含外部轴位置

11. 以下对工业机器人到位区间定义理解正确的是（ ）。

  A. 只能以区间半径的形式定义   B. 只能以拐角速度的方式定义

  C. 只能以到位检测的形式定义   D. 以上 A、B、C 都有可能

12. 以下措施中，可确保工业机器人在目标点准确定位的是（ ）。

  A. 将区间半径定义为 0   B. 将拐角速度定义为 0

  C. 增加暂停指令   D. 添加到位检测条件

13. 以下对工业机器人"关节速度"理解正确的是（ ）。

  A. 是电机的回转速度   B. 是回转/摆动关节的回转速度

  C. 可以是直线运动速度   D. 样本中的最大速度就是关节速度

14. 以下对工业机器人"关节速度"编程理解正确的是（ ）。

  A. TCP 运动速度   B. 用于机器人定位

  C. 用于工具定向   D. 用倍率编程

15. 以下对工业机器人"TCP 速度"理解正确的是（ ）。

  A. TCP 运动速度   B. 工具定向速度

  C. 合成速度   D. 圆弧插补为线速度

16. 以下对工业机器人"TCP 速度"编程理解正确的是（ ）。

  A. 可用倍率编程   B. 可指定时间

  C. 可用于关节插补   D. 可用于绝对定位

17. 以下对工业机器人"工具定向速度"理解正确的是（ ）。

A. TCP 运动速度   B. TRP 运动速度

C. 多轴合成速度   D. 回转速度

18. 以下对工业机器人"工具定向速度"编程理解正确的是（   ）。

     A. 用倍率编程   B. 可指定时间   C. 是关节速度   D. 单位为°/s

19. 以下可通过 RAPID 工具数据规定的是（   ）。

     A. TCP 位置   B. 工具姿态   C. 工具安装形式   D. 工具质量、重心

20. 以下可通过 RAPID 工件数据规定的是（   ）。

     A. 用户坐标系   B. 工件坐标系   C. 工件安装形式   D. 工装安装形式

二、简答题

试按以下要求，写出 ABB 工业机器人的 RAPID 程序数据。

1. 在 8 轴机器人系统中，假设 p1 点的机器人本体轴 j1~j6 绝对位置为（0，0，45，0，-90，0）、机器人变位器 e1 绝对位置为 500mm、工件变位器 e2 轴绝对位置为 180°，试定义该点的关节位置数据 jointtarget。

2. 在 6 轴机器人系统中，假设 p1 点的机器人 TCP 位置为（800，0，100），j1、j4、j6 轴均在 0° 位置，机器人未安装工具，试定义该点的 TCP 位置数据 robtarget。

3. 假设机器人到位区间 zone_work 的要求为连续运动、TCP 到位区间半径为 15mm、工具姿态及定向到位区间半径为 25mm、外部直线轴到位区间半径为 30mm、外部回转轴到位区间为 5°，试定义该到位区间数据 zonedata。

4. 假设机器人运动速度 v_work 的要求为 TCP 速度为 350mm/s、工具定向速度为 25°/s、外部直线轴速度为 100mm/s、外部回转轴到位区间为 5°/s，试定义该速度数据 speeddata。

机器人作业程序编制

● ● ● **任务1　运动控制指令编程** ● ● ●

知识目标

1. 掌握 RAPID 移动指令的编程方法。
2. 熟悉程序点偏移指令的编程格式与要求。
3. 熟悉程序点偏置与镜像函数命令的编程格式与要求。
4. 熟悉程序点读入与转换函数命令。
5. 了解速度、加速度控制指令的编程格式与要求。

能力目标

1. 能熟练编制机器人基本移动指令。
2. 能使用程序点偏移指令编制作业程序。
3. 能编制程序点偏置与镜像作业程序。
4. 知道速度、加速度控制指令的作用。

基础学习

一、基本移动指令格式

1. 指令格式

工业机器人的作业需要通过工具与作业对象的相对运动实现，基本移动指令是用来控制工具控制点（TCP）、作业对象运动的指令，包括绝对定位、关节插补、直线插补、圆弧插补等，指令名称、编程格式及示例的说明如表 3.1-1 所示。

表 3.1-1　RAPID 基本移动指令编程说明表

名称	编程格式与示例		
绝对定位	MoveAbsJ	程序数据	ToJointPos, Speed, Zone, Tool
		指令添加项	\Conc
		数据添加项	\ID、\NoEOffs, \V | \T, \Z, \Inpos, \WObj、\TLoad
	编程示例	MoveAbsJ　j1, v500, fine, grip1;　　　　　　　　　　　　　　MoveAbsJ\Conc, j1\NoEOffs, v500, fine\Inpos:=inpos20, grip1;　MoveAbsJ　j1, v500\V:=580, z20\Z:=25, grip1\WObj:=wobjTable;		

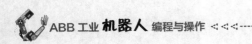
续表

名称	编程格式与示例		
外部轴绝对定位	MoveExtJ	程序数据	ToJointPos，Speed，Zone
		指令添加项	\Conc
		数据添加项	\ID，\NoEOffs，\T，\Inpos
	编程示例	MoveExtJ j1, vrot10, fine; MoveExtJ\Conc, j2, vlin100, fine\Inpos:=inpos20; MoveExtJ j1, vrot10\T:=5, z20;	
关节插补	MoveJ	程序数据	ToPoint，Speed，Zone，Tool
		指令添加项	\Conc
		数据添加项	\ID，\V | \T，\Z、\Inpos，\WObj、\TLoad
	编程示例	MoveJ p1, v500, fine, grip1; MoveJ\Conc, p1, v500, fine\Inpos:=inpos50, grip1; MoveJ p1, v500\V:=520, z40\Z:=45, grip1\WObj:=wobjTable;	
直线插补	MoveL	程序数据	ToPoint，Speed，Zone，Tool
		指令添加项	\Conc
		数据添加项	\ID，\V | \T，\Z、\Inpos，\WObj、\Corr、\TLoad
	编程示例	MoveL p1, v500, fine, grip1; MoveL\Conc, p1, v500, fine\Inpos:=inpos50, grip1\Corr; MoveJ p1, v500\V:=520, z40\Z:=45, grip1\WObj:=wobjTable;	
圆弧插补	MoveC	程序数据	CirPoint，ToPoint，Speed，Zone，Tool
		指令添加项	\Conc
		数据添加项	\ID，\V | \T，\Z、\Inpos，\WObj、\Corr、\TLoad
	编程示例	MoveC p1, p2, v300, fine, grip1; MoveL\Conc, p1, p2, v300, fine\Inpos:=inpos20, grip1\Corr; MoveJ p1, p2, v300\V:=320, z20\Z:=25, grip1\WObj:=wobjTable;	

2. 程序数据

基本移动指令的程序数据主要有目标位置 ToJointPos 或 ToPoint、移动速度 Speed、到位区间 Zone、作业工具 Tool 等，其含义和编程要求如下；其他个别程序数据及添加项的含义与编程要求，将在相关指令中说明。

① 目标位置 ToJointPoint、ToPoint。目标位置 ToJointPoint 是机器人、外部轴的关节坐标系位置，其数据类型为 jointtarget；关节位置是机器人、外部轴的绝对位置，与编程坐标系、作业工具无关。目标位置 ToPoint 是机器人 TCP 在三维笛卡儿坐标系上的位置值，其数据类型为 robtarget；TCP 位置是以指定坐标系为基准，通过 x，y，z 坐标值描述的机器人 TCP 位置，它与程序所选择的坐标系、工具、机器人姿态、外部轴位置等均有关。

关节位置 ToJointPoint、TCP 位置 ToPoint 通常用已定义的程序点编程；如程序点需要用示教操作等方式输入，则可在指令中用"*"代替程序点编程。机器人的 TCP 位置 ToPoint，还可通过后述的工具偏移 RelTool、程序偏移 Offs 等函数命令指定，函数命令可直接替代程序数据 ToPoint 在指令中编程。

② 移动速度 Speed。移动速度 Speed 用来规定机器人 TCP 或外部轴的运动速度，其数据类

型为 speeddata。移动速度既可直接使用系统预定义的速度，如 v1000（机器人 TCP 速度）、vrot10（外部轴回转定位速度）、vlin50（外部轴直线定位速度）等；也可通过速度数据的添加项\V 或\T，在指令中直接设定。

③ 到位区间 Zone。到位区间用来规定移动指令到达目标位置的判定条件，其数据类型为 zonedata。到位区间可为系统预定义的区间名称，如 z50、fine 等；也可通过数据添加项 \Z、\Inpos 在指令中直接指定到位允差、规定到位检测条件。

④ 作业工具 Tool。用来指定作业工具，其数据类型为 tooldata。作业工具用来确定机器人的工具控制点（TCP）位置、工具安装方向、负载特性等参数。如机器人未安装工具时，作业工具可选择系统预定义的 tooldata 数据初始值 Tool0。如果需要，作业工具还可通过添加项\WObj、\TLoad、\Corr 等，进一步规定工件数据、工具负载、轨迹修整等参数。对于工具固定、机器人移动工件的作业系统，必须使用添加项\WObj 规定工件数据 wobjdata。

3. 添加项

添加项属于指令选项，可用也可不用。RAPID 基本移动指令的添加项可用来调整指令的执行方式和程序数据，常用的添加项作用及编程方法如下。

① \Conc。连续执行添加项，数据类型为 switch。\Conc 可附加在移动指令之后，使系统在移动机器人的同时，启动并执行后续程序中的非移动指令。添加项\Conc 和程序数据需要用逗号 "," 分隔，例如：

```
MoveJ\Conc,p1,v1000,fine,grip1;
Set do1,on;
```

指令 MoveJ\Conc 可使机器人在执行关节插补指令 MoveJ 的同时，启动并执行后续的非移动指令 "Set do1, on ;"，使开关量输出 do1 的状态成为 ON。如果不使用添加项\Conc，控制系统将在机器人移动到达目标位置 p1 后，才启动并执行非移动指令 "Set do1, on ;"。

使用添加项\Conc，系统能够连续执行的非移动指令最多为 5 条。另外，对于需要利用指令 StorePath、RestoPath，存储或恢复轨迹的移动指令，也不能使用添加项\Conc 编程。

② \ID。同步移动添加项，数据类型为 identno。添加项\ID 仅用于多机器人协同作业（MultiMove）系统，它可附加在目标位置 ToJointPoint、ToPoint 后，用来指定同步移动的指令编号，从而实现不同机器人的同步移动、协同作业。

③ \V 或\T。用户自定义的移动速度添加项，数据类型为 num。\V 可用于 TCP 移动速度的直接编程；\T 可通过运动时间，间接指定移动速度。有关\V 和\T 的编程方法，可参见项目二任务 4。

④ \Z、\Inpos。用户自定义的到位区间和到位检测条件，\Z 的数据类型为 num，\Inpos 的数据类型为 stoppointdata。

添加项\Z 可直接指定目标位置的到位区间，如 "z40\Z:=45" 表示目标位置的到位区间为 45mm 等。添加项\Inpos 可对目标位置的停止点类型、到位区间、停止速度、停顿时间等检测条件作进一步的规定；如 "fine\Inpos:=inpos20" 为使用系统预定义停止点数据 inpos20，停止点类型为 "到位停止"，程序同步控制有效，到位区间为 fine 设定值的 20%，停止速度为 fine 设定值的 20%，最短停顿时间为 0s，最长停顿时间为 2s 等。有关\Inpos 的编程方法，可参见项目二任务 4。

⑤ \WObj。工件数据，数据类型为 wobjdata。\WObj 可添加在工具数据项 Tool 后，以选择工件坐标系、用户坐标系等工件数据。对于机器人移动工件（工具固定）作业系统，工件数据将直接影响机器人本体运动，故必须指定添加项\WObj；对于通常的机器人移动工具（工件固

定）作业系统，可根据实际需要选择或省略添加项\WObj。添加项\WObj 可以和添加项\TLoad、\Corr 同时编程。

⑥ \TLoad。机器人负载，数据类型为 loaddata。添加项\TLoad 可直接指定机器人的负载参数，使用添加项\TLoad 时，工具数据 tooldata 中的负载特性项 tload 将无效；省略添加项\TLoad，或指定系统默认的负载参数 load0，则工具数据 tooldata 所定义的负载特性项 tload 有效。添加项\TLoad 可和添加项\WObj、\Corr 同时使用。

二、基本移动指令编程

RAPID 基本移动指令有定位和插补两大类。所谓定位，是通过机器人本体轴、外部轴（基座轴、工装轴）的运动，使运动轴移动到目标位置的操作，它只能保证目标位置的准确，而不对运动轨迹进行控制。所谓插补，是通过若干运动轴的位置同步控制，使得控制对象（机器人 TCP）沿指定的轨迹连续移动并准确到达目标位置。

1. 定位指令编程

绝对定位指令可将机器人、外部轴（基座、工装）定位到指定的关节坐标系绝对位置上，目标位置不受编程坐标系的影响。但是，由于工具、负载等参数与机器人安全、伺服驱动控制密切相关，因此，绝对定位指令也需要指定工具、工件数据。

绝对定位是"点到点"定位运动，它不分机器人 TCP 移动、工具定向运动、变位器运动，也不控制运动轨迹。执行绝对定位指令，机器人的所有运动轴可同时到达终点，机器人 TCP 的移动速度大致与指令速度一致。

RAPID 定位指令有绝对定位、外部轴绝对定位两种，其编程格式分别如下。

① 绝对定位。绝对定位指令 MoveAbsJ 用于机器人定位，指令的编程格式如下。

```
MoveAbsJ [\Conc,] ToJointPoint [\ID] [\NoEOffs],Speed [\V]|[\T],Zone [\Z]
[\Inpos],Tool [\WObj] [\TLoad];
```

指令中的程序数据 ToJointPoint、Speed、Zone、Tool，以及添加项\Conc、\ID、\V、\T、\Z、\Inpos、\WObj、\TLoad 的含义及编程方法可参见前述。添加项\NoEOffs 用来取消外部偏移，使用添加项\NoEOffs 时可自动取消目标位置的外部轴偏移量。

绝对定位指令 MoveAbsJ 的编程示例如下。

```
MoveAbsJ  p1,v1000,fine,grip1;                     // 使用系统预定义数据定位
MoveAbsJ  p2,v500\V:=520,z30\Z:=35,tool1;          //指定移动速度和到位区间
MoveAbsJ  p3,v500\T:=10,fine\Inpos:=inpos20,tool1; // 指定移动时间和到位条件
MoveAbsJ\Conc, p4[\NoEOffs],v1000,fine,tool1;      // 使用指令添加项
Set do1,on;                                        // 连续执行指令
......
```

② 外部轴绝对定位。外部轴绝对定位指令 MoveExtJ 用于机器人基座轴、工装轴的独立定位。外部轴绝对定位时，机器人 TCP 点相对于基座不产生运动，因此，无须考虑工具、负载的影响，指令不需要指定工具、工件数据。

外部轴绝对定位指令 MoveExtJ 的编程格式如下。

```
MoveExtJ [\Conc,] ToJointPoint [\ID] [\UseEOffs],Speed [\T],Zone [\Inpos];
```

指令中的程序数据 ToJointPoint、Speed、Zone，以及添加项\Conc、\ID、\T、\Inpos 的含义及编程方法可参见前述。添加项用来指定外部轴偏移，使用添加项\UseEOffs 时，目标位置可通过指令 EOffsSet 进行偏移。

外部轴绝对定位指令的编程示例如下。

```
VAR extjoint eax_ap4 := [100, 0, 0, 0, 0, 0] ;   // 定义外部轴偏移量 eax_ap4
……
MoveExtJ  p1,vrot10,z30;                          // 使用系统预定义数据定位
MoveExtJ  p2,vrot10\T:=10,fine\Inpos:=inpos20;    // 指定移动时间和到位条件
MoveExtJ\Conc, p3,vrot10,fine;                    // 使用指令添加项
Set do1,on;                                       // 连续执行指令
……
EOffsSet eax_ap4 ;                                // 外部轴偏移量 eax_ap4 生效
MoveExtJ, p4\UseEOffs,vrot10,fine;                // 使用外部轴偏移改变目标位置
……
```

2. 插补指令编程

插补指令可使得机器人的 TCP 沿指定的轨迹移动到目标位置，插补指令的目标位置都需要以 TCP 位置（robtarget 数据）的形式指定；执行插补指令时，参与插补运动的全部运动轴将同步运动并同时到达终点。RAPID 插补有关节插补、直线插补和圆弧插补 3 类，指令的功能及编程格式、要求分别如下。

① 关节插补。关节插补指令又称关节运动指令，指令的编程格式如下。

```
MoveJ [\Conc,] ToPoint[\ID],Speed[\V]|[\T],Zone[\Z][\Inpos],Tool[\WObj]
[\TLoad];
```

执行关节插补指令时，机器人将以当前位置作为起点、以指令指定的目标位置为终点，进行插补运动。指令中的程序数据及添加项含义可参见前述。

关节插补运动可包含机器人系统的所有运动轴，故可用来实现 TCP 定位、工具定向、外部轴定位等操作。执行关节插补指令时，参与插补运动的全部运动轴将同步运动并同时到达终点，机器人 TCP 的运动轨迹为各轴同步运动的合成，它通常不是直线。

关节插补的机器人 TCP 移动速度可使用系统预定义的 speeddata 数据，也可通过添加项\V 或\T 设定；TCP 的实际移动速度与指令速度大致相同。

关节插补指令 MoveJ 的编程示例如下。

```
MoveJ p1,v1000,fine,grip1;                        // 使用系统预定义数据插补
MoveJ p2,v500\V:=520,z30\Z:=35,tool1;             // 指定移动速度和到位区间
MoveJ p3,v1000\T:=5,fine\Inpos:=inpos20,tool1;    // 指定移动时间和到位条件
MoveJ\Conc, p4,v1000,fine,tool1;                  // 使用指令添加项
Set do1,on;                                       // 连续执行指令
……
MoveJ p5,v1000,fine,grip2\WObj:=fixture;          // 使用工件数据
……
```

② 直线插补。直线插补指令又称直线运动指令。执行直线插补指令，不但可保证全部运动轴同时到达终点，并且能够保证机器人 TCP 的移动轨迹为连接起点和终点的直线。

直线插补指令的编程格式如下。

```
MoveL [\Conc,] ToPoint[\ID],Speed[\V]|[\T],Zone[\Z] [\Inpos],Tool[\WObj]
[\Corr] [\TLoad];
```

指令中的程序数据与添加项含义及编程方法可参见前述。添加项\Corr 用来附加轨迹校准功能，用于带轨迹校准器的智能机器人。

直线插补指令 MoveL 与关节插补指令 MoveJ 的编程方法相同，例如：

```
MoveL p1,v500,z30,Tool1;                          // 使用系统预定义数据插补
MoveL p2,v1000\T:=5,fine\Inpos:=inpos20,tool1;    // 使用数据添加项
```

```
MoveL\Conc, p3,v1000,fine,tool1;        // 使用指令添加项
Set do1,on;                             // 连续执行指令
......
```

③ 圆弧插补。圆弧插补指令又称圆周运动指令，它可使机器人 TCP 沿指定的圆弧，从当前位置移动到目标位置。工业机器人的圆弧插补指令，需要通过起点（当前位置）、中间点（CirPoint）和终点（目标位置）3 点定义圆弧，指令 MoveC 的编程格式如下：

```
MoveC [\Conc,] CirPoint,ToPoint [\ID],Speed [\V]|[\T],Zone [\Z] [\Inpos],
Tool [\WObj] [\Corr] [\TLoad];
```

指令中的程序数据与添加项含义及编程方法可参见前述。程序数据 CirPoint 用来指定圆弧的中间点，其数据类型同样为 robtarget。理论上说，中间点 CirPoint 可以是圆弧上位于起点和终点之间的任意一点，但是，为了获得正确的轨迹，中间点 CirPoint 应尽可能选择在接近圆弧的中间位置，并保证起点（start）、中间点（CirPoint）、终点（ToPoint）满足图 3.1-1 所示的条件。

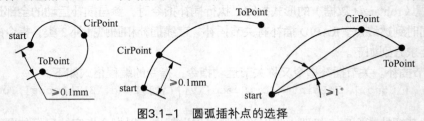

图3.1-1　圆弧插补点的选择

圆弧插补指令 MoveC 的编程示例如下。

```
MoveC  p1,p2,v500,z30,Tool1;                     // 使用系统预定义数据插补
MoveC  p2,p3,v500\V:=550,z30\Z:=35,Tool1;        // 指定移动速度和到位区间
MoveC\Conc, p4,p5,v200,fine\Inpos:=inpos20,tool1; // 使用指令添加项
Set do1,on;                                      // 连续执行指令
......
```

圆弧插补指令不能用于终点和起点重合的 360° 全圆移动；全圆插补需要通过两条或以上的圆弧插补指令实现，程序示例如下。

```
MoveL  p1,v500,fine,Tool1;
MoveC  p2,p3,v500,z20,Tool1;
MoveC  p4,p1,v500,fine,Tool1;
```

执行以上指令时，首先，将 TCP 以系统预定义速度 v500，直线移动到 p1 点；然后，按照 p1、p2、p3 点所定义的圆弧，移动到 p3（第 1 段圆弧的终点）；接着，按照 p3、p4、p1 点定义的圆弧，移动到 p1 点，使两段圆弧闭合。这样，如指令中的 p1、p2、p3、p4 点均位于同一圆弧上，便可得到图 3.1-2（a）所示的 360° 全圆轨迹；否则，将得到图 3.1-2（b）所示的两段闭合圆弧。

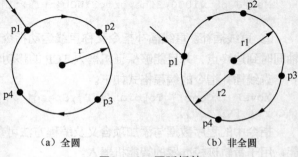

（a）全圆　　　　　　（b）非全圆

图3.1-2　圆弧插补

3. 子程序调用插补指令

RAPID 插补指令可附加子程序调用功能。对于普通程序（PROC 程序）的调用，可在关节插补、直线插补、圆弧插补的移动目标位置进行。这一功能可直接通过带后缀 Sync 的基本移动指令 MoveJSync、MoveLSync、MoveCSync 实现。RAPID 普通子程序调用插补指令的名称、编程格式与示例如表 3.1-2 所示。

表 3.1-2　普通子程序调用插补指令编程说明表

名称		编程格式与示例	
关节插补调用程序	MoveJSync	程序数据	ToPoint, Speed, Zone, Tool, ProcName
		指令添加项	—
		数据添加项	\ID, \T, \WObj, \TLoad
	编程示例	MoveJSync p1, v500, z30, tool2, "proc1";	
直线插补调用程序	MoveLSync	程序数据	ToPoint, Speed, Zone, Tool, ProcName
		指令添加项	—
		数据添加项	\ID, \T, \WObj, \TLoad
	编程示例	MoveLSync p1, v500, z30, tool2, "proc1";	
圆弧插补调用程序	MoveCSync	程序数据	CirPoint, ToPoint, Speed, Zone, Tool, ProcName
		指令添加项	—
		数据添加项	\ID, \T, \WObj, \TLoad
	编程示例	MoveCSync p1, p2, v500, z30, tool2, "proc1";	

指令 MoveJSync、MoveLSync、MoveCSync 的子程序调用在移动目标位置进行，对于不经过目标位置的连续移动指令，其程序的调用将在拐角抛物线的中间点进行。

指令 MoveJSync、MoveLSync、MoveCSync 的编程方法与基本移动指令 MoveJ、MoveL、MoveC 类似，但可使用的添加项较少，指令格式如下。

```
MoveJSync ToPoint [\ID],Speed [\T],Zone,Tool [\WObj],ProcName[\TLoad];
MoveLSync ToPoint [\ID],Speed [\T],Zone,Tool [\WObj],ProcName[\TLoad];
MoveCSync CirPoint,ToPoint[\ID],Speed[\T],Zone,Tool[\WObj],ProcName[\TLoad];
```

指令中的基本程序数据及添加项的含义、编程要求均与基本移动指令相同。程序数据 ProcName 为需要调用的子程序（PROC）名称。

普通子程序调用插补指令的编程示例如下。

```
MoveJSync p1, v800, z30, tool2, "proc1";    // 关节插补终点 p1 调用程序 proc1
Set do1,on;                                  // 非连续移动
……
MoveLSync p2, v500, z30, tool2, "proc2" ;    // 直线插补拐角中点 p2 调用程序 proc2
MoveL p3, v500, z30, tool2 ;                 // 连续移动
MoveCSync p4, p5, v500, z30, tool2, "proc3" ;// 圆弧插补终点 p5 调用程序 proc3
Set do1,off;                                 // 非连续移动
……
```

实践指导

一、程序点偏移指令编程

在工业机器人中，关节插补、直线插补、圆弧插补的目标位置通常称为"程序点"。TCP 位置型数据（robtarget）程序点，可使用程序偏移、位置偏置、镜像、机器人姿态控制等指令，通过编程调整与改变，指令的功能及编程方法如下。

1. 程序偏移与设定

RAPID 程序偏移与设定指令，可一次性调整与改变所有程序点 TCP 位置数据的 x，y，z 坐

标数据 pos、工具方位数据 orient、外部轴绝对位置数据 extjoint。其中，机器人本体运动轴和外部运动轴的偏移与设定可分别指令。

RAPID 程序偏移与设定指令的名称、编程格式与示例如表 3.1-3 所示。

表 3.1-3　程序偏移指令编程说明表

名称		编程格式与示例	
机器人程序偏移生效	PDispOn	编程格式	PDispOn [\Rot] [\ExeP,] ProgPoint, Tool [\WObj] ;
		指令添加项	\Rot：工具偏移功能选择，数据类型 switch； \ExeP：程序偏移目标位置，数据类型 robtarget
		程序数据与添加项	ProgPoint：程序偏移参照点，数据类型 robtarget； Tool：工具数据，数据类型 tooldata； \WObj：工件数据，数据类型 wobjdata
		功能说明	程序偏移功能生效
		编程示例	PDispOn\ExeP := p10,　p20,　tool1 ;
机器人程序偏移设定	PDispSet	编程格式	PDispSet DispFrame ;
		程序数据	DispFrame：程序偏移量，数据类型 pose
		功能说明	设定机器人程序偏移量
		编程示例	PDispSet xp100 ;
机器人偏移撤销	PDispOff	编程格式	PDispOff ;
		程序数据	—
		功能说明	撤销机器人程序偏移
		编程示例	PDispOff ;
外部轴程序偏移生效	EOffsOn	编程格式	EOffsOn [\ExeP,]　ProgPoint ;
		指令添加项	\ExeP：程序偏移目标点，数据类型 robtarget
		程序数据	ProgPoint：程序偏移参照点，数据类型 robtarget
		功能说明	外部轴程序偏移功能生效
		编程示例	EOffsOn \ExeP:=p10, p20 ;
外部轴程序偏移设定	EOffsSet	编程格式	EOffsSet EAxOffs ;
		程序数据	EAxOffs：外部轴程序偏移量，数据类型 extjoint
		功能说明	设定外部轴程序偏移量
		编程示例	EOffsSet eax _p100 ;
外部轴偏移撤销	EOffsOff	编程格式	EOffsOff ;
		程序数据	—
		功能说明	撤销外部轴程序偏移
		编程示例	EOffsOff ;
程序偏移量清除	ORobT	命令参数	OrgPoint
		可选参数	\InPDisp | \InEOffs
		编程示例	p10 := ORobT(p10\InEOffs) ;

程序偏移通常用来改变机器人的作业区，例如，当机器人需要进行图 3.1-3（a）所示的多工件作业时，可通过机器人偏移指令，改变机器人 TCP 的 x，y，z 坐标值，从而通过同一程序，

完成作业区 1、作业区 2 的相同作业。

程序偏移不仅可改变机器人 TCP 的 x，y，z 坐标数据 pos，如果需要，还可在指令中添加工具偏移、旋转功能，使编程的坐标系产生图 3.1-3（b）所示的偏移与旋转。

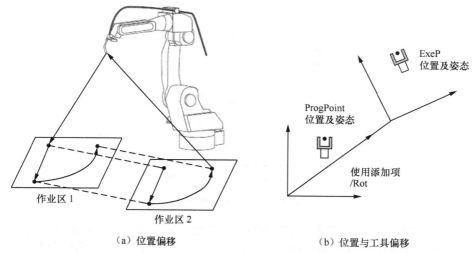

（a）位置偏移　　　　　　　　　　　　（b）位置与工具偏移

图3.1-3　机器人的程序偏移

在作业程序中，机器人、外部轴的程序偏移，可分别利用指令 PDispOn、EOffsOn 实现。指令 PDispOn、EOffsOn 的偏移量，可通过指令中的参照点和目标点，由系统自动计算生成。指令 PDispOn、EOffsOn 可在程序中同时使用，所产生的偏移量可自动叠加。

由指令 PDispOn、EOffsOn 生成的程序偏移，可分别通过指令 PDispOff、EOffsOff 撤销，或利用程序偏移量清除函数命令 ORobT 清除。如果程序中使用了程序偏移设定指令 PDispSet、EOffsSet，直接指定程序偏移量，则指令 PDispOn、EOffsOn 所设定的程序偏移也将清除。

程序偏移生效指令 PDispOn、EOffsOn 的添加项、程序数据作用如下。

\Rot：工具偏移功能选择，数据类型为 switch。使用添加项\Rot，可使机器人在 x，y，z 位置偏移的同时，按目标位置数据的要求，调整与改变工具姿态。

\ExeP：程序偏移目标位置，TCP 位置数据 robtarget。其用来定义参照点 ProgPoint 经程序偏移后的目标位置；如不使用添加项\ExeP，则以机器人当前的 TCP 位置（停止点 fine），作为程序偏移后的目标位置。

ProgPoint：程序偏移参照点，TCP 位置数据 robtarget。参照点是用来计算机器人、外部轴程序偏移量的基准位置，目标位置与参照点的差值就是程序偏移量。

Tool：工具数据 tooldata。指定程序偏移所对应的工具数据。

\WObj：工件数据 wobjdata。增加添加项后，程序数据 ProgPoint、\ExeP 将为工件坐标系的 TCP 位置；否则，为大地（或基座）坐标系的 TCP 位置。

机器人程序偏移生效/撤销指令的编程示例如下，程序的移动轨迹如图 3.1-4 所示。

```
MoveL p0, v500, z10, tool1 ;                      // 无偏移运动
MoveL p1, v500, z10, tool1 ;
……
PDispOn\ExeP := p1, p10, tool1 ;                  // 机器人偏移生效
MoveL p20, v500, z10, tool1 ;                     // 偏移运动
```

```
MoveL p30, v500, z10, tool1 ;
PDispOff ;                                              // 机器人偏移撤销
MoveL p40, v500, z10, tool1 ;
......
```

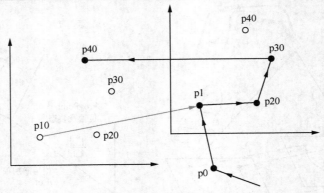

图3.1-4　程序偏移运动

外部轴程序偏移仅用于配置有外部轴的机器人系统，指令的编程示例如下。

```
MoveL p1, v500, z10, tool1 ;                            // 无偏移运动
EOffsOn \ExeP := p1, p10 ;                              // 外部轴程序偏移生效
MoveL p20, v500, z10, tool1 ;
......
EOffsOff ;                                              // 外部轴偏移撤销
```

如机器人当前位置是以停止点（fine）形式指定的准确位置，则该点可直接作为程序偏移的目标位置，此时，指令中无须使用添加项\ExeP，编程示例如下。

```
MoveJ p1, v500, fine \Inpos := inpos50, tool1 ;         // 停止点定位
PDispOn p10, tool1 ;                                    // 机器人偏移，目标点 p1
......
MoveJ p2, v500, fine \Inpos := inpos50, tool1 ;         // 停止点定位
EOffsOn p20 ;                                           // 外部轴偏移，目标点 p2
......
```

机器人程序偏移指令还可结合子程序调用使用，使程序的运动轨迹整体偏移，以达到改变作业区域的目的。例如，实现图 3.1-5 所示几个作业区变换的程序如下。

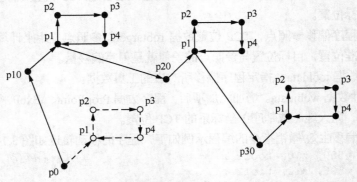

图3.1-5　改变作业区的偏移运动

```
MoveJ p10, v1000, fine\Inpos := inpos50, tool1 ;       // 第 1 偏移目标点定位
draw_square ;                                          // 调用子程序轨迹
```

```
    MoveJ p20, v1000, fine \Inpos := inpos50, tool1 ;   // 第 2 偏移目标点定位
    draw_square ;                                        // 调用子程序轨迹
    MoveJ p30, v1000, fine \Inpos := inpos50, tool1 ;   // 第 3 偏移目标点定位
    draw_square ;                                        // 调用子程序轨迹
    ......
!*************************************
    PROC draw_square()
    PDispOn p0, tool1 ;                    // 程序偏移生效, 参照点 p0、目标点为当前位置
    MoveJ p1, v1000, z10, tool1 ;          // 需要偏移的轨迹
    MoveL p2, v500, z10, tool1 ;
    MoveL p3, v500, z10, tool1 ;
    MoveL p4, v500, z10, tool1 ;
    MoveL p1, v500, z10, tool1 ;
    PDispOff ;                             // 程序偏移撤销
    ENDPROC
!*************************************
```

2. 程序偏移设定与撤销

在作业程序中，机器人、外部轴的程序偏移也可通过机器人、外部轴程序偏移设定指令实现。PDispSet、EOffsSet 指令可直接定义机器人、外部轴的程序偏移量，而无须利用参照点和目标位置计算偏移量。因此，对于只需要进行坐标轴偏移的作业（如搬运、堆垛等），可利用指令实现位置平移，以简化编程与操作。

指令 PDispSet、EOffsSet 所生成的程序偏移，可分别通过偏移撤销指令 PDispOff、EOffsOff 撤销，或利用程序偏移指令 PDispOn、EOffsOn 清除。此外，对于同一程序点，只能利用 PDispSet、EOffsSet 指令设定一个偏移量，而不能通过指令的重复使用叠加偏移。

机器人、外部轴程序偏移设定指令的程序数据含义如下。

DispFrame：机器人程序偏移量，数据类型为 pose。机器人的程序偏移量需要通过坐标系姿态型数据 pose 定义，pose 数据中的位置数据项 pos，用来指定坐标原点的偏移量；方位数据项 orient，用来指定坐标系旋转的四元数，如不需要旋转坐标系，数据项 orient 应设定为 [1, 0, 0, 0]。

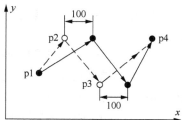

EAxOffs：外部轴程序偏移量，数据类型为 extjoint。直线轴偏移量的单位为 mm，回转轴偏移量的单位为"°"。

对于图 3.1-6 所示的简单程序偏移运动，程序偏移设定/撤销指令的编程示例如下。

图3.1-6　程序偏移设定与运动

```
VAR pose xp100 := [ [100, 0, 0], [1, 0, 0, 0] ] ;// 程序数据 xp100 (偏移量) 定义
MoveJ p1, v1000, z10, tool1 ;                      // 无偏移运动
......
PDispSet xp100 ;                                   // 程序偏移生效
MoveL p2, v500, z10, tool1 ;                        // 偏移运动
MoveL p3, v500, z10, tool1 ;
PDispOff ;                                          // 撤销程序偏移
MoveJ p4, v1000, z10, tool1 ;                       // 无偏移运动
......
```

外部轴程序偏移设定仅用于配置有外部轴的机器人系统，指令的编程示例如下。

```
VAR extjoint eax_p100 := [100, 0, 0, 0, 0, 0] ; //程序数据 eax_p100 (偏移量) 定义
MoveJ p1, v1000, z10, tool1 ;                     // 无偏移运动
```

```
......
EOffsSet eax_p100 ;                         // 程序偏移生效
MoveL p2, v500, z10, tool1 ;                // 偏移运动
EOffsOff ;                                  // 程序偏移撤销
MoveJ p3, v1000, z10, tool1 ;              // 无偏移运动
......
```

3. 程序偏移量清除

RAPID 程序偏移量清除函数命令 ORobT 可用来清除指令 PDispOn、EOffsOn 及指令 PDispSet、EOffsSet 所生成的机器人、外部轴程序偏移量；命令的执行结果为偏移量清除后的 TCP 位置数据 robtarget。

程序偏移量清除函数命令 ORobT 的编程格式及命令参数要求如下。

```
ORobT (OrgPoint [\InPDisp] | [\InEOffs])
```

OrgPoint：需要清除偏移量的程序点，数据类型为 robtarget。

\InPDisp 或\InEOffs：需要保留的偏移量，数据类型为 switch。不指定添加项时，命令将同时清除指令 PDispOn 生成的机器人程序偏移量和 EOffsOn 指令生成的外部轴偏移量；选择添加项\InPDisp，执行结果将保留清除 EOffsOn 指令生成的外部轴偏移量；选择添加项\InEOffs，执行结果将保留 EOffsOn 指令生成的外部轴偏移量。

程序偏移量清除函数命令 ORobT 的编程示例如下。

```
p10 := ORobT(p1) ;                          // p10 为无偏移的 p1 位置
p11 := ORobT(p1 \InPDisp) ;                 // p11 为保留机器人偏移的 p1 位置
p12 := ORobT(p1 \InEOffs) ;                 // p12 为保留外部轴偏移的 p1 位置
```

二、程序点偏置与镜像函数

1. 指令与功能

作业程序中的程序点不仅可利用前述的程序偏移生效、设定指令，进行一次性调整与改变，还可利用位置偏置、工具偏置、程序点镜像等 RAPID 函数命令，来独立改变指定程序点的位置。

在作业程序中，位置偏置函数命令 Offs，用来改变指定程序点 TCP 位置数据 robtarget 中的 x，y，z 坐标数据项 pos，但不改变工具姿态数据项 orient；利用工具偏置函数命令 RelTool，可改变指定程序点的工具姿态数据项 orient，但不改变 x，y，z 坐标数据项 pos；利用镜像函数命令 MirPos，可改变指定程序点的 x，y，z 坐标数据项 pos，并将其转换为 xz 平面或 yz 平面的对称点。

RAPID 位置偏置、工具偏置及程序点镜像函数命令的名称与编程格式及示例如表 3.1-4 所示。

表 3.1-4　位置、工具偏置及镜像函数命令说明

名称	编程格式与示例		
位置偏置函数	Offs	命令参数	Point, XOffset, YOffset, ZOffset
		可选参数	—
	编程示例	p1 := Offs (p1, 5, 10, 15) ;	
工具偏置函数	RelTool	命令参数	Point, Dx, Dy, Dz
		可选参数	\Rx、\Ry、\Rz
	编程示例	MoveL RelTool (p1, 0, 0, 0 \Rz:= 25), v100, fine, tool1;	

续表

名称	编程格式与示例		
程序点镜像函数	MirPos	命令参数	Point，MirPlane
		可选参数	\WObj、\MirY
	编程示例	p2 := MirPos(p1, mirror) ;	

2. 位置偏置函数

RAPID 位置偏置函数命令 Offs，可改变程序点 TCP 位置数据 robtarget 中的 x，y，z 坐标数据 pos，偏移程序点的 x、y、z 坐标值，但不能用于工具姿态的调整；命令的执行结果同样为 TCP 位置型数据 robtarget。函数命令的编程格式及命令参数要求如下。

```
Offs ( Point, XOffset, YOffset, ZOffset )
```

Point：需要偏置的程序点名称，数据类型 robtarget。

XOffset、YOffset、ZOffset：x、y、z 坐标偏移量，数据类型为 num，单位为 mm。

位置偏置函数命令 Offs 可用来改变指定程序点的 x、y、z 坐标值，定义新程序点或直接替代移动指令程序点数据，命令的编程示例如下。

```
p1 := Offs (p1, 0, 0, 100) ;                    // 改变程序点坐标值
p2 := Offs (p1, 50, 100, 150) ;                 // 定义新程序点
MoveL Offs(p2, 0, 0, 10), v1000, z50, tool1 ;   // 替代移动指令的程序数据
……
```

位置偏置函数命令 Offs 可结合子程序调用功能使用，用来实现不需要调整工具姿态的分区作业（如搬运、码垛等），以简化编程和操作。

例如，对于图 3.1-7 所示的机器人搬运作业，如使用如下子程序 PROC pallet，则只要在主程序中改变列号参数 cun、行号参数 row 和间距参数 dist，系统便可利用位置偏置函数命令 Offs，自动计算偏移量、调整目标位置 ptpos 的 x、y 坐标值；并将机器人定位到目标点，从而简化作业程序。

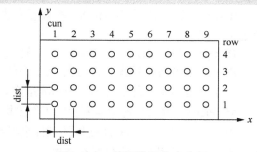

图3.1-7 位置偏置命令应用

```
PROC pallet (num cun, num row, num dist, PERS tooldata tool, PERS wobjdata wobj )
    VAR robtarget ptpos:=[[0, 0, 0], [1, 0, 0, 0], [0, 0, 0, 0],[9E9, 9E9, 9E9,
9E9, 9E9, 9E9]] ;
    ptpos := Offs (ptpos, cun*dist, row*dist , 0 ) ;
    MoveL ptpos, v100, fine, tool\WObj:=wobj ;
ENDPROC
```

3. 工具偏置函数

工具偏置函数命令 RelTool 可用来调整程序点的工具姿态，包括工具坐标原点的 x、y、z 坐标值及工具坐标系方向，命令的执行结果同样为 TCP 位置型数据 robtarget。函数命令的编程格式及命令参数要求如下。

```
RelTool ( Point, Dx, Dy, Dz [\Rx] [\Ry] [\Rz] )
```

Point：需要工具偏置的程序点名称，数据类型 robtarget。

Dx、Dy、Dz：工具坐标系的原点偏移量，数据类型为 num，单位为 mm。

\Rx、\Ry、\Rz：工具坐标系的方位，即工具绕 x 轴、y 轴、z 轴旋转的角度，数据类型为 num，单位为"°"。当添加项\Rx、\Ry、\Rz 同时指定时，工具坐标系方向按绕 x 轴、y 轴、

z 轴依次回转。

工具偏置函数命令 RelTool 可用来改变指定程序点的工具姿态、定义新程序点或直接替代移动指令程序点，命令的编程示例如下。

```
p1 := RelTool (p1, 0, 0, 100 \Rx:=30) ;              // 改变程序点工具姿态
p2 := RelTool (p1, 50, 100, 150 \Rx:=30 \Ry:= 45) ; // 定义新程序点
MoveL RelTool (p2, 0, 0, 100 \Rz:=90), v1000, z50, tool1 ;
                                                      // 替代移动指令程序数据
```

4. 程序点镜像函数

镜像函数命令 MirPos 可将指定程序点转换为 xz 平面或 yz 平面的对称点，以实现机器人的对称作业功能。例如，对于图 3.1-8 所示的作业，源程序的运动轨迹为 P0→P1→P2→P0，若生效 xz 平面对称的镜像功能，则机器人的运动轨迹可转换成 P0′→P1′→P2′→P0′。

RAPID 镜像函数命令 MirPos 通常用于作业程序中某些特定程序点的对称编程；如果作业程序或任务、模块的全部程序点都需要进行镜像变换，则可利用 RAPID 镜像程序编辑操作，直接通过程序编辑器生成一个新的镜像作业程序或任务、模块。

RAPID 镜像函数命令 MirPos 的编程格式及命令参数要求如下。

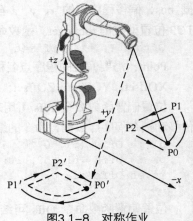

图3.1-8　对称作业

```
MirPos (Point, MirPlane [\WObj] [\MirY])
```

Point：需要进行镜像转换的程序点名称，数据类型为 robtarget。如程序点为工件坐标系位置，其工件坐标系名称由添加项\WObj 指定。

MirPlane：用来实现镜像变换的工件坐标系名称，数据类型为 wobjdata。

\WObj：程序点 Point 所使用的工件坐标系名称，数据类型为 wobjdata。不使用添加项时为大地坐标系或机器人基座坐标系数据。

\MirY：xz 平面对称，数据类型为 switch。不使用添加项时为 yz 平面对称。

由于机器人基座坐标系、工具坐标系的镜像受机器人的结构限制，因此，程序点的镜像，一般需要在工件坐标系上进行。例如，在机器人基座坐标系上进行镜像转换时，由于坐标系的 z 零点位于机器人安装底平面，故不能实现 xy 平面对称作业；如进行 yz 平面对称作业，则机器人必须增加腰回转动作等。此外，由于机器人的工具坐标系原点位于手腕工具安装法兰基准面上，而程序转换不能改变工具安装，故一般也不能使用工具坐标镜像功能。

镜像函数命令 MirPos 一般用来改变定义新程序点或直接替代移动指令程序点，命令的编程示例如下。

```
PERS wobjdata mirror := [……] ;                       // 定义镜像转换坐标系
p2 := MirPos(p1, mirror) ;                            // 定义新程序点
MoveL RelTool MirPos(p1, mirror), v1000, z50, tool1 ;// 替代移动指令程序点
```

三、程序点读入与转换函数

1. 程序点读入函数

在作业程序中，控制系统信息、机器人和外部轴移动数据、系统 I/O 信号状态等，均可通

过程序指令或函数命令读入程序中，以便在程序中对相关部件的工作状态进行监控，或进行相关参数的运算和处理。

机器人和外部轴移动数据包括当前位置、移动速度，以及所使用的工具、工件数据等。移动数据不仅可用于机器人、外部轴工作状态的监控，还可直接或间接在程序中使用，因此，有时需要通过 RAPID 函数命令，在程序中读取。

RAPID 程序点数据读入函数命令的名称、编程格式与示例如表 3.1-5 所示。

表 3.1-5　程序点数据读入函数命令说明

名称		编程格式与示例	
x, *y*, *z* 位置读取	CPos	命令格式	CPos ([\Tool] [\WObj])
		基本参数	—
		可选参数	\Tool：工具数据，未指定时为当前工具； \WObj：工件数据，未指定时为当前工件
		执行结果	机器人当前的 *x*, *y*, *z* 位置，数据类型 pos
	功能说明		读取当前的 *x*, *y*, *z* 位置值，到位区间要求：inpos50 以下的停止点 fine
	编程示例		pos1 := CPos(\Tool:=tool1 \WObj:=wobj0) ;
TCP 位置 读取	CRobT	命令格式	CRobT ([\TaskRef] | [\TaskName] [\Tool] [\WObj])
		基本参数	—
		可选参数	\TaskRef | \TaskName：任务代号或名称，未指定时为当前任务； \Tool：工具数据，未指定时为当前工具； \WObj：工件数据，未指定时为当前工件
		执行结果	机器人当前的 TCP 位置，数据类型 robtarget
	功能说明		读取当前的 TCP 位置值，到位区间要求：inpos50 以下的停止点 fine
	编程示例		p1 := CRobT(\Tool:=tool1 \WObj:=wobj0) ;
关节位置 读取	CJointT	命令格式	CJointT ([\TaskRef] | [\TaskName])
		基本参数	—
		可选参数	\TaskRef | \TaskName：同 CRobT 命令
		执行结果	机器人当前的关节位置，数据类型 jointtarget
	功能说明		读取机器人及外部轴的关节位置，到位区间要求：停止点 fine
	编程示例		joints := CJointT() ;
工具数据 读取	CTool	命令格式	CTool ([\TaskRef] | [\TaskName])
		基本参数	—
		可选参数	\TaskRef | \TaskName：同 CRobT 命令
		执行结果	当前有效的工具数据，数据类型 tooldata
	功能说明		读取当前有效的工具数据
	编程示例		temp_tool := CTool() ;
工件数据 读取	CWObj	命令格式	CWObj ([\TaskRef] | [\TaskName])
		基本参数	—
		可选参数	\TaskRef | \TaskName：同 CRobT 命令
		执行结果	当前有效的工件数据，数据类型 wobjdata
	功能说明		读取当前有效的工件数据
	编程示例		temp_wobj := CWObj() ;
	编程示例		myspeed := MaxRobSpeed() ;

RAPID 程序点数据读入函数命令的编程示例如下。

```
VAR pos pos1 ;                                         // 程序数据定义
VAR robtarget p1 ;
VAR jointtarget joints1 ;
PERS tooldata temp_tool ;
PERS wobjdata temp_wobj ;
......
MoveL *, v500, fine\Inpos := inpos50, grip2\Wobj:=fixture;// 定位到程序点
pos1 := CPos(\Tool:=tool1 \WObj:=wobj0) ;      // 当前的 x,y,z 坐标读入到 pos1
p1 := CRobT(\Tool:=tool1 \WObj:=wobj0) ;       // 当前的 TCP 位置读入到 p1
joints1 := CJointT() ;                         // 当前的关节位置读入到 joints1
temp_tool := CTool() ;                         // 当前的工具数据读入到 temp_tool
temp_wobj := CWObj() ;                         // 当前的工件数据读入到 temp_wobj
......
```

2. 程序点转换函数

RAPID 程序点转换函数命令，可用于机器人的 TCP 位置数据 robtarget 和关节位置数据 jointtarget 的相互转换，或者用来进行空间距离计算等处理。

程序点数据转换函数命令的名称、编程格式与示例如表 3.1-6 所示。

表 3.1-6　程序点数据转换函数命令说明表

名称			编程格式与示例
TCP 位置转换为关节位置	CalcJointT	命令格式	CalcJointT ([\UseCurWObjPos], Rob_target, Tool [\WObj] [\ErrorNumber])
		基本参数	Rob_target：需要转换的机器人 TCP 位置； Tool：指定工具
		可选参数	\UseCurWObjPos：用户坐标系位置（switch 型），未指定时为工件坐标系位置； \WObj：工件数据，未指定时为 WObj0； \ErrorNumber：存储错误的变量名称
		执行结果	程序点 Rob_target 的关节位置，数据类型 jointtarget
	功能说明		将机器人的 TCP 位置转换为关节位置
	编程示例		jointpos1 := CalcJointT(p1, tool1 \WObj:=wobj1) ;
关节位置转换为 TCP 位置	CalcRobT	命令格式	CalcRobT(Joint_target, Tool [\WObj])
		命令参数	Joint_target：需要转换的机器人关节位置； Tool：工具数据
		可选参数	\WObj：工件数据，未指定时为 WObj0；
		执行结果	程序点 Joint_target 的 TCP 位置，数据类型 robtarget
	功能说明		将机器人的关节位置转换为 TCP 位置
	编程示例		p1 := CalcRobT(jointpos1, tool1 \WObj:=wobj1) ;

函数命令 CalcJointT 可根据指定点的 TCP 位置数据 robtarget，计算出机器人在使用指定工具、工件时的关节位置数据 jointtarget。计算关节位置时，机器人的姿态将按 TCP 位置数据 robtarget 的定义确定，它不受插补姿态控制指令 ConfL、ConfJ 的影响；如指定点为机器人奇点，则 j4 轴的位置规定为 0°。如果执行命令时，机器人、外部轴程序偏移有效，则转换结果为程序偏移后的机器人、外部轴关节位置。

例如，计算 TCP 位置 p1 在使用工具 tool1、工件 wobj1 时的机器人关节位置 jointpos1 的程序如下。

```
VAR jointtarget jointpos1 ;                              // 程序数据定义
CONST robtarget p1 ;
jointpos1 := CalcJointT(p1, tool1 \Wobj:=wobj1) ;        // 关节位置计算
……
```

命令 CalcRobT 可将指定的机器人关节位置数据 jointtarget，转换为使用指定工具、工件数据时的 TCP 位置数据 robtarget。如执行命令时，机器人、外部轴程序偏移有效，则转换结果为程序偏移后的机器人 TCP 位置。例如，计算机器人关节位置 jointpos1 在使用工具 tool1、工件 wobj1 时的 TCP 位置 p1 的程序如下。

```
VAR robtarget p1 ;                                       // 程序数据定义
CONST jointtarget jointpos1;
p1 := CalcRobT(jointpos1, tool1 \Wobj:=wobj1) ;          // TCP 位置计算
```

四、速度与加速度控制指令

1. 速度控制指令编程

移动速度及加速度是机器人运动的基本要素。为了方便操作、提高作业可靠性，在作业程序中，可通过速度控制指令，对程序中的移动速度进行倍率、最大值的设定和限制。常用的 RAPID 速度控制指令名称、编程格式与示例如表 3.1-7 所示。

表 3.1-7 RAPID 速度控制指令编程说明

名称	编程格式与示例		
速度设定	VelSet	编程格式	VelSet Override, Max ;
		程序数据	Override：速度倍率（单位为%），数据类型为 num；Max：最大速度（单位为 mm/s），数据类型为 num
	功能说明		移动速度倍率、最大速度设定
	编程示例		VelSet 50, 800 ;
速度倍率调整	SpeedRefresh	编程格式	SpeedRefresh Override ;
		程序数据	Override：速度倍率（单位为%），数据类型为 num
	功能说明		调整移动速度倍率
	编程示例		SpeedRefresh speed_ov1 ;

RAPID 速度设定指令 VelSet 用来调节速度数据 speeddata 的倍率，设定关节插补、直线插补、圆弧插补的机器人 TCP 最大移动速度。

利用 VelSet 指令设定的速度倍率 Override，对全部移动指令、所有形式编程的移动速度均有效，但它不能改变机器人作业参数所规定的速度，例如，利用焊接数据 welddata 所规定的焊接速度等。速度倍率 Override 一经设定，所有运动轴的实际移动速度，均将成为指令值和倍率的乘积，直至利用新的设定指令重新设定或进行恢复系统默认值的操作。

利用 VelSet 指令设定的最大移动速度 Max，仅对关节插补、直线插补和圆弧插补指令中直接编程的速度有效。Max 设定既不能改变绝对定位、外部轴绝对定位的移动速度，也不能改变利用添加项\T 间接指定的移动速度。

RAPID 速度设定指令 VelSet 的编程示例如下。

```
VelSet 50,800;                          //指定速度倍率50%,最大插补速度800mm/s
MoveJ *,v1000,z20,tool1;                //倍率有效,实际速度500mm/s
MoveL *,v2000,z20,tool1;                //速度限制有效,实际速度800mm/s
MoveL *,v2000\V:=2400,z10,tool1;        //速度限制有效,实际速度800mm/s
MoveAbsJ *,v2000,fine,grip1;            //倍率有效、速度限制无效,实际速度1000mm/s
MoveExtJ j1,v2000,z20;                  //倍率有效、速度限制无效,实际速度1000mm/s
MoveL *,v1000\T:=5,z20,tool1;           //倍率有效,实际移动时间10s
MoveL *,v2000\T:=6,z20,tool1;           //倍率有效、速度限制无效,实际移动时间12s
……
```

移动速度也可通过速度倍率调整指令 SpeedRefresh 改变，指令允许调整的倍率范围为 0～100%。编程示例如下。

```
VAR num speed_ov1 := 50;                // 定义速度倍率 speed_ov1 为50%
MoveJ *,v1000,z20,tool1;                // 移动速度1000mm/s
MoveL *,v2000,z20,tool1;                // 移动速度2000mm/s
SpeedRefresh speed_ov1 ;                // 速度倍率更新为 speed_ov1（50%）
MoveJ *,v1000,z20,tool1;                // 速度倍率speed_ov1有效,实际速度500mm/s
MoveL *,v2000,z20,tool1;                // 速度倍率speed_ov1有效,实际速度1000mm/s
……
```

2. 加速度控制指令编程格式

ABB 机器人采用 S 形加减速。S 形加减速是加速度变化率 da/dt 保持恒定的加减速方式，加减速时的加速度、速度将分别呈线性、S 形曲线变化，运动轴在加减速开始、结束点的速度平稳变化，机械冲击小。

ABB 机器人的加速度、加速度变化率以及 TCP 加速度等，均可通过作业程序中的加速度设定、加速度限制指令进行规定。加速度控制指令对程序中的全部移动指令均有效，直至利用新的设定指令重新设定或进行恢复系统默认值的操作。

RAPID 加速度控制指令的名称、编程格式与示例如表 3.1-8 所示。如果加速度设定指令 AccSet、TCP 加速度限制指令 PathAccLim、大地坐标系 TCP 加速度限制指令 WorldAccLim，在程序中同时编程，则系统将取其中的最小值，作为机器人加速度的限制值。

表 3.1-8 RAPID 加速度控制指令编程说明

名称	编程格式与示例		
加速度设定	AccSet	编程格式	AccSet Acc, Ramp ;
		程序数据	Acc：加速度倍率（%），数据类型 num；Ramp：加速度变化率倍率（%），数据类型 num
	功能说明		设定加速度倍率、加速度变化率倍率
	编程示例		AccSet 50, 80 ;
加速度限制	PathAccLim	编程格式	PathAccLim AccLim [\AccMax], DecelLim [\DecelMax] ;
		程序数据与添加项	AccLim：启动加速度限制有/无，数据类型 bool；\AccMax：启动加速度限制值（m/s²），数据类型 num；DecelLim：停止加速度限制有/无，数据类型 bool；\DeceMax：停止加速度限制值（m/s²），数据类型 num
	功能说明		设定启/制动的最大加速度
	编程示例		PathAccLim TRUE \AccMax := 4, TRUE \DecelMax := 4 ;

RAPID 加速度设定指令 AccSet，可用来设定运动轴的加速度倍率与加速度变化率的倍率。

加速度倍率的默认值为 100%，允许设定的范围为 20%～100%；如设定值小于 20%，则系统将自动取 20%。加速度变化率倍率的默认值为 100%，允许设定的范围为 10%～100%；如设定值小于 10%，则系统将自动取 10%。

加速度设定指令 AccSet 的编程示例如下。

```
AccSet 50,80;              // 加速度倍率 50%，加速度变化率倍率 80%
AccSet 15,5;               // 自动取加速度倍率 20%，加速度变化率倍率 10%
```

RAPID 加速度限制指令 PathAccLim，可用来限制机器人 TCP 的最大加速度，它对所有参与运动的轴均有效。加速度限制指令一旦生效，只要机器人 TCP 点的加速度超过限制值，系统就自动将其限制在指令规定的加速度上。指令 PathAccLim 中的程序数据 AccLim、DecelLim 为逻辑状态型数据（bool），设定"TRUE"或"FALSE"，可使机器人启动、停止时的加速度限制功能生效或撤销；程序数据 AccLim、DecelLim 的默认值为"FALSE（无效）"。程序数据 AccLim、DecelLim 的添加项\AccMax、\DecelMax，可用来设定启动、停止时的加速度限制值，其最小设定为 0.1m/s^2；添加项\AccMax、\DecelMax 只有在程序数据 AccLim、DecelLim 设定值为"TRUE"时才有效。

加速度限制指令 PathAccLim 的编程示例如下。

```
MoveL p1, v1000, z30, tool0 ;              // TCP 按系统默认加速度移动到 p1 点
PathAccLim TRUE\AccMax := 4, FALSE ;       // 启动加速度限制为 4m/s²
MoveL p2, v1000, z30, tool0 ;              // TCP 以 4m/s² 启动,并移动到 p2 点
PathAccLim FALSE, TRUE\DecelMax := 3 ;     // 停止加速度限制为 3m/s²
MoveL p3, v1000, fine, tool0 ;             // TCP 移动到 p3 点,并以 3m/s² 停止
PathAccLim FALSE, FALSE ;                  // 撤销启/停加速度限制功能
......
```

技能训练

结合本任务的学习，完成以下练习。

一、不定项选择题

1. 以下可以通过基本移动指令控制运动的是（　　）。

　　A. 机器人机身　　　B. 机器人手腕　　　　C. 机器人 TCP　　　D. 作业对象

2. 以下属于工业机器人基本移动指令的是（　　）。

　　A. 绝对定位　　　　B. 关节插补　　　　　C. 直线插补　　　　D. 圆弧插补

3. 以下对工业机器人基本移动指令目标位置编程理解正确的是（　　）。

　　A. 必须是关节坐标位置　　　　　　　　　B. 必须是机器人 TCP 位置

　　C. 定位指令为关节位置　　　　　　　　　D. 插补指令为 TCP 位置

4. 以下对工业机器人基本移动指令移动速度编程理解正确的是（　　）。

　　A. 可规定机器人 TCP 速度　　　　　　　B. 可规定外部轴速度

　　C. 可规定工具定向速度　　　　　　　　　D. 可用移动时间定义

5. 以下对工业机器人基本移动指令到位区间编程理解正确的是（　　）。

　　A. 可指定到位区间　　　　　　　　　　　B. 可指定停止速度

　　C. 可规定停顿时间　　　　　　　　　　　D. 可改变实际定位精度

6. 以下对工业机器人基本移动指令作业工具编程理解正确的是（　　）。

A. 不使用工具时可直接省略　　　　　　　B. 不使用工具时指定 Tool0

C. 必须添加工件数据\WObj　　　　　　　D. 工具固定作业必须添加\WObj

7. 以下对 RAPID 机器人本体绝对定位指令理解正确的是（　　　）。

　　A. 是点到点的定位运动　　　　　　　　B. 与笛卡儿坐标系无关

　　C. 与机器人姿态、奇点无关　　　　　　D. 不需要指定工具、工件数据

8. 以下对 RAPID 外部轴绝对定位指令理解正确的是（　　　）。

　　A. 是点到点的定位运动　　　　　　　　B. 与笛卡儿坐标系无关

　　C. 与工具、工件坐标系无关　　　　　　D. 不需要指定工具、工件数据

9. 以下对 RAPID 关节插补指令理解正确的是（　　　）。

　　A. 目标位置是关节绝对位置　　　　　　B. 是关节轴同步插补运动

　　C. TCP 轨迹肯定为直线　　　　　　　　D. TCP 速度与编程速度一致

10. 以下对 RAPID 直线插补指令理解正确的是（　　　）。

　　A. 目标位置是关节绝对位置　　　　　　B. 是关节轴同步插补运动

　　C. TCP 轨迹肯定为直线　　　　　　　　D. TCP 速度与编程速度一致

11. 以下对 RAPID 圆弧插补指令的圆弧定义方法理解正确的是（　　　）。

　　A. 用起点、终点、圆心定义　　　　　　B. 用起点、终点、半径定义

　　C. 用起点、终点、中间点定义　　　　　D. 不能直接实现全圆插补

12. 以下对 RAPID 圆弧插补指令的中间点选择理解正确的是（　　　）。

　　A. 应尽可能接近圆弧起点　　　　　　　B. 应尽可能接近圆弧终点

　　C. 尽可能接近圆弧中点　　　　　　　　D. 必须在圆弧轨迹上

13. 以下对 RAPID 圆弧插补指令的程序点选择理解正确的是（　　　）。

　　A. 终点离起点必须≥0.1mm　　　　　　B. 中间点离起点必须≥0.1mm

　　C. 中间点、终点夹角必须≥1°　　　　　D. 圆弧角度必须≤180°

14. 以下对子程序调用插补指令理解正确的是（　　　）。

　　A. 可用于关节、直线、圆弧插补　　　　B. 可用\V 规定移动速度

　　C. 可在起点调用子程序　　　　　　　　D. 可在终点调用子程序

15. 以下对 RAPID 程序偏移指令"PDispOn"理解正确的是（　　　）。

　　A. 可用于机器人位置的偏移　　　　　　B. 可用于外部轴位置的偏移

　　C. 可添加工具姿态偏移功能　　　　　　D. 可多次使用、叠加偏移量

16. 以下可用来撤销"PDispOn"指令偏移的是（　　　）。

　　A. PDispOff　　　B. EOffsOff　　　　　C. PDispSet　　　　　　　D. ORobT

17. 以下对 RAPID 程序偏移指令"PDispSet"理解正确的是（　　　）。

　　A. 可用于机器人位置的偏移　　　　　　B. 可直接定义偏移量

　　C. 可添加工具姿态偏移功能　　　　　　D. 可多次使用、叠加偏移量

18. 以下对 RAPID 程序偏移量清除函数命令"ORobT"理解正确的是（　　　）。

　　A. 可清除所有程序点偏移　　　　　　　B. 可清除指定程序点偏移

　　C. 可保留外部轴偏移　　　　　　　　　D. 可保留机器人偏移

19. 以下对 RAPID 位置偏置函数命令 Offs 理解正确的是（　　　）。

　　A. 对所有程序点有效　　　　　　　　　B. 对指定程序点有效

C. 用来改变 x, y, z 坐标数据   D. 用来改变工具姿态

20. 以下对 RAPID 工具偏置函数命令 RelTool 理解正确的是（   ）。

    A. 对所有程序点有效   B. 对指定程序点有效

    C. 可改变 TCP 位置   D. 可改变工具姿态

21. 以下对 RAPID 镜像函数命令 MirPos 理解正确的是（   ）。

    A. 可进行 x 轴对称变换   B. 可进行 y 轴对称变换

    C. 可进行 z 轴对称变换   D. 一般用于工件坐标系

22. 以下对 RAPID 程序点数据读入函数命令 CPos 理解正确的是（   ）。

    A. 读取 TCP 的 x, y, z 位置   B. 读取 TCP 位置的全部数据

    C. 必须添加工具数据   D. 必须添加工件数据

23. 以下对 RAPID 程序点数据读取函数命令 CRobT 理解正确的是（   ）。

    A. 读取关节坐标系位置   B. 读取 TCP 的 x, y, z 位置

    C. 读取 TCP 位置的全部数据   D. 到位区间应小于 inpos50

24. 以下对 RAPID 程序点数据读取函数命令 CJointT 理解正确的是（   ）。

    A. 读取关节坐标系位置   B. 读取 TCP 的 x, y, z 位置

    C. 读取 TCP 位置的全部数据   D. 到位区间应小于 inpos50

25. 以下对 RAPID 程序点数据转换函数命令 CalcJointT 理解正确的是（   ）。

    A. 转换结果为 TCP 位置   B. 转换结果为关节绝对位置

    C. 不受姿态控制指令影响   D. 奇点转换时 j4 轴规定为 0°

二、编程练习题

1. 利用 RAPID 程序偏移指令，编制机器人进行图 3.1-9 所示双工位作业的移动程序。

2. 按照以下要求，编制机器人进行图 3.1-10 所示运动的程序段，工具数据使用 tool1。

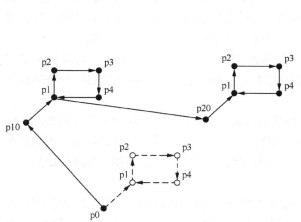

图3.1-9 双工位作业

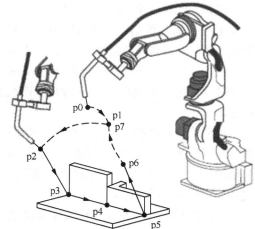

图3.1-10 机器人运动轨迹

p0→p1：绝对定位，速度 v800，定位区间 z50。

p1→p2：关节插补，速度 v500，定位区间 z30。

p2→p3：直线插补，速度 v300，定位区间 fine。

p3→p4：直线插补，移动时间 10s，定位区间 z10。

p4→p5：直线插补，速度 125mm/s，定位区间 fine，停止点检测 inpos20。

p5→p6：直线插补，速度 v300，定位区间 z30。

p6→p1：关节插补，速度 v500，定位区间 fine。

••• 任务 2　输入/输出指令编程 •••

知识目标

1. 掌握状态读入指令的编程方法。

2. 掌握输出控制指令的编程方法。

3. 熟悉 I/O 等待指令的编程格式与要求。

4. 熟悉目标位置输出、轨迹控制点输出指令。

能力目标

1. 能熟练编制机器人状态读入、输出控制程序。

2. 能熟练编制 I/O 等待程序。

3. 能编制目标位置输出、轨迹控制点输出程序。

基础学习

一、状态读入指令与编程

1. 指令与功能

机器人的输入/输出（I/O）指令通常用来控制机器人辅助部件动作，如搬运机器人抓手的夹紧/松开；点焊机器人的焊钳开/合、电极加压、焊接电流通/断及焊接电流、电压调节等。辅助控制信号一般有开关量输入/输出（DI/DO）、模拟量输入/输出（AI/AO）两类。

DI/DO 信号多用于开关状态检测、电磁元件通/断控制，其状态可用逻辑状态数据 bool 或二进制数字描述。AI/AO 信号一般用于连续变化参数的检测与调节，其状态需要以十进制数值描述。

根据信号的功能与用途，机器人的辅助控制信号又可分为系统信号和外部信号两类。系统信号用于系统运行控制，如急停、伺服启动、程序运行、程序暂停等，信号的功能、用途通常由系统生产厂家规定；外部信号用于机器人、工具控制，信号的功能、数量、地址可由用户定义，动作可通过程序控制。

在控制系统上，DI/DO 信号的状态以逻辑状态数据 bool 的形式存储，储存器地址连续分配，因此，在 RAPID 程序中，不仅可进行位（bit）逻辑处理，也可进行字节、字、双字多位、成组逻辑运算处理。ABB 机器人控制系统的 I/O 信号（包括 DI/DO 信号、AI/AO 信号）的状态读入、输出，可通过 RAPID 输入/输出指令或函数命令控制。

在 RAPID 程序中，I/O 信号的当前状态可通过表 3.2-1 所示的函数命令读取，其中，DI、GI、AI 的状态可直接利用程序数据 di*、gi*、ai* 读取，无须使用函数命令。

表 3.2-1 I/O 状态读入函数命令说明

名称	编程格式与示例		
DO 状态读入	DOutput	命令参数	Signal：信号名称
	编程示例	flag1:= DOutput(do1) ;	
AO 数值读入	AOutput	命令参数	Signal：信号名称
	编程示例	reg1:= AOutput(current) ;	
32 点 DI 状态 成组读入	GInputDnum	命令参数	Signal：信号名称
	编程示例	reg1:= GInputDnum (gi1) ;	
16 点 DO 状态 成组读入	GOutput	命令参数	Signal：信号名称
	编程示例	reg1:= GOutput(go1) ;	
32 点 DO 状态 成组读入	GOutputDnum	命令参数	Signal：信号名称
	编程示例	reg1:= GOutputDnum (go1) ;	
DI 状态检测	TestDI	命令参数	Signal：信号名称
	编程示例	IF TestDI (di2) SetDO do1, 1 ;	

2. 编程示例

I/O 状态读入函数命令的编程要求和示例如下。

① DI/DO 状态读入。DI/DO 状态读入函数命令用来读入参数指定的 DI/DO 信号状态，命令的执行结果为 DIO 数值（dionum）数据（0 或 1），其中，DI 信号的状态可直接利用程序数据 di* 读取。编程示例如下。

```
flag1:= di1 ;                        // 读入信号 di1 状态
flag2:= DOutput(do1) ;               // 读入信号 do1 状态
IF di2 = 1 THEN                      // di2 状态用作 IF 指令条件
……
```

② AI/AO 数值读入。AI/AO 数值读入函数命令用来读入指定 AI/AO 通道的模拟量输入/输出值，命令的执行结果为数值数据 num，其中，AI 信号的状态可直接利用程序数据 ai* 读取。编程示例如下。

```
reg1:= ai1 ;                         // 读入 ai1 值
reg2:= AOutput(ao1) ;                // 读入 ao1 值
deviation1 := 3 * ai2 + 10 ;         // ai2 值参与运算
IF ai2 = 5.12 THEN                   // ai2 值用作 IF 指令条件
……
```

③ DI/DO 状态成组读入。DI/DO 状态成组读入函数命令用来一次性读入 8～32 点 DI/DO 信号状态，命令执行结果为数值数据 num 或双精度数值数据 dnum。编程示例如下。

```
reg1:= gi1 ;                         // 读入 gi1 组 16 点 DI 状态
reg2:= GOutput(go1) ;                // 读入 go1 组 16 点 DO 状态
reg3:= GInputDnum (gi1) ;            // 读入 gi1 组 32 点 DI 状态
reg4:= GOutputDnum (go1) ;           // 读入 go1 组 32 点 DO 状态
IF gi2 = 5 THEN                      // DI 组状态用作 IF 指令条件
IF GInputDnum(gi2) = 25 THEN         // 32 点 DI 组状态作 IF 指令条件
……
```

④ DI 状态检测。DI 状态检测函数命令用来检测指定的 DI 信号状态，命令执行结果为逻辑状态"TRUE"或"FALSE"，命令多用于 IF 指令的条件判断。编程示例如下。

```
IF TestDI (di2) SetDO do1, 1 ;                    // di2=1 时 do1 输出 1
IF NOT TestDI (di2) SetDO do2, 1 ;                // di2=0 时 do2 输出 1
IF TestDI (di1) AND TestDI(di2) SetDO do3, 1 ;    // di1、di2 同时为 1 时 do3 输出 1
……
```

二、输出控制指令与编程

1. 指令与功能

在 RAPID 程序中，DO、AO 的输出状态可通过 DO/AO 输出指令控制；DO 信号可成组输出，也可用状态取反、脉冲、延时等方式输出。

作业程序常用的 DO/AO 输出控制指令名称、编程格式与示例如表 3.2-2 所示。

表 3.2-2　DO/AO 输出控制指令编程说明

名称		编程格式与示例		
输出控制	DO 信号 ON	Set	程序数据	Signal：信号名称
	DO 信号 OFF	Reset	程序数据	Signal：信号名称
	DO 信号取反	InvertDO	程序数据	Signal：信号名称
脉冲输出		PulseDO	程序数据	Signal：信号名称
			指令添加项	\High, \PLength
输出设置	DO 状态设置	SetDO	程序数据	Signal, Value
			指令添加项	\SDelay, \Sync
	DO 组状态设置	SetGO	程序数据	Signal, Value | Dvalue
			指令添加项	\SDelay
	AO 值设置	SetAO	程序数据	Signal, Value

表 3.2-2 中的输出控制指令可用来定义指定 DO 点的状态，或将现行状态取反后输出。编程示例如下。

```
Set do2 ;           // do2 输出 ON
Reset do15 ;        // do15 输出 OFF
InvertDO do10 ;     // do10 输出状态取反
……
```

2. 脉冲输出

脉冲输出指令 PulseDO 可在指定的 DO 点上输出图 3.2-1 所示的脉冲信号，输出脉冲宽度、输出形式可通过指令添加项\High、\PLength 定义。

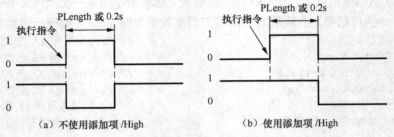

（a）不使用添加项 /High　　　　（b）使用添加项 /High

图3.2-1　DO点脉冲输出

指令在未使用添加项\High 时，PulseDO 指令的输出如图 3.2-1（a）所示，脉冲的形状与指令执行前的 DO 信号状态有关: 如指令执行前 DO 信号状态为"0", 则产生一个正脉冲; 如指令执行前 DO 信号状态为"1", 则产生一个负脉冲。脉冲宽度可通过添加项\PLength 指定, 未使用添加项\PLength 时, 系统默认的脉冲宽度为 0.2s。

指令使用添加项\High 时, 输出脉冲只能为"1"状态, 其实际输出有图 3.2-1 (b) 所示的两种情况: 如指令执行前 DO 信号状态为"0", 则产生一个\PLength 指定宽度的正脉冲; 如指令执行前 DO 信号状态为"1", 则"1"状态将保持\PLength 指定的时间; 未使用添加项\PLength 时, 系统默认的脉冲宽度为 0.2s。

脉冲输出指令的编程示例如下。

```
PulseDO do15 ;                      // do15 输出宽度 0.2s 的脉冲
PulseDO \PLength :=1.0, do2 ;       // do2 输出宽度 1s 的脉冲
PulseDO \High, do3 ;               // do3 输出 0.2s 脉冲,或保持 1 状态 0.2s
......
```

3. 输出设置

输出设置指令可用来控制 DO、AO 的输出状态, 可用于 DO 信号的成组输出 (GO 输出), 还可通过添加项定义延时、同步等控制参数。

指令中的程序数据 Value 或双精度数据 Dvalue 用来定义输出值, DO 设定值可为 0 或 1; AO、GO 指令可为数值数据 num 或双精度数值数据 dnum。

指令添加项\SDelay 用来定义输出延时, 单位为 s, 允许范围为 0.001~2000。系统在输出延时阶段, 可继续执行后续的其他指令, 延时到达后改变输出信号状态。如果在输出延时期间, 再次出现了同一输出信号的设置指令, 则前一指令被自动取消, 系统直接执行最后一条输出设置指令。

指令添加项\Sync 用于同步控制, 使用添加项\Sync 时, 系统执行输出设置指令时, 需要确认实际输出状态, 只有实际输出状态改变后, 才能继续执行下一指令; 如不使用添加项\Sync, 则系统不等待 DO 信号的实际输出状态改变。

输出设置指令的编程示例如下。

```
SetDO do1, 1 ;                      // 输出 do1 设定为 1
SetDO \SDelay := 0.5, do3, 1 ;      // 延时 0.5s 后,将 do3 设定为 1
SetDO \Sync ,do4, 0 ;              // 输出 do4 设定为 0,并确认实际状态
SetAO ao1, 5.5 ;                    // ao1 模拟量输出值设定为 5.5
SetGO go1, 12 ;                     // 输出组 go1 设定为 0…01100
SetGO\SDelay := 0.5, go2, 10 ;     // 延时 0.5s 后,输出组 go2 设定为 0…01010
......
```

三、I/O 等待指令与编程

1. 指令与功能

在 RAPID 程序中, DI/DO、AI/AO 或 GI/GO 组信号的状态可用来控制程序的执行过程, 使程序只有在指定的条件满足后, 才能继续执行下一指令; 否则, 进入暂停状态。I/O 等待指令名称、编程格式与示例如表 3.2-3 所示。

表 3.2-3　I/O 等待指令编程说明

名称		编程格式与示例	
DI 读入 等待	WaitDI	程序数据	Signal, Value
		数据添加项	\MaxTime, \TimeFlag

续表

名称	编程格式与示例		
DO 输出 等待	WaitDO	程序数据	Signal, Value
		数据添加项	\MaxTime, \TimeFlag
AI 读入 等待	WaitAI	程序数据	Signal, Value
		数据添加项	\LT | \GT, \MaxTime, \ValueAtTimeout
AO 输出 等待	WaitAO	程序数据	Signal, Value
		数据添加项	\LT | \GT, \MaxTime, \ValueAtTimeout
GI 读入 等待	WaitGI	程序数据	Signal, Value | Dvalue
		数据添加项	\NOTEQ | \LT | \GT, \MaxTime, \TimeFlag
GO 输出 等待	WaitGO	程序数据	Signal, Value | Dvalue
		数据添加项	\NOTEQ | \LT | \GT, \MaxTime, \ValueAtTimeout | \DvalueAtTimeout

2. DI/DO 等待

DI/DO 等待指令可通过系统对指定 DI/DO 点的状态检查，来决定程序是否继续执行；指令还可通过添加项\MaxTime、\TimeFlag 来规定最长等待时间、生成超时标志。

添加项\MaxTime 用来定义最长等待时间，单位为 s；添加项\TimeFlag 用来规定等待超时标志。不使用添加项\MaxTime 时，系统必须等到 DI/DO 条件满足后，才能继续执行后续指令。使用添加项\MaxTime 时，若在\MaxTime 规定的时间内未满足条件，则：如不使用添加项\TimeFlag，系统发出等待超时报警（ERR_WAIT_MAXTIME）并停止；如使用添加项\TimeFlag，系统将\TimeFlag 指定的等待超时标志置为"TRUE"，并继续执行后续指令。

DI/DO 等待指令的编程示例如下。

```
WaitDI di4, 1 ;                              // 等待 di4=1
WaitDI di4, 1\MaxTime:=2 ;                    // 等待 di4=1,2s 后报警停止
WaitDI di4, 1\MaxTime:=2\TimeFlag:= flag1 ;
                        // 等待 di4=1,2s 后 flag1 为 TRUE,并执行下一指令
```

3. AI/AO 等待

AI/AO 等待指令可通过系统对 AI/AO 的数值检查，来决定程序是否继续执行。如需要，指令还可通过添加项来增加判断条件、规定最长等待时间、保存超时瞬间当前值等。

指令添加项\LT 或\GT（小于或大于）用来规定判断条件，不使用添加项时，直接以等于判别值作为判断条件。添加项\MaxTime 用来规定最长等待时间，含义同 DI/DO 等待指令。添加项\ValueAtTimeout 用来规定当前值存储功能，当 AI/AO 在\MaxTime 规定时间内未满足条件时，超时瞬间的 AI/AO 当前值保存在\ValueAtTimeout 指定的程序数据中。

AI/AO 等待指令的编程示例如下。

```
WaitAI ai1, 5 ;                              // 等待 ai1=5
WaitAI ai1, \GT, 5 ;                         // 等待 ai1>5
WaitAI ai1, \LT, 5\MaxTime:=4 ;              // 等待 ai1<5,4s 后报警停止
WaitAI ai1, \LT, 5\MaxTime:=4\ValueAtTimeout:= reg1 ;
                        // 等待 ai1<5,4s 后报警停止,当前值保存至 reg1
```

4. GI/GO 等待

GI/GO 等待指令可通过系统对成组 DI/DO 信号 GI/GO 的状态检查,来决定程序是否继续执行。如需要，指令还可通过程序数据添加项来规定判断条件、规定最长等待时间、保存超时瞬

间当前值等。

添加项\NOTEQ、\LT、\GT（不等于、小于、大于）用来规定判断条件，不使用添加项时，以等于判别值作为判断条件。添加项\MaxTime 用来规定最长等待时间，含义同 DI/DO 等待指令。添加项\ValueAtTimeout 或\DvalueAtTimeout 用来存储当前值，当 GI/GO 信号在\MaxTime 规定时间内未满足条件时，超时瞬间的 GI/GO 信号状态将保存到添加项\ValueAtTimeout 或 \DvalueAtTimeout 指令的程序数据中。

GI/GO 等待指令的编程示例如下。

```
WaitGI gi1, 5 ;                                   // 等待 gi1=0…00101
WaitGI gi1, \NOTEQ, 0 ;                           // 等待 gi1 不为 0
WaitGI gi1, 5\MaxTime := 2 ;                      // 等待 gi1=0…00101,2s 后报警停止
WaitGI gi1, \GT, 0\MaxTime := 2 ;                 // 等待 gi1 大于 0,2s 后报警停止
WaitGO gi1, \GT, 0\MaxTime := 2\ValueAtTimeout := reg1 ;
                                                  // 等待 gi1 大于 0,2s 后报警停止,当前值保存至 reg1
```

实践指导

一、目标位置输出指令编程

为了减少程序指令、简化编程，RAPID 程序的 I/O 信号状态检测与输出，不仅可通过独立的 I/O 读写指令控制，而且可与机器人关节插补、直线插补、圆弧插补移动指令合并，实现机器人移动和 I/O 控制的同步。这一功能可用于点焊机器人的焊钳开合、电极加压、焊接启动、多点连续焊接，以及弧焊机器人的引弧、熄弧等诸多控制场合。

机器人关节插补、直线插补、圆弧插补轨迹上需要进行 I/O 控制的位置，称为 I/O 控制点或触发点（Trigger Point），简称控制点。在 RAPID 程序中，控制点不但可以是关节插补、直线插补、圆弧插补的目标位置，而且可以是插补轨迹上的指定位置。为了区分，一般将以目标位置为控制点的指令称为目标位置输出指令，它可用于 DO、GO、AO 的输出控制；将以插补轨迹指定位置作为控制点的指令称为轨迹控制点指令，它可用于 DO、GO、AO 信号输出及 DI/DO、AI/AO、GI/GO 的状态检查。

以关节插补、直线插补、圆弧插补目标位置作为 I/O 控制点时，DO、AO、GO 组信号将在移动指令执行完成、机器人到达插补目标位置时输出。对于图 3.2-2 所示 p1→p2→p3 连续移动轨迹，当 p1→p2 采用连续移动、目标点输出指令编程时，其 DO、AO、GO 信号将在拐角抛物线的中间点输出。

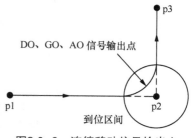

图3.2-2　连续移动信号输出点

目标位置输出指令的名称与编程格式及示例如表 3.2-4 所示。

表 3.2-4　目标位置输出指令编程说明

名称		编程格式与示例	
关节插补	MoveJDO MoveJAO MoveJGO	基本程序数据	ToPoint, Speed, Zone, Tool
		附加程序数据	Signal, Value（用于 MoveJDO、MoveJAO 指令）
		基本数据添加项	\ID, \T, \WObj, \TLoad
		附加数据添加项	\Value | \Dvalue（用于 MoveJGO 指令）

续表

名称		编程格式与示例	
直线插补	MoveLDO MoveLAO MoveLGO	基本程序数据	ToPoint, Speed, Zone, Tool
		附加程序数据	Signal, Value（用于 MoveLDO、MoveLAO 指令）
		基本数据添加项	\ID, \T, \WObj, \TLoad
		附加数据添加项	\Value ｜ \Dvalue（用于 MoveLGO 指令）
圆弧插补	MoveCDO MoveCAO MoveCGO	基本程序数据	CirPoint, ToPoint, Speed, Zone, Tool
		附加程序数据	Signal, Value（用于 MoveCDO、MoveCAO 指令）
		基本数据添加项	\ID, \T, \WObj, \TLoad
		附加数据添加项	\Value ｜ \Dvalue（用于 MoveCGO 指令）

移动目标点输出指令的编程示例如下。

```
MoveJDO p1, v1000, fine, tool2, do1, 1 ;          // 在终点 p1 输出 do1=1
MoveLAO p2, v1000, z30, tool2, ao1, 5.2 ;         // 在 p2 拐角中间点输出 ao1=5.2
MoveC p3, p4, v500, fine, tool2 ao1, 6;           // 在 p4 拐角中间点输出 ao1=6
MoveLAO p5, v1000, z30, tool2 ;                   // 连续移动指令
MoveJGO p6, v1000, z30, tool2, go1 \Value:=6 ; // 输出组 go1= 0…00110
……
```

二、轨迹控制点输出指令

1. 轨迹控制点设定

机器人关节插补、直线插补、圆弧插补轨迹上用来输出 DO、AO 或 GO 组信号的位置，称为轨迹控制点，它们需要通过 RAPID 控制点设定指令，在程序中定义。轨迹控制点有固定控制点和浮动控制点两类，其区别如图 3.2-3 所示。

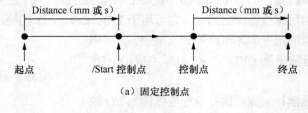

（a）固定控制点

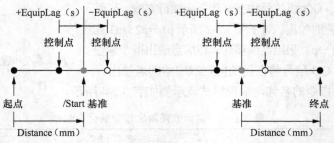

（b）浮动控制点

图3.2-3　轨迹控制点的定义

固定控制点是以移动指令终点或起点（\Start）为基准，通过移动距离或时间定义的控制点，如图 3.2-3（a）所示。浮动控制点是以轨迹上的指定位置为基准，可通过机器人移动时间

（EquipLag）偏移的控制点，如图 3.2-3（b）所示；由于轨迹位置只能通过理论计算得到，因此，这样的控制点存在一定的不确定性。

轨迹控制点设定指令的格式及添加项、程序数据含义如下。

```
TriggIO  TriggData, Distance [ \Start ] | [ \Time ] [ \DOp] | [\GOp] | [ \AOp ],
         SetValue | SetDvalue [ \DODelay ] ;
TriggEquip TriggData, Distance [ \Start ], EquipLag [ \DOp] | [\GOp] | [ \AOp ],
         SetValue | SetDvalue ;
```

TriggData：控制点名称。

Distance：以绝对距离（mm）或移动时间（s）形式定义的固定控制点位置或浮动控制点的基准位置。

\Start 或\Time：基准位置添加项。不使用添加项\Start 时，移动指令的终点为计算 Distance 的基准；使用添加项\Start 时，移动指令的起点为计算 Distance 的基准。添加项\Time 只能用于固定控制点设定指令，使用添加项/Time 时，Distance 以机器人移动时间的形式定义。

\DOp 或\GOp 或\AOp：需要输出的 DO、GO、AO 信号名称。使用该添加项后，可以在控制点上输出对应的信号。

SetValue 或 SetDvalue：DO、AO、GO 信号输出值。

\DODelay：DO、AO、GO 信号输出延时，单位为 s。

EquipLag：仅用于浮动控制点设定，控制点到基准点的机器人实际移动时间（s）。设定值为正时，控制点位于基准位置之前；为负时，控制点位于基准位置之后。

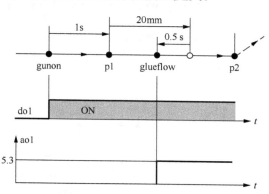

图3.2-4　轨迹控制点输出功能

轨迹控制点设定指令的编程示例如下，程序功能如图 3.2-4 所示。程序中的 TriggL 为轨迹控制点输出指令，其编程方法如下。

```
TriggIO gunon, 1\Time\DOp:=do1, 1 ;                // 设定固定控制点 gunon
TriggEquip glueflow, 20\Start, 0.5\AOp:=ao1, 5.3 ;// 设定浮动控制点 glueflow
……
TriggL p1, v500, gunon, fine, gun1 ;              // gunon 控制点输出 do1=1
TriggL p2, v500, glueflow, z50, tool1 ;           // glueflow 控制点输出 ao1=5.3
……
```

2. 轨迹控制点输出指令

需要在 TriggIO、TriggEquip 指令定义的轨迹控制点上，输出指定的 DO、AO 或 GO 信号时，机器人的关节插补、直线插补、圆弧插补应使用指令 TriggJ、TriggL、TriggC。指令常用的编程格式及程序数据要求如下。

```
TriggJ[\Conc]  ToPoint [\ID], Speed [\T], Trigg_1 [\T2] [\T3] [\T4] [\T5]
               [\T6] [\T7] [\T8], Zone [\Inpos], Tool [\WObj] [\TLoad] ;
TriggL[\Conc]  ToPoint [\ID], Speed [\T], Trigg_1 [\T2] [\T3] [\T4] [\T5]
               [\T6] [\T7] [\T8], Zone [\Inpos], Tool[\WObj] [\Corr] [\TLoad] ;
TriggC[\Conc]  CirPoint, ToPoint [\ID], Speed [\T], Trigg_1 [\T2] [\T3] [\T4]
               [\T5] [\T6] [\T7] [\T8], Zone[\Inpos], Tool [\WObj] [ \Corr ]
               [\TLoad] ;
```

指令中的 ToPoint [\ID]、CirPoint、Speed [\T]、Zone [\Inpos]、Tool [\WObj] [\TLoad]等为关节插补、直线插补、圆弧插补指令的基本程序数据与添加项，其含义及要求与指令 MoveJ、MoveL、MoveC 相同。其他添加项的作用与要求如下。

Trigg_1: 指令 TriggIO、TriggEquip 设定的第 1 轨迹控制点名称。

\T2～\T8: 第 2～第 8 轨迹控制点名称。当轨迹控制点以名称形式指定时，每一 TriggJ、TriggL、TriggC 指令的移动轨迹上，最多允许有 8 个控制点，第 2～第 8 轨迹控制点名称需要通过添加项\T2～\T8 指定。

TriggJ、TriggL、TriggC 指令的编程示例如下，程序功能如图 3.2-5 所示。

```
TriggIO gunon, 5\Start\DOp:=do1, 1 ;          // 设定轨迹控制点
TriggIO gunoff, 10\DOp:= do1, 0 ;
......
MoveJ p1, v500, z50, gun1 ;
TriggL p2, v500, gunon, fine, gun1 ;          // 控制点 gunon 输出 do1=1
TriggL p3, v500, gunoff, fine, gun1 ;         // 控制点 gunoff 输出 do1=0
MoveJ p4, v500, z50, gun1 ;
TriggL p5, v500, gunon\T2:= gunoff, fine, gun1 ;
                                              // 控制点 gunon、gunoff 同时有效
......
```

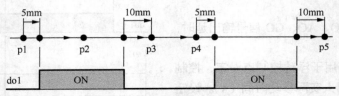

图3.2-5　轨迹控制点输出控制

RAPID 轨迹控制点输出功能也可通过指令 TriggJIOs、TriggLIOs 实现，此时，控制点需要通过程序数据定义。

技能训练

结合本任务的学习，完成以下练习。

一、不定项选择题

1. 以下对机器人输入/输出指令功能理解正确的是（　　　）。

    A. 控制机器人运动 　　　　　　　　　　B. 控制外部轴运动

    C. 控制辅助部件动作 　　　　　　　　　D. 控制工具定向运动

2. 以下对机器人 DI/DO 信号理解正确的是（　　　）。

    A. 开关量输入/输出信号 　　　　　　　　B. 模拟量输入/输出信号

    C. 状态可成组读入/输出 　　　　　　　　D. 以逻辑状态数据存储

3. 以下对 RAPID 状态读入编程概念理解正确的是（　　　）。

    A. 需要用函数命令编程 　　　　　　　　B. 可以读取 DI/DO 信号状态

    C. 可以读取 AI/AO 信号状态 　　　　　　D. DI/DO 信号状态可成组读取

4. 以下对 RAPID 开关量输出指令理解正确的是（   ）。

    A. 只能输出 ON/OFF 信号   B. 可以输出脉冲信号

    C. 可以进行输出取反操作   D. 可定义输出延时

5. 以下对"PulseDO \PLength :=1.0, do2"指令理解正确的是（   ）。

    A. 为脉冲输出指令   B. 脉冲宽度为 1s

    C. 脉冲输出区的状态肯定为 1   D. 脉冲输出区的状态肯定为 0

6. 以下对"PulseDO \High, do2"指令理解正确的是（   ）。

    A. 为脉冲输出指令   B. 脉冲宽度为 0.2s

    C. 脉冲输出区的状态肯定为 1   D. 脉冲输出区的状态肯定为 0

7. 如果要使得 do1 的输出状态为 ON，可使用的指令是（   ）。

    A. Set do2   B. SetDO do1, 1   C. Reset do2   D. SetDO do1, 0

8. 以下能在原来 OFF 的 do1 上，输出一个宽度为 0.2s 的正脉冲的指令是（   ）。

    A. PulseDO, do1   B. SetDO do1, 1

    C. PulseDO\PLength :=0.2, do1   D. SetDO\SDelay := 0.2, do1, 1

9. 以下对"WaitDI di4, 1\MaxTime:=2"指令理解正确的是（   ）。

    A. 2s 内 di4 输入 ON 时，程序暂停   B. 2s 内 di4 输入 ON 时，程序继续

    C. 2s 内 di4 输入 OFF 时，程序继续   D. 2s 内 di4 输入 OFF 时，系统报警

10. 以下对"WaitDI di4, 1\MaxTime:=2\TimeFlag:= flag1"指令理解正确的是（   ）。

    A. 2s 内 di4 输入 ON 时，程序暂停   B. 2s 内 di4 输入 ON 时，程序继续

    C. 2s 内 di4 输入 OFF 时，程序继续   D. 2s 内 di4 输入 OFF 时，系统报警

11. 以下对"WaitAI ai1, \LT, 5\MaxTime:=4"指令理解正确的是（   ）。

    A. 5s 内 ai1 < 5，程序暂停   B. 5s 内 ai1 < 5，程序继续

    C. 5s 内 ai1 ≥ 5，程序继续   D. 5s 内 ai1 ≥ 5，系统报警

12. 以下对"MoveJDO p1, v1000, fine, tool2, do1, 1"指令理解正确的是（   ）。

    A. 机器人进行关节插补运动   B. 在起点输出 do1=1 信号

    C. 在起点输出 do1=0 信号   D. 在终点输出 do1=1 信号

13. 以下对 DO 信号输出控制点设定理解正确的是（   ）。

    A. 只能是移动指令的终点   B. 可在任意位置设定

    C. 控制点必须在移动轨迹上   D. 每一指令只能有一个控制点

14. 以下对"TriggIO gunon, 10\Time\DOp:=do1, 1"指令理解正确的是（   ）。

    A. 固定控制点设定指令   B. 浮动控制点设定指令

    C. 控制点距离终点 10mm   D. 控制点到终点移动时间为 10s

15. 以下对"TriggEquip glueflow, 20\Start, 0.5\AOp:=ao1, 5.3"指令理解正确的是（   ）。

    A. 固定控制点设定指令   B. 浮动控制点设定指令

    C. 控制点离终点 20mm 以内   D. 控制点离起点 20mm 以上

二、编程练习题

假设搬运机器人在工件抓取点 p2、安放点 p4 的抓手松开信号 do1 控制要求如图 3.2-6 所示，试设定输出控制点，并利用控制点输出指令，编制实现图 3.2-6 所示动作的机器人直线插补移动

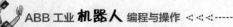

程序段。

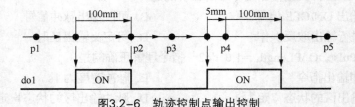

图3.2-6 轨迹控制点输出控制

•••• 任务 3 程序控制指令编程 ••••

知识目标

1. 掌握 RAPID 程序等待指令的编程方法。
2. 掌握 RAPID 程序停止指令的编程方法。
3. 掌握 RAPID 程序转移指令的编程方法。
4. 熟悉 RAPID 中断监控、I/O 中断设定指令的编程格式与要求。
5. 了解定时中断、控制点中断指令的编程要求。

能力目标

1. 能熟练运用程序等待、停止指令编程。
2. 能熟练编制跳转程序。
3. 能编制 I/O 中断程序。
4. 知道定时中断、控制点中断指令的作用。

基础学习

一、程序等待指令编程

1. 指令与功能

在通常情况下，当工业机器人选择程序自动运行模式时，控制系统将自动、连续执行程序指令。但是，为了协调机器人系统各部分的动作，程序中的某些指令可能需要一定的执行条件，这时，就需要通过程序等待指令暂停程序的执行过程，以等待条件满足后，继续执行后续指令。

RAPID 程序等待的方式较多，本项目任务 2 中的 I/O 等待指令就是其中之一；此外，通过延时、到位检测、逻辑状态检测等方式来暂停程序运行，也是作业程序常用的程序等待方式，其指令名称、编程格式与示例如表 3.3-1 所示。

表 3.3-1 程序等待指令编程说明

名称	编程格式与示例		
定时等待	WaitTime	程序数据	Time
		指令添加项	\InPos
	编程示例	WaitTime \InPos, 0 ;	

续表

名称		编程格式与示例	
移动到位等待	WaitRob	程序数据	—
		指令添加项	\InPos	\ZeroSpeed
	编程示例	WaitRob \ZeroSpeed ;	
逻辑状态等待	WaitUntil	程序数据	Cond
		指令添加项	\InPos
		数据添加项	\MaxTime，\TimeFlag，\PollRate
	编程示例	WaitUntil di4 = 1 \MaxTime:=5.5 ;	

2. 定时等待

定时等待指令 WaitTime 是直接规定暂停时间、暂停程序执行的常用指令。在暂停时间内，系统将停止程序的执行；暂停时间到达后，程序继续执行后续指令。

指令 WaitTime 的暂停计时可通过两种方式启动：不使用添加项\InPos 时，只要执行 WaitTime 指令就立即启动计时器，开始暂停计时；使用添加项\InPos 时，系统需要确认机器人、外部轴的到位检测条件，确认运动到位后才启动计时器，进行暂停计时。编程示例如下。

```
SetDO do1, 1 ;
WaitTime 1 ;                              // 暂停 1s
MoveJ p1, v1000, z30, tool1 ;
WaitTime \InPos, 0.5;                     // 确认机器人到位后,暂停 0.5s
......
```

3. 移动到位等待

移动到位等待指令 WaitRob 用于机器人、外部轴移动指令的准确到位控制，它可通过控制系统对机器人、外部轴的到位检测，来保证机器人、外部轴准确到达移动目标位置。

指令添加项\InPos 或\ZeroSpeed 为到位检测条件，两者只能选择其一。使用添加项\InPos 时，系统直接以机器人、外部轴的移动到位检测条件，作为程序暂停的结束条件；使用添加项\ZeroSpeed 时，控制系统将以机器人、外部轴移动速度为 0 的点，作为程序暂停的结束条件。编程示例如下。

```
MoveJ p1, v1000, fine\Inpos:=inpos20, tool1 ;
WaitRob \InPos ;                          // 等待 MoveJ 的目标位置
MoveJ p2, v1000, fine, tool1 ;
WaitRob \ZeroSpeed ;                      // 等待移动速度为 0
......
```

4. 逻辑状态等待

逻辑状态等待指令 WaitUntil 可通过程序指定的逻辑条件，来控制程序的执行过程，其性质与 I/O 等待指令类似，但指令中的判断条件 Cond 为逻辑表达式。指令的添加项\InPos，用来附加移动到位检测条件。

指令添加项\MaxTime、\TimeFlag，用来规定程序暂停的最大时间及超时处理方式。\MaxTime、\TimeFlag 同时指定时，如逻辑条件在\MaxTime 规定的时间内未满足，则控制系统将\TimeFlag 指定的等待超时标志置为"TRUE"状态，然后，继续执行后续指令；仅指定添加项\MaxTime 时，如逻辑条件在\MaxTime 规定的时间内未满足，则系统将发生等待超时报警（ERR_WAIT_MAXTIME）并停止程序运行。添加项\PollRate 用来规定逻辑判断条件的检查周期（单位为 s），不使用此添加项时，系统默认的检查周期为 0.1 s。编程示例如下。

```
WaitUntil \Inpos, di4 = 1 ;                    // 等待到位检测及 di4 信号 ON
WaitUntil di1=1 AND di2=1 \MaxTime:=5 ;        // 等待 di1、di2 信号 ON,5s 后报警
WaitUntil di1=1 \MaxTime:= 5 \TimeFlag:= tmout ;
                             // 等待 di1 信号 ON,5s 后 tmout 为 TRUE,并执行下一指令
```

二、程序停止指令编程

1. 指令与功能

RAPID 程序停止指令可用来停止程序的自动运行，指令包括程序停止、退出、移动停止等，常用指令的名称及编程格式与示例如表 3.3-2 所示。程序一旦停止，系统就不能再进行程序数据的处理，因此，程序停止指令均无程序数据，但部分指令可通过添加项指定附加控制条件。

表 3.3-2　程序停止指令编程说明

类别与名称		编程格式与示例		
停止	程序终止	Break	指令添加项	—
		编程示例	Break ;	
	程序停止	Stop	指令添加项	\NoRegain | \AllMoveTasks
		编程示例	Stop \NoRegain ;	
退出	退出程序	Exit	指令添加项	—
		编程示例	Exit ;	
	退出循环	ExitCycle	指令添加项	—
		编程示例	ExitCycle ;	
移动停止	移动暂停	StopMove	指令添加项	\Quick, \AllMotionTasks
		编程示例	StopMove ;	
	恢复移动	StartMove	指令添加项	\AllMotionTasks
		编程示例	StartMove ;	
	移动结束	StopMoveReset	指令添加项	\AllMotionTasks
		编程示例	StopMoveReset ;	

2. 程序停止

程序停止的作用与程序等待类似，它同样可保留所有执行信息并继续执行后续指令；但是，程序停止不能像程序等待那样由系统自动启动，它必须通过操作者操作"程序启动"按钮，才能重新启动并继续后续指令。

RAPID 程序停止可选择终止（Break）、停止（Stop）两种方式。执行程序终止指令 Break，将立即停止机器人、外部轴的移动，结束程序的自动运行。执行程序停止指令 Stop，则需要完成当前的移动指令，待机器人、外部轴完全停止后，才能结束程序的自动运行。

程序停止自动运行后，如需要，操作者也可对机器人、外部轴进行手动操作与调整。在这种情况下，为了防止机器人因手动操作引起停止位置偏移，导致程序重新启动时的干涉与碰撞，系统在重启程序时，需要检查与确认机器人、外部轴的停止位置。如机器人、外部轴已偏离了程序停止时的位置，则系统将暂停程序启动并显示操作信息，由操作者决定是否直接重启，或者，需要将机器人、外部轴手动移动到程序停止位置后重启。

指令 Stop 可通过添加项\NoRegain 撤销程序重启时的机器人、外部轴停止点检查功能。指定添加项\NoRegain 时，控制系统将不再检查机器人、外部轴的重启位置，而直接执行后续的指令。

程序终止指令 Break、停止指令 Stop 的编程示例如下。

```
MoveJ p0, v1000, z30, tool1 ;
Break ;                          // 程序终止,机器人立即停止
MoveJ p1, v1000, fine, tool1 ;
Stop ;                           // 定位完成停止,程序重启时检查停止位置
......
```

3. 程序退出

程序退出不但可结束作业程序的自动运行，而且将退出程序的循环执行模式。程序一旦退出，机器人、外部轴的移动立即停止，并清除所有程序执行信息，操作者无法再通过 "程序启动" 按钮重启程序，继续后续指令。

RAPID 退出程序可选择程序退出 Exit、循环退出 ExitCycle 两种方式。利用指令 Exit 退出程序时，系统将不但退出作业程序，而且退出主程序；程序重启时，必须重新选择主程序，并从主程序的起始位置重新开始。利用指令 ExitCycle 退出程序时，系统将退出作业程序，但不退出主程序，因此，程序变量、永久数据、运动设置、程序文件、中断设定等主程序的数据不受影响，操作者可通过 "程序启动" 按钮重启主程序。

程序退出指令 Exit、退出循环指令 ExitCycle 的编程示例如下。

```
IF di0 = 0 THEN
  Exit ;                         // 退出程序
ELSE
  ExitCycle ;                    // 退出循环
```

4. 移动停止

移动停止指令仅用于机器人、外部轴运动的停止，后续的非移动指令可继续执行，直至出现下一移动指令。

RAPID 移动停止可选择移动暂停 StopMove、移动结束 StopMoveReset 两种方式。利用移动暂停指令 StopMove，可暂停机器人、外部轴的当前运动，继续执行后续非移动指令。当前运动所剩余的行程，可通过移动恢复指令 StartMove 重新启动，继续执行。指令添加项\Quick 用于停止方式的选择，使用/Quick 添加项时，机器人、外部轴将以动力制动的方式迅速停止，否则，以正常的减速停止方式停止。利用移动结束指令 StopMoveReset，不仅可暂停机器人、外部轴的当前运动，而且还将清除当前运动所剩余的行程；移动恢复后，系统将直接执行下一移动指令。

移动暂停指令 StopMove、移动结束指令 StopMoveReset 的编程示例如下。

```
IF di0 = 1 THEN
  StopMove ;                     // 移动暂停
  WaitDI di1, 1 ;
  StartMove ;                    // 移动恢复
ELSE
  StopMoveReset ;                // 移动结束
ENDIF
```

三、程序转移指令编程

1. 指令与功能

程序转移指令可用来实现程序的跳转功能，指令包括程序内部跳转、条件跳转和跨程序跳

转（子程序调用）两类。作业程序内部跳转及特殊的子程序变量调用指令名称、编程格式与示例如表 3.3-3 所示。

表 3.3-3　程序转移指令编程说明

名称	编程格式与示例		
程序跳转	GOTO	程序数据	Label
	编程示例	GOTO ready ;	
条件跳转	IF—GOTO	程序数据	Condition, Label
	编程示例	IF reg1 > 5 GOTO next ;	
子程序的变量调用	CallByVar	程序数据	Name, Number
	编程示例	CallByVar "proc", reg1 ;	

2. 程序跳转

跳转指令 GOTO 可直接将程序执行指针转移至目标位置，继续执行程序。在 RAPID 程序中，跳转目标 label 以"字符串："的形式表示，并需要单独占一指令行；跳转目标既可位于 GOTO 指令之后（向下跳转），也可位于 GOTO 指令之前（向上跳转）。如果需要，GOTO 指令还可结合 IF、TEST、FOR、WHILE 等条件判断指令一起使用，以实现程序的条件跳转及分支等功能。

利用指令 GOTO 及 IF 实现程序跳转、重复执行、分支转移的编程示例如下。

```
GOTO next1 ;                              // 跳转至 next1 处继续（向下）
……                                       // 被跳过的指令
next1:                                    // 跳转目标
……
! ************************************
reg1 := 1 ;
next2:                                    // 跳转目标
……                                       // 重复执行 4 次
reg1 := reg1 + 1 ;
IF reg1<5 GOTO next2 ;                    // 条件跳转，至 next2 处重复
! ************************************
IF reg1>100 THEN
  GOTO next3 ;                            // 如 reg1>100 跳转至 next3 分支
ELSE
  GOTO next4 ;                            // 如 reg1≤100 跳转至 next4 分支
ENDIF
next3:
  ……                                     // next3 分支，reg1>100 时执行
  GOTO ready ;                            // 分支结束
next4:
  ……                                     // next4 分支，reg1≤100 时执行
  ready:                                  // 分支合并
  ……
```

3. 子程序的变量调用

变量调用指令 CallByVar 可用于名称为"字符串 + 数字"的无程序参数普通子程序（PROC）调用，指令可用变量替代数字，已达到调用不同子程序的目的。例如，对于名称为 proc1、proc2、proc3 的普通子程序，程序名由字符串 proc 及数字 1~3 组成，此时，可用数值数据（num）变量替代数字 1~3，这样，便可通过改变变量值来有选择地调用 proc1、proc2、proc3。

指令 CallByVar 的编程格式及程序数据要求如下。

```
CallByVar Name, Number ;
```

Name：子程序名称的字符串部分，数据类型为 string。

Number：子程序名称的数字部分，数据类型为 num，正整数。

利用变量调用指令 CallByVar 调用普通子程序的程序示例如下，当 reg1 值为 1、2 或 3 时，指令"CallByVar "proc", reg1"，可分别调用子程序 proc1、proc2、proc3。

```
VAR num cont_1:=0 ;                          // 变量定义
……
reg1:=cont_1+1
CallByVar "proc", reg1 ;                      // 子程序变量调用
……
```

<hr>

实践指导

<hr>

一、中断监控指令编程

1. 指令与功能

中断是系统对异常情况的处理，中断功能一旦使能（启用），只要中断条件满足，系统就立即终止现行程序的执行，直接转入中断程序 TRAP，而无须进行其他编程。

RAPID 中断指令总体可分为中断监控和中断设定两类。中断监控指令包括中断连接、中断使能/禁止、中断删除、中断启用/停用等；中断设定指令用来定义中断条件。

中断监控指令是程序中断的前提条件，它们通常在一次性执行的主程序、初始化子程序中编程。RAPID 中断监控指令的名称、编程格式与示例如表 3.3-4 所示。

表 3.3-4 中断监控指令编程说明

名称	编程格式与示例		
中断连接	CONNECT—WITH	程序数据	Interrupt, Trap_routine
中断删除	IDelete	程序数据	Interrupt
中断使能	IEnable	程序数据	—
中断禁止	IDisable	程序数据	—
中断停用	ISleep	程序数据	Interrupt
中断启用	IWatch	程序数据	Interrupt

2. 中断的连接与删除

中断连接指令 CONNECT—WITH，用来建立中断条件（名称）Interrupt 和中断程序 Trap_routine 的连接。每一个中断条件只能连接一个中断程序，但不同的中断条件允许连接同一中断程序。指令 IDelete 可删除中断连接。编程示例如下。

```
PROC main ()                                 // 主程序
  ……
  CONNECT P_WorkStop WITH WorkStop ;          // 中断连接
  ISignalDI di0, 0, P_WorkStop ;              // 中断设定
  ……
  IDelete P_WorkStop ;                        // 中断删除
ENDPROC
```

3. 中断禁止与使能

中断连接一旦建立，中断功能将自动生效，此时，只要中断条件满足，系统便立即终止现行程序，而转入中断程序的处理。因此，对于某些不允许中断的指令，就需要通过中断禁止指令，来暂时禁止中断。

指令 IDisable 用于中断禁止，指令 IEnable 用于中断的重新使能。中断禁止、使能指令对于所有中断均有效，如只需要禁止特定的中断，则应使用下述的中断停用/启用指令。

中断禁止、使能指令的编程示例如下。

```
IDisable ;                              // 禁止中断
FOR i FROM 1 TO 100 DO                   // 不允许中断的指令
  character[i]:=ReadBin(sensor) ;
ENDFOR
IEnable ;                                // 使能中断
```

4. 中断停用与启用

中断停用指令 ISleep 可用来禁止特定的中断而不影响其他中断；被停用的中断，可通过中断启用指令 IWatch，重新启用。编程示例如下。

```
ISleep sig1int ;                        // 停用中断 sig1int
weldpart1 ;                             // 调用子程序 weldpart1,中断无效
IWatch sig1int ;                        // 启用中断 sig1int
weldpart2 ;                             // 调用子程序 weldpart2,中断有效
```

二、I/O 中断指令编程

1. 指令与功能

I/O 中断是以控制系统的 DI/DO、AI/AO、GI/GO 的状态作为中断条件，控制程序中断的功能，它在作业程序中使用最广。

作业程序的 I/O 中断包括任意位置中断和 I/O 控制点中断两类。任意位置中断与程序指令无关，只要 I/O 信号的状态满足中断条件，控制系统便可立即终止现行程序，而转入中断程序的处理。I/O 控制点中断需要结合 I/O 控制插补指令 TriggJ/TriggL/TriggC 使用，它只能在机器人关节插补、直线插补、圆弧插补轨迹的控制点实现中断。

任意位置 I/O 中断设定指令名称、编程格式与示例如表 3.3-5 所示。

表 3.3-5　任意位置 I/O 中断设定指令编程说明

名称	编程格式与示例		
DI/DO 中断设定	ISignalDI ISignalDO	程序数据	Signal, TriggValue, Interrupt
		指令添加项	\Single	\SingleSafe
		数据添加项	—
	编程示例	ISignalDI di1, 1, sig1int ; ISignalDO\Single, do1, 1, sig1int ;	
GI/GO 中断设定	ISignalGI ISignalGO	程序数据	Signal, Interrupt
		指令添加项	\Single	\SingleSafe
		数据添加项	—
	编程示例	ISignalGI gi1, sig1int ; ISignalGO go1, sig1int ;	

续表

名称		编程格式与示例	
AI/AO 中断设定	ISignalAI/ ISignalAO	程序数据	Signal, Condition, HighValue, LowValue, DeltaValue, Interrupt
		指令添加项	\Single | \SingleSafe
		数据添加项	\Dpos | \DNeg
	编程示例	ISignalAI ai1, AIO_OUTSIDE, 1.5, 0.5, 0.1, sig1int ; ISignalAO ao1, AIO_OUTSIDE, 1.5, 0.5, 0.1, sig1int ;	

2. DI/DO、GI/GO 中断

DI/DO 中断可在 DI/DO 信号满足指定条件时，终止现行程序的执行，直接转入中断程序，指令的编程格式、添加项及程序数据含义如下。

```
ISignalDI [ \Single,] | [ \SingleSafe,] Signal, TriggValue, Interrupt ;
ISignalDO [ \Single, ] | [ \SingleSafe, ] Signal, TriggValue, Interrupt ;
```

\Single 或\SingleSafe：一次性中断或一次性安全中断选择。指定添加项\Single 为一次性中断，系统仅在 DI 信号第一次满足条件时启动中断；指定添加项\SingleSafe 为一次性安全中断，它同样只在 DI 信号第一次满足条件时启动中断，而且，如系统处于程序暂停状态，则中断将进入"列队等候"，只有在程序再次启动时，才执行中断功能。不使用添加项时，只要 DI 信号满足指定条件，便立即启动中断。

Signal：中断信号名称。

TriggValue：信号检测条件。0 或 low 为下降沿中断；1 或 high 为上升沿中断；2 或 edge 为边沿中断，上升/下降沿同时有效；状态固定为 0 或 1 的信号，不能产生中断。

Interrupt：中断条件（名称）。

DI/DO 中断设定指令的编程示例如下。

```
CONNECT siglint WITH iroutine1 ;          // 中断连接
ISignalDI di1, 0, di_int ;                // 中断设定,di1 的下降沿启动中断 di_int
```

使用 GI/GO 中断时，只要 GI/GO 组中的任一 DI/DO 信号发生改变，便可启动中断。指令的编程格式如下，添加项及程序数据含义、编程方法与 DI/DO 中断相同。

```
ISignalGI [ \Single,] | [ \SingleSafe,] Signal, Interrupt ;
ISignalGO [ \Single,] | [ \SingleSafe, ] Signal, Interrupt ;
```

3. AI/AO 中断

AI/AO 中断可在 AI/AO 信号满足指定检测条件时启动。指令的编程格式、添加项及程序数据含义如下。

```
ISignalAI [\Single,] | [\SingleSafe,] Signal, Condition, HighValue, LowValue,
          DeltaValue [\DPos] | [\DNeg], Interrupt ;
ISignalAO [\Single,] | [\SingleSafe,] Signal, Condition, HighValue, LowValue,
          DeltaValue [\DPos] | [\DNeg], Interrupt ;
```

\Single 或\SingleSafe：一次性中断或一次性安全中断选择，含义同 DI/DO 中断。

Signal：中断信号名称。

Condition：以字符串形式定义的中断检测条件，含义如表 3.3-6 所示。

HighValue、LowValue：AI/AO 中断检测范围（上、下限），设定值 HighValue 必须大于 LowValue，模拟量不在检测范围时，AI/AO 中断无效。

DeltaValue：AI/AO 最小变化量，只能为 0 或正值。与上次发生中断的实际值（基准值）比

较, AI/AO 变化量必须大于本设定值, 才能更新测试值并产生新的中断。

表3.3-6　中断检测条件设定值及含义

设定值	含义
AIO_ABOVE_HIGH	AI/AO 实际值＞HighValue 时中断
AIO_BELOW_HIGH	AI/AO 实际值＜HighValue 时中断
AIO_ABOVE_LOW	AI/AO 实际值＞LowValue 时中断
AIO_BELOW_LOW	AI/AO 实际值＜LowValue 时中断
AIO_BETWEEN	HighValue≥AI/AO 实际值≥LowValue 时中断
AIO_OUTSIDE	AI/AO 实际值＜LowValue 及 AI/AO 实际值＞HighValue 时中断
AIO_ALWAYS	只要存在 AI/AO 即中断

\DPos 或\DNeg: AI/AO 极性选择。指定\DPos 时, 仅 AI/AO 值增加时产生中断; 指定\DNeg 时, 仅 AI/AO 值减少时产生中断; 如不指定\DPos 及\DNeg, 则无论 AI/AO 值增、减均可以产生中断。

Interrupt: 中断条件（名称）。

例如, 当模拟量 ai1 实际值变化、检测点设定如图 3.3-1 所示时, 对于中断设定指令"ISignalAI ai1, AIO_BETWEEN, 6.1, 2.2, 1.2, sig1int", 可产生的 AI 中断如表 3.3-7 所示。

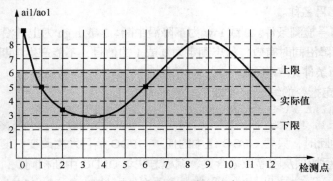

图3.3-1　模拟量ai1实际值变化

表3.3-7　AI 中断检测条件判断及中断发生表

测试点	实际值	基准值	AI 变化量	AI 中断
1	6.1≥ai1≥2.2	测试点0	＞1.2	产生
2	6.1≥ai1≥2.2	测试点1	＞1.2	产生
3~5	6.1≥ai1≥2.2	测试点2	＜1.2	不产生
6	6.1≥ai1≥2.2	测试点2	＞1.2	产生
7~10	ai1≥6.1, 不在范围	—	—	中断无效
11	6.1≥ai1≥2.2	测试点6	＜1.2	不产生

三、其他中断指令编程

1. 定时中断

定时中断可在指定的时间点上启动中断程序, 因此, 它可用来定时启动诸如控制系统 I/O

信号状态检测等程序，以定时监控外部设备的运行状态。定时中断设定指令的编程格式及要求如下。

```
ITimer [ \Single,] | [ \SingleSafe,] Time, Interrupt ;
```

\Single 或\SingleSafe：一次性中断或一次性安全中断选择，数据类型为 switch。添加项的含义与 DI/DO 中断设定指令 ISignalDI / ISignalDO 相同。

Time：定时值，数据类型为 num，单位为 s。不使用添加项\Single、\SingleSafe 时，控制系统将以设定的时间间隔，周期性地重复执行中断程序；可设定的最小定时值为 0.1s。使用添加项\Single 或\SingleSafe 时，控制系统仅在指定延时到达时，执行一次中断程序；可设定的最小定时值为 0.01s。

Interrupt：中断名称（中断条件），数据类型为 intnum。

定时中断设定指令的编程示例如下。

```
PROC main ()                          // 主程序
    ……
    CONNECT timeint WITH iroutine1 ;  // 连接中断
    ITimer \Single, 60, timeint ;     // 60s 后启动中断程序 1 次
    ……
    IDelete timeint ;                 // 删除中断
```

2. 控制点中断指令

作业程序中断可在机器人的任意位置实现，也可在机器人插补轨迹的控制点处实现。使用控制点中断功能时，机器人的关节插补、直线插补、圆弧插补需要采用 I/O 控制插补指令 TriggJ、TriggL、TriggC 编程，有关 I/O 控制插补指令的编程要求可参见本项目任务 2。

控制点中断方式有无条件中断、I/O 中断两种。无条件中断可在指定的控制点上，无条件停止机器人运动，结束当前程序并转入中断程序；I/O 中断可通过对控制点的 I/O 状态判别，决定是否中断。

控制点中断的控制点需要通过中断控制点设定指令定义，控制点数据以 triggdata 数据的形式保存。控制点的中断连接、中断使能、中断禁止、中断删除、中断启用、中断停用等指令，均与其他中断相同。

控制点中断的优先级高于控制点输出，如控制点同时被定义成中断点与输出控制点，则控制系统将优先执行中断功能。

控制点中断设定指令的名称、编程格式与示例如表 3.3-8 所示。

表 3.3-8 控制点中断指令编程说明

名称		编程格式与示例	
控制点中断设定	TriggInt	程序数据	TriggData, Distance, Interrupt
		指令添加项	—
		数据添加项	\Start | \Time
	编程示例	TriggInt trigg1, 5, intno1;	
控制点 I/O 中断设定	TriggCheckIO	程序数据	TriggData, Distance, Signal, Relation, CheckValue | CheckDvalue, Interrupt
		指令添加项	—
		数据添加项	\Start | \Time, \StopMove
	编程示例	TriggCheckIO checkgrip, 100, airok, EQ, 1, intno1 ;	

① 控制点中断设定指令。控制点中断设定指令 TriggInt，用于机器人插补轨迹控制点的无条件中断功能设定。控制点中断一旦被设定与连接，机器人执行 I/O 控制插补指令 TriggJ、TriggL、TriggC 时，只要到达控制点，控制系统便可无条件终止现行程序而转入中断程序。

控制点中断设定指令 TriggInt 的编程格式及要求如下。

```
TriggInt TriggData, Distance [\Start] | [\Time], Interrupt ;
```

程序数据 TriggData、Distance 及添加项\Start 或\Time，用来设定控制点的位置，其含义与输出控制点设定指令 TriggIO、TriggEquip 相同，有关内容可参见本项目任务 2。程序数据 Interrupt 用来定义中断条件（名称），其数据类型为 intnum；在中断连接指令中，它用来连接中断程序。

控制点中断设定指令 TriggInt 的编程示例如下。

```
PROC main()
......
CONNECT intno_1 WITH trap_1 ;              // 中断程序连接
TriggInt trigg_1, 5, intno_1 ;             // 中断设定
......
TriggJ p1, v500, trigg_1, z50, gun1 ;      // 控制点中断
MoveL p2, v500 , z50, gun1 ;
TriggL p3, v500, trigg_1, z50, gun1 ;      // 控制点中断
......
IDelete intno1 ;                           // 删除中断
```

以上程序所定义的控制点中断条件（名称）为 intno_1；控制点数据名为 trigg_1；中断程序名为 TRAP trap_1；TriggInt 指令所设定的控制点在距离终点 5mm 的位置。因此，执行后续移动指令可实现的中断控制功能如图 3.3-2 所示。

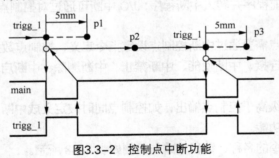

图3.3-2　控制点中断功能

② 控制点 I/O 中断设定指令。控制点 I/O 中断可在插补轨迹的控制点上，通过对指定 I/O 信号的状态检查和判别，决定是否中断；控制点的位置需要通过指令 TriggCheckIO 定义。控制点 I/O 中断一旦被设定与连接，机器人执行 I/O 控制插补指令 TriggJ、TriggL、TriggC 到达控制点时，如 I/O 中断条件满足，便可终止现行程序并转入中断程序。

控制点 I/O 中断设定指令 TriggCheckIO 的编程格式及要求如下。

```
TriggCheckIO TriggData, Distance [\Start] | [\Time], Signal, Relation,
             CheckValue |CheckDvalue [\StopMove], Interrupt ;
```

指令中的部分程序数据及添加项的含义、编程要求如下。

Signal：I/O 中断信号名称，DI/DO、AI/AO、GI/GO 所对应的数据类型分别为 signaldi/signaldo、signalai/signalao、signalgi/signalgo 或 string。

Relation：文字型比较符，数据类型为 opnum。

CheckValue 或 CheckDvalue：比较基准值，数据类型为 num 或 dnum。

\StopMove：运动停止选项，数据类型为 switch。增加本选项，可在调用中断程序前立即停止机器人运动。

Interrupt：中断条件（名称），数据类型为 intnum。

控制点 I/O 中断设定指令的编程示例如下，程序的中断功能如图 3.3-3 所示。

```
PROC main()
......
CONNECT gateclosed WITH waitgate ;                  // 中断程序连接
TriggCheckIO checkgate, 5, di1, EQ, 1\StopMove, gateclosed ; //I/O 中断设定
......
TriggJ p1, v600, checkgate, z50, grip1 ;            // 中断控制
TriggL p2, v500, checkgate, z50, grip1 ;            // 中断控制
......
IDelete gateclosed ;                                // 删除中断
```

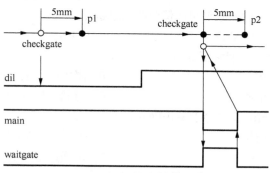

图3.3-3 控制点I/O中断功能

在以上程序所定义的控制点中断条件为 gateclosed，控制点数据名为 checkgate，中断程序名为 TRAP waitgate；TriggCheckIO 指令所设定的控制点在距离终点 5mm 的位置，监控的 I/O 信号名为 di1，监控状态为 di1=1。

技能训练

结合本任务的学习，完成以下练习。

一、不定项选择题

1. 以下对 WaitTime 指令功能理解正确的是（　　）。
   A. 可直接指定暂停时间　　　　　　　　B. 可增加到位检测条件
   C. 可增加速度检测条件　　　　　　　　D. 必须为独立的指令行

2. 以下对 WaitRob 指令理解正确的是（　　）。
   A. 可规定最大等待时间　　　　　　　　B. 可增加到位检测条件
   C. 可增加速度检测条件　　　　　　　　D. 可同时指定到位、速度检测条件

3. 以下对 WaitUntil 指令理解正确的是（　　）。
   A. 可使用逻辑表达式　　　　　　　　　B. 可增加到位检测条件

C. 可规定最大等待时间　　　　　　　　　D. 等待超时系统必然报警

4. 以下对 Break 指令理解正确的是（　　　　）。

    A. 机器人运动立即停止　　　　　　　　　B. 程序执行信息可保留

    C. 机器人剩余行程保留　　　　　　　　　D. 重启位置检查功能可撤销

5. 以下对 Stop 指令理解正确的是（　　　　）。

    A. 机器人运动立即停止　　　　　　　　　B. 程序执行信息可保留

    C. 机器人剩余行程保留　　　　　　　　　D. 重启位置检查功能可撤销

6. 以下对 Exit 指令理解正确的是（　　　　）。

    A. 机器人运动立即停止　　　　　　　　　B. 程序执行信息可保留

    C. 直接退出主程序　　　　　　　　　　　D. 可以重启主程序

7. 以下对 ExitCycle 指令理解正确的是（　　　　）。

    A. 机器人运动立即停止　　　　　　　　　B. 程序执行信息可保留

    C. 直接退出主程序　　　　　　　　　　　D. 可以重启主程序

8. 执行 ExitCycle 指令后，系统可以保留的信息是（　　　　）。

    A. 剩余行程　　　　　B. VAR　　　　　　C. PERS　　　　　　D. 中断设定

9. 以下对 StopMove 指令理解正确的是（　　　　）。

    A. 机器人移动暂停　　　　　　　　　　　B. 停止执行全部程序指令

    C. 剩余行程自动清除　　　　　　　　　　D. 可通过指令 StartMove 恢复移动

10. 以下对 StopMoveReset 指令理解正确的是（　　　　）。

    A. 机器人移动暂停　　　　　　　　　　　B. 停止执行全部程序指令

    C. 剩余行程自动清除　　　　　　　　　　D. 可通过指令 StartMove 恢复移动

11. 以下对 GOTO 指令的跳转目标理解正确的是（　　　　）。

    A. 可位于 GOTO 指令之后　　　　　　　B. 可位于 GOTO 指令之前

    C. 在程序中可重复使用　　　　　　　　　D. 必须占独立的指令行

12. 以下对 CallByVar 指令功能及编程要求理解正确的是（　　　　）。

    A. 普通子程序调用指令　　　　　　　　　B. 功能子程序调用指令

    C. 程序名中的字符可为变量　　　　　　　D. 程序名中的数字可为变量

13. 以下对中断连接指令理解正确的是（　　　　）。

    A. 同一中断条件可连接多个中断程序　　　B. 同一中断程序可连接多个中断条件

    C. 可以通过指令禁止、删除中断　　　　　D. 被删除的中断可以重新恢复

14. 以下对中断停用、启用指令理解正确的是（　　　　）。

    A. 一条指令可停用全部中断　　　　　　　B. 一条指令只能停用一个中断

    C. 被停用的中断可重新启用　　　　　　　D. 被停用的中断将被删除

15. 以下对 I/O 中断理解正确的是（　　　　）。

    A. 可在程序的任意位置中断　　　　　　　B. 可在插补轨迹的控制点中断

    C. 插补指令必须为 TriggJ/TriggL/TriggC　D. 中断信号必须是 DI 信号

16. 以下对 DI/DO、GI/GO 中断理解正确的是（　　　　）。

    A. 中断仅可以启动一次　　　　　　　　　B. 中断可以多次启动

    C. 中断可以列队等候　　　　　　　　　　D. GI/GO 中断必须所有 DI/DO 都变化

17. 以下可以作为 DI/DO、GI/GO 中断检测条件的是（　　　）。

    A. 状态固定为 0 的信号　　　　　　　　B. 状态固定为 1 的信号

    C. 具有上升沿的信号　　　　　　　　　D. 具有下降沿的信号

18. 以下对 AI/AO 中断理解正确的是（　　　）。

    A. 中断仅可以启动一次　　　　　　　　B. 中断可以多次启动

    C. 中断可以列队等候　　　　　　　　　D. 中断条件用字符串表示

19. 以下可以作为 AI/AO 中断检测条件的是（　　　）。

    A. 实际值大于规定值　　　　　　　　　B. 实际值小于规定值

    C. 某一范围内的 AI/AO 值　　　　　　D. 某一范围外的 AI/AO 值

20. 以下可以作为 AI/AO 中断检测限制条件的是（　　　）。

    A. AI/AO 的上下限　　　　　　　　　　B. AI/AO 的最小变化量

    C. AI/AO 变化极性　　　　　　　　　　D. 特定的 AI/AO 数值

二、编程练习题

1. 假设双工位作业的弧焊机器人的控制要求为：如工位检测信号 di0=1，调用子程序 rWeldingA；如工位检测信号 di1=1，调用子程序 rWeldingB；否则，直接退出循环（ExitCycle）。试编制可实现以上要求的程序运行控制指令。

2. 子程序的变量调用功能也可通过 Test 指令实现，试用 Test 指令编制当程序数据 reg1 为 1、2 或 3 时，可分别调用子程序 proc1、proc2、proc3 的程序段。

3. 假设某机器人要求在急停按钮（DI 输入 di0）按下时，立即中断现行程序、调用中断程序 TRAP Emg_Stop，试编制对应的中断连接指令。

4. 假设模拟量 ai1 的实际值变化、检测点设定如图 3.3-1 所示，如中断设定指令为 "ISignalAI ai1, AIO_BETWEEN, 5.5, 3.0, 1.0, sig1int"，试列出 AI 中断表。

••• 任务4　RAPID 应用程序实例 •••

知识目标

1. 熟悉 RAPID 程序的设计过程。

2. 掌握 RAPID 程序的设计方法。

3. 了解机器人弧焊系统及 RAPID 弧焊作业指令。

能力目标

1. 能根据作业要求定义 RAPID 程序数据。

2. 能根据设计要求规划 RAPID 程序结构。

3. 能设计完整的 RAPID 应用程序。

一、程序设计要求

1. 机器人动作要求

弧焊机器人的焊接作业动作要求如图 3.4-1 所示,焊接机器人能按图示的轨迹移动,完成工件 p3→p5 点的直线焊缝焊接作业。

工件焊接完成后,需要输出工件变位器回转信号,并通过变位器的 180°回转,进行工位 A、B 的工件交换。此时,机器人可继续进行新工件的焊接作业,而操作者可在工位 B 进行工件的装卸作业,从而实现机器人的连续焊接作业。

如焊接完成后,工位 B 对工件的装卸尚未完成,则需要中断程序执行、输出工件安装指示灯,提示操作者装卸工件;操作者完成工件装卸后,可通过应答按钮输入安装完成信号,程序继续。

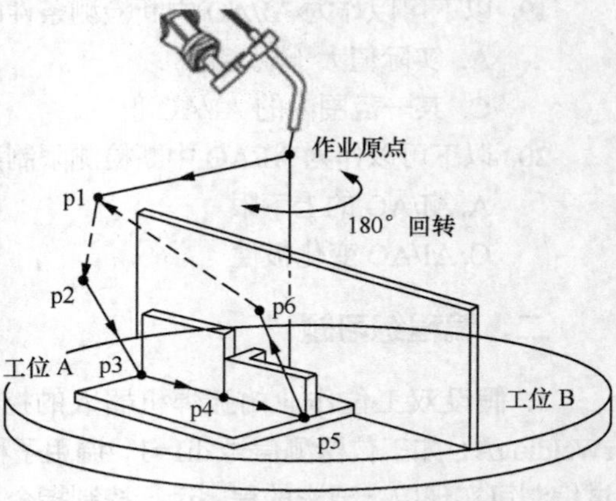

如自动循环开始时工件变位器不在工作位置,或者工位 A、B 的工件交换信号输出后,变位器在 30s 内尚未回转到位,则应利用错误处理程序,在示教器上显示相应的系统出错信息,并退出程序循环。

焊接系统对机器人及辅助部件的动作要求如表 3.4-1 所示。

图3.4-1 弧焊作业动作要求

表 3.4-1 焊接作业动作表

工步	名称	动作要求	运动速度	DI/DO 信号
0	作业初始状态	机器人位于作业原点	—	—
		加速度倍率限制在 50% 速度限制在 600mm/s	—	—
		工件变位器回转阀关闭	—	工位 A、B 回转信号为 0
		焊接电源、送丝、气体关闭	—	焊接电源、送丝、气体信号为 0
1	作业区上方定位	机器人高速运动到 p1 点	高速	同上
2	作业起始点定位	机器人高速运动到 p2 点	高速	同上
3	焊接开始点定位	机器人移动到 p3 点	500mm/s	焊接电源、送丝、气体信号为 1;焊接电流、电压输出(系统自动控制)
4	p3 点附近引弧	自动引弧	焊接参数设定	
5	焊缝 1 焊接	机器人移动到 p4 点	200mm/s	
6	焊缝 2 摆焊	机器人移动到 p5 点	100mm/s	
7	p5 点附近熄弧	自动熄弧	焊接参数设定	焊接电源、送丝、气体信号为 0;焊接电流、电压关闭(系统自动控制)
8	焊接退出点定位	机器人移动到 p6 点	500mm/s	
9	作业区上方定位	机器人高速运动到 p1 点	高速	同上
10	返回作业原点	机器人移动到作业原点	高速	同上

续表

工步	名称	动作要求	运动速度	DI/DO 信号
11	变位器回转	工位 A、B 自动交换	—	工位 A 或 B 回转信号为 1
12	结束回转	撤销工位 A、B 回转信号	—	工位 A、B 回转信号为 0

2. DI/DO 信号定义

以上焊接机器人系统的基本外部 DI/DO 信号名称、功能定义如表 3.4-2 所示。

表 3.4-2　外部 DI/DO 信号名称及功能

DI/DO 信号	信号名称	功能
引弧检测	di01_ArcEst	1：正常引弧；0：熄弧
送丝检测	di02_WirefeedOK	1：正常送丝；0：送丝关闭
保护气体检测	di03_GasOK	1：保护气体正常；0：保护气体关闭
工位 A 到位	di06_inStationA	1：工位 A 在作业区；0：工位 A 不在作业区
工位 B 到位	di07_inStationB	1：工位 B 在作业区；0：工位 B 不在作业区
工件装卸完成	di08_bLoadingOK	1：工件装卸完成应答；0：未应答
焊接 ON	do01_WeldON	1：接通焊接电源；0：关闭焊接电源
气体 ON	do02_GasON	1：打开保护气体；0：关闭保护气体
送丝 ON	do03_FeedON	1：启动送丝；0：停止送丝
交换工位 A	do04_CellA	1：工位 A 回转到作业区；0：工位 A 锁紧
交换工位 B	do05_CellB	1：工位 B 回转到作业区；0：工位 B 锁紧
回转出错	do07_SwingErr	1：变位器回转超时；0：回转正常
等待工件装卸	do08_WaitLoad	1：等待工件装卸；0：工件装卸完成

二、弧焊指令简介

弧焊系统需要有引弧、熄弧、送丝、退丝、剪丝等基本动作，并对焊接电流、电压等模拟量进行控制，因此，控制系统通常需要配套专门的弧焊控制模块，并使用表 3.4-3 所示的 RAPID 弧焊控制专用指令。

表 3.4-3　RAPID 弧焊控制指令与程序数据及编程格式与示例

名称		编程格式与示例	
直线引弧	ArcLStart	编程格式	ArcLStart ToPoint, Speed[\V], seam, weld [\Weave], Zone[\Z][\Inpos], Tool[\Wobj] [\TLoad] ;
		程序数据	seam：引弧、熄弧参数 seamdata；weld：焊接参数 welddata；\Weave：摆焊参数 weavedata；其他：同 MoveL 指令
		功能说明	TCP 直线插补运动，在目标点附近自动引弧
		编程示例	ArcLStart p1, v500, Seam1, Weld1, fine, tWeld \wobj := wobjStation ;
直线焊接	ArcL	编程格式	ArcL ToPoint, Speed[\V], seam, weld [\Weave], Zone[\Z][\Inpos], Tool[\Wobj] [\TLoad] ;
		程序数据	同 ArcLStart 指令

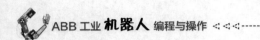

续表

名称	编程格式与示例		
直线焊接	功能说明	TCP 直线插补自动焊接运动	
	编程示例	ArcL p2, v200, Seam1, Weld1, fine, tWeld \wobj := wobjStation ;	
直线熄弧	ArcLEnd	编程格式	ArcLEnd ToPoint, Speed[\V], seam, weld [\Weave], Zone[\Z] [\Inpos], Tool[\Wobj] [\TLoad] ;
		程序数据	同 ArcLStart 指令
	功能说明	TCP 直线插补运动，在目标点附近自动熄弧	
	编程示例	ArcLStart p1, v500, Seam1, Weld1, fine, tWeld \wobj := wobjStation ;	
圆弧引弧	ArcCStart	编程格式	ArcCStart CirPoint, ToPoint, Speed[\V], seam, weld [\Weave], Zone[\Z][\Inpos], Tool[\Wobj] [\TLoad] ;
		程序数据	同 MoveC、ArcLStart 指令
	功能说明	TCP 直线插补自动焊接运动，在目标点附近自动引弧	
	编程示例	ArcCStart p1, p2, v500, Seam1, Weld1, fine, tWeld \wobj := wobjStation ;	
圆弧焊接	ArcC	编程格式	ArcC CirPoint, ToPoint, Speed[\V], seam, weld [\Weave], Zone[\Z][\Inpos], Tool[\Wobj] [\TLoad] ;
		程序数据	同 MoveC、ArcLStart 指令
	功能说明	TCP 圆弧插补自动焊接运动	
	编程示例	ArcC p1, p2, v500, Seam1, Weld1, fine, tWeld \wobj := wobjStation ;	
圆弧熄弧	ArcCEnd	编程格式	ArcCEnd CirPoint, ToPoint, Speed[\V], seam, weld [\Weave], Zone[\Z][\Inpos], Tool[\Wobj] [\TLoad] ;
		程序数据	同 MoveC、ArcLStart 指令
	功能说明	TCP 圆弧插补自动焊接运动，在目标点附近自动熄弧	
	编程示例	ArcCEnd p1, p2, v500, Seam1, Weld1, fine, tWeld \wobj := wobjStation ;	

以上指令中的 seamdata、welddata 为弧焊机器人专用的基本程序数据，在焊接指令中必须予以定义。seamdata 用来设定引弧/熄弧的清枪时间 Purge_time、焊接开始的提前送气时间 Preflow_time、焊接结束时的保护气体关闭延时 Postflow_time 等工艺参数；welddata 用来设定焊接速度 Weld_speed、焊接电压 Voltaga、焊接电流 Current 等工艺参数。

指令中的 weavedata 为弧焊机器人专用的程序数据添加项，用于特殊的摆焊作业控制，可以根据实际需要选择。weavedata 可用来设定摆动形状 Weave_shape、摆动类型 Weave_type、行进距离 Weave_length，以及 L 形摆和三角摆的摆动宽度 Weave_width、摆动高度 Weave_height 等参数。

实践指导

一、程序设计思路

1. 程序数据定义

RAPID 程序设计前，首先需要根据控制要求，将机器人工具的形状、姿态、载荷，以及工件位置、机器人定位点、运动速度等全部控制参数，定义成 RAPID 程序设计所需要的程序数据。

根据上述弧焊作业要求，所定义的基本程序数据如表 3.4-4 所示，不同程序数据的设定要求和方法，可参见前述的相关章节。

表 3.4-4 基本程序数据定义表

程序数据			含义	设定方法
性质	类型	名称		
CONST	robtarget	pHome	机器人作业原点	指令定义或示教设定
CONST	robtarget	Weld_p1	作业区预定位点	指令定义或示教设定
CONST	robtarget	Weld_p2	作业起始点	指令定义或示教设定
CONST	robtarget	Weld_p3	焊接开始点	指令定义或示教设定
CONST	robtarget	Weld_p4	摆焊起始点	指令定义或示教设定
CONST	robtarget	Weld_p5	焊接结束点	指令定义或示教设定
CONST	robtarget	Weld_p6	作业退出点	指令定义或示教设定
PERS	tooldata	tMigWeld	工具数据	手动计算或自动测定
PERS	wobjdata	wobjStation	工件坐标系	手动计算或自动测定
PERS	seamdata	MIG_Seam	引弧、熄弧数据	指令定义或手动设置
PERS	welddata	MIG_Weld	焊接数据	指令定义或手动设置
VAR	intnum	intno1	中断名称	指令定义

以上程序数据为弧焊作业基本数据，且多为常量 CONST、永久数据 PERS，故需要在主模块上进行定义。对于子程序数据运算、状态判断所需要的其他程序变量 VAR，可在相应的子程序中，根据需要进行个别定义，具体参见后述的程序设计示例。

2. 程序结构设计

为了使读者熟悉 RAPID 中断、错误处理指令的编程方法，在以下程序示例中使用了中断、错误处理指令编程，并根据控制要求，将以上焊接作业分解为作业初始化、工位 A 焊接、工位 B 焊接、焊接作业、中断处理 5 个相对独立的动作。

① 作业初始化。作业初始化用来设置循环焊接作业的初始状态、设定并启用系统中断监控功能等。

循环焊接作业的初始化包括机器人作业原点检查与定位、系统 DO 信号初始状态设置等，它只需要在首次焊接时进行，机器人循环焊接开始后，其状态可通过 RAPID 程序保证。因此，作业初始化可用一次性执行子程序的形式，由主程序进行调用；作业初始化程序包括机器人作业原点检查与定位、程序中间变量的初始状态设置等。

作业原点 pHome 是机器人搬运动作的起始点和结束点，进行第一次焊接时，必须保证机器人从作业原点向工件运动时无干涉和碰撞；机器人完成焊接后，可直接将该点定义为动作结束点，以便实现循环焊接动作。如作业开始时机器人不在作业原点，则出于安全上的考虑，一般应先进行 z 轴提升运动，然后再进行 x、y 轴定位。

作业原点是 TCP 位置数据（robtarget），它需要同时保证 x，y，z 位置和工具姿态正确，因此，程序需要进行 TCP 的（x，y，z）坐标和工具姿态四元数（q_1、q_2、q_3、q_4）的比较与判别，由于其运算指令较多，故可用单独的功能程序形式进行编制。只要能够保证机器人在首次运动时不产生碰撞，机器人的作业开始位置和作业原点实际上允许有一定的偏差，因此，在判别程序中，可将 x，y，z 位置和工具姿态四元数 $q_1 \sim q_4$ 偏差不超过某一值（如±20mm、±0.05）的点，视为作业原点。

作为参考，本例的作业初始化程序的功能可设计为：进行程序中间变量的初始状态设置；调用作业原点检查与定位子程序，检查作业起始位置、完成作业原点定位。其中，作业原点的检查和判别，通过调用功能程序完成；作业原点的定位运动在子程序中实现。

中断设定指令用来定义中断条件、连接中断程序、启动中断监控。由于系统的中断功能一旦生效，中断监控功能将始终保持有效状态，中断程序可随时调用，因此，它同样可在一次性执行的初始化程序中编制。

② 工位 A 焊接。调用焊接作业程序，完成焊接；焊接完成后启动中断、等待工件装卸完成；输出工位 B 回转信号、启动变位器回转；回转时间超过时，调用主程序错误处理程序，输出回转出错指示。

③ 工位 B 焊接。调用焊接作业程序，完成焊接；焊接完成后启动中断、等待工件装卸完成；输出工位 A 回转信号、启动变位器回转；回转时间超过时，调用主程序错误处理程序，输出回转出错指示。

④ 焊接作业。沿图 3.4-1 所示的轨迹，完成表 3.4-1 中的焊接作业。

⑤ 中断处理。等待操作者工件安装完成应答信号、关闭工件安装指示灯。

根据以上设计思路，应用程序的主模块及主程序、子程序结构，以及程序实现的功能可规划为表 3.4-5 所示。

表 3.4-5　RAPID 应用程序结构与功能

名称	类型	程序功能
mainmodu	MODULE	主模块，定义基本程序数据
mainprg	PROC	主程序，进行如下子程序调用与管理： 1. 一次性调用初始化子程序 rInitialize，完成机器人作业原点检查与定位、DO 信号初始状态设置、设定并启用系统中断监控功能； 2. 根据工位检测信号，循环调用子程序 rCellA_Welding() 或 rCellB_Welding()，完成焊接作业； 3. 通过错误处理程序 ERROR，处理回转超时出错
rInitialize	PROC	一次性调用 1 级子程序，完成以下动作： 1. 调用 2 级子程序 rCheckHomePos，进行机器人作业原点检查与定位； 2. 设置 DO 信号初始状态； 3. 设定并启用系统中断监控功能
rCheckHomePos	PROC	rInitialize 一次性调用的 2 级子程序，完成以下动作。 调用功能程序 InHomePos，判别机器人是否处于作业原点；机器人不在原点时进行如下处理： 1. z 轴直线提升至原点位置； 2. x、y 轴移动到原点定位
InHomePos	FUNC	rCheckHomePos 一次性调用的 3 级功能子程序，完成机器人原点判别： 1. $x/y/z$ 位置误差不超过±20mm； 2. 工具姿态四元数 $q_1 \sim q_4$ 误差不超过±0.05mm
rCellA_Welding()	PROC	循环调用 1 级子程序，完成以下动作： 1. 调用焊接作业程序 rWeldingProg()，完成焊接； 2. 启动中断程序 tWaitLoading、等待工件装卸完成； 3. 输出工位 B 回转信号、启动变位器回转； 4. 回转时间超过时，调用主程序错误处理程序，输出回转出错指示

续表

名称	类型	程序功能
rCellB_Welding()	PROC	循环调用 1 级子程序，完成以下动作： 1. 调用焊接作业程序 rWeldingProg()，完成焊接； 2. 启动中断程序 tWaitLoading、等待工件装卸完成； 3. 输出工位 A 回转信号、启动变位器回转； 4. 回转时间超时时，调用主程序错误处理程序，输出回转出错指示
tWaitLoading	TRAP	子程序 rCellA_Welding()、rCellB_Welding()循环调用的中断程序，完成以下动作： 1. 等待操作者工件安装完成应答信号； 2. 关闭工件安装指示灯
rWeldingProg()	PROC	子程序 rCellA_Welding()、rCellB_Welding()循环调用的 2 级子程序，完成以下动作： 沿图 3.4-1 所示的轨迹，完成表 3.4-1 中的焊接作业

二、程序设计示例

根据以上设计要求与思路，设计的参考 RAPID 应用程序示例如下。

```
!***********************************************
MODULE mainmodu (SYSMODULE)                    // 主模块 mainmodu 及属性
 ! Module name : Mainmodule for MIG welding     // 注释
 ! Robot type : IRB 2600
 ! Software : RobotWare 6.01
 ! Created : 2019-06-18
!***********************************************
                                               // 定义程序数据（根据实际情况设定）
 CONST robtarget pHome:=[……] ;                 // 作业原点
 CONST robtarget Weld_p1:=[……] ;               // 作业点 p1
 ……
 CONST robtarget Weld_p6:=[……] ;               // 作业点 p6
 ……
 PERS tooldata tMigWeld:= [……] ;               // 作业工具
 PERS wobjdata wobjStation:= [……] ;            // 工件坐标系
 PERS seamdata MIG_Seam:=[……] ;                // 引弧、熄弧参数
 PERS welddata MIG_Weld:=[……] ;                // 焊接参数
 VAR intnum intno1 ;                           // 中断名称
!***********************************************
PROC mainprg ()                                // 主程序
   rInitialize ;                               // 调用初始化程序
 WHILE TRUE DO                                 // 无限循环
 IF di06_inStationA=1 THEN
   rCellA_Welding ;                            // 调用工位 A 作业程序
 ELSEIF di07_inStationB=1 THEN
   rCellB_Welding ;                            // 调用工位 B 作业程序
 ELSE
   TPErase ;                                   // 示教器清屏
   TPWrite ''The Station positon is Error'' ;  // 显示出错信息
   ExitCycle ;                                 // 退出循环
```

```
      ENDIF
      Waittime 0.5 ;                                    // 暂停 0.5s
    ENDWHILE                                            // 循环结束
    ERROR                                               // 错误处理程序
      IF ERRNO = ERR_WAIT_MAXTIME THEN                  // 变位器回转超时
      TPErase ;                                         // 示教器清屏
      TPWrite ''The Station swing is Error'' ;          // 显示出错信息
      Set do07_ SwingErr ;                              // 输出回转出错指示
      ExitCycle ;                                       // 退出循环
  ENDPROC                                               // 主程序结束
  !********************************************************
  PROC rInitialize ()                                   // 初始化程序
      AccSet 50, 50 ;                                   // 加速度设定
      VelSet 100, 600 ;                                 // 速度设定
      rCheckHomePos ;                                   // 调用作业原点检查程序
      Reset do01_WeldON                                 // 焊接关闭
      Reset do02_GasON                                  // 保护气体关闭
      Reset do03_FeedON                                 // 送丝关闭
      Reset do04_ CellA                                 // 工位 A 回转关闭
      Reset do05_ CellB                                 // 工位 B 回转关闭
      Reset do07_ SwingErr                              // 回转出错灯关闭
      Reset do08_WaitLoad                               // 工件装卸灯关闭
      IDelete intno1 ;                                  // 中断复位
      CONNECT intno1 WITH tWaitLoading ;                // 定义中断程序
      ISignalDO do08_WaitLoad, 1, intno1 ;              // 定义中断、启动中断监控
  ENDPROC                                               // 初始化程序结束
  !********************************************************
  PROC CheckHomePos ()                                  // 作业原点检查程序
      VAR robtarget pActualPos ;                        // 程序数据定义
      IF NOT InHomePos( pHome, tMigWeld) THEN
                          // 利用功能程序判别作业原点,非作业原点时进行如下处理
      pActualPos:=CRobT(\Tool:= tMigWeld \ wobj :=wobj0) ;  // 读取当前位置
      pActualPos.trans.z:= pHome.trans.z ;              // 改变 z 坐标值
      MoveL pActualPos, v100, z20, tMigWeld ;           // z 轴退至 pHome
      MoveL pHome, v200, fine, tMigWeld ;               // x 轴、y 轴定位到 pHome
    ENDIF
  ENDPROC                                               //作业原点检查程序结束
  !********************************************************
  FUNC bool InHomePos (robtarget ComparePos, INOUT tooldata CompareTool)
                                                        //原点判别程序

      VAR num Comp_Count:=0 ;
      VAR robtarget Curr_Pos ;
      Curr_Pos:= CRobT(\Tool:= CompareTool \ wobj :=wobj0) ; // 读取当前位置
      IF Curr_Pos.trans.x>ComparePos.trans.x—20 AND
      Curr_Pos.trans.x<ComparePos.trans.x+20 Comp_Count:= Comp_Count+1 ;
      IF Curr_Pos.trans.y>ComparePos.trans.y—20 AND
      Curr_Pos.trans.y<ComparePos.trans.y+20 Comp_Count:= Comp_Count+1 ;
      IF Curr_Pos.trans.z>ComparePos.trans.z—20 AND
      Curr_Pos.trans.z<ComparePos.trans.z+20 Comp_Count:= Comp_Count+1 ;
      IF Curr_Pos.rot.q1>ComparePos.rot.q1—0.05 AND
      Curr_Pos.rot.q1<ComparePos.rot.q1+0.05 Comp_Count:= Comp_Count+1 ;
      IF Curr_Pos.rot.q2>ComparePos.rot.q2—0.05 AND
      Curr_Pos.rot.q2<ComparePos.rot.q2+0.05 Comp_Count:= Comp_Count+1 ;
```

```
    IF Curr_Pos.rot.q3>ComparePos.rot.q3-0.05 AND
    Curr_Pos.rot.q3<ComparePos.rot.q3+0.05 Comp_Count:= Comp_Count+1 ;
    IF Curr_Pos.rot.q4>ComparePos.rot.q4-0.05 AND
    Curr_Pos.rot.q4<ComparePos.rot.q4+0.05 Comp_Count:= Comp_Count+1 ;
    RETUN Comp_Count=7 ;                                  // 返回Comp_Count=7的逻辑状态
ENDFUNC                                                   // 作业原点判别程序结束
!**********************************************************
PROC rCellA_Welding()                                     // 工位A焊接程序
    rWeldingProg ;                                        // 调用焊接程序
    Set do08_WaitLoad ;                                   // 输出工件安装指示,启动中断
    Set do05_ CellB ;                                     // 回转到工位B
    WaitDI di07_inStationB, 1\MaxTime:=30 ;               // 等待回转到位 30s
    Reset do05_ CellB ;                                   // 撤销回转输出
    ERROR
    RAISE ;                                               // 调用主程序错误处理程序
ENDPROC                                                   // 工位A焊接程序结束
!**********************************************************
PROC rCellB_Welding()                                     // 工位B焊接程序
    rWeldingProg ;                                        // 调用焊接程序
    Set do08_WaitLoad ;                                   // 输出工件安装指示,启动中断
    Set do04_ CellA ;                                     // 回转到工位A
    WaitDI di06_inStationA, 1\MaxTime:=30 ;               // 等待回转到位 30s
    Reset do04_ CellA ;                                   // 撤销回转输出
    ERROR
    RAISE ;                                               // 调用主程序错误处理程序
ENDPROC                                                   // 工位B焊接程序结束
!**********************************************************
TRAP tWaitLoading                                         // 中断程序
    WaitDI di08_bLoadingOK ;                              // 等待安装完成应答
    Reset do08_WaitLoad ;                                 // 关闭工件安装指示
ENDTRAP                                                   // 中断程序结束
!**********************************************************
PROC rWeldingProg()                                       // 焊接程序
    MoveJ Weld_p1, vmax, z20, tMigWeld \wobj := wobjStation ; // 移动到p1
    MoveL Weld_p2, vmax, z20, tMigWeld \wobj := wobjStation ; // 移动到p2
    ArcLStart Weld_p3, v500, MIG_Seam, MIG_Weld, fine, tMigWeld \wobj :=
wobjStation ;                                             // 直线移动到p3 并引弧
    ArcL Weld_p4, v200, MIG_Seam, MIG_Weld, fine, tMigWeld \wobj := wobjStation ;
                                                          // 直线焊接到p4
    ArcLEnd Weld_p5, v100, MIG_Seam, MIG_Weld\Weave:= Weave1, fine, tMigWeld
          \wobj := wobjStation ;                          // 直线焊接(摆焊)到p5并熄弧
    MoveL Weld_p6, v500, z20, tMigWeld \wobj := wobjStation ; // 移动到p6
    MoveJ Weld_p1, vmax, z20, tMigWeld \wobj := wobjStation ; // 移动到p1
    MoveJ pHome, vmax, fine, tMigWeld \wobj := wobj0 ; // 作业原点定位
ENDPROC                                                   // 焊接程序结束
!**********************************************************
ENDMODULE                                                 // 主模块结束
!**********************************************************
```

技能训练

根据实验条件,编制一个完整的 RAPID 应用程序。

••• 任务 1　机器人手动操作 •••

能力目标

1. 掌握控制柜面板和示教器的使用方法；能够熟练使用示教器。
2. 掌握手动操作条件的设定方法，能够熟练设定机器人的手动操作条件。
3. 掌握机器人的手动操作技能，能够熟练进行机器人手动操作。

实践指导

一、控制柜面板与示教器

工业机器人的操作与机器人用途、结构、功能以及所配套的控制系统有关，为了保证用户使用，机器人生产厂家一般都需要提供操作说明书；操作人员可按操作说明书提供的方法、步骤，进行所需要的操作。

控制柜面板、示教器是工业机器人的基本操作部件，ABB 机器人控制系统 IRC5 的控制柜面板、示教器结构和功能如下。

1. 控制柜面板

ABB 机器人控制系统 IRC5 的控制柜面板设计有图 4.1-1 所示的电源总开关、急停按钮、伺服启动按钮、操作模式选择开关等操作部件，其功能如下。

① 电源总开关：用于机器人控制系统总电源的通、断控制。

② 急停按钮：即紧急停止按钮，用于紧急情况下的机器人快速停止。按下时所有运动部件都将以最快的速度制动、停止。急停按钮具有自锁功能，按钮一旦按下便可保持断开状态，它需要通过旋转、拉出等操作复位。

③ 伺服启动按钮：为带灯按钮，用于伺服驱动器主电源通断控制。按下按钮时可接通伺服驱动器的主电源、开放驱动器的逆变功率管，使伺服电机电枢通电。驱动器主电源接通后，指示灯亮。

④ 操作模式选择开关：为 3 位带钥匙旋钮，用于选择控制系统操作模式。ABB 机器人控制系统可根据需要选择自动、手动、手动快速 3 种操作模式。自动模式用于机器人的程序自动运行（再现）；手动模式为通常的机器人手动操作，机器人 TCP 的运动速度一般不超过 250mm/s；手动快速模式用于机器人的高速手动操作，选择该模式后，机器人将以关节轴最大

速度运动。

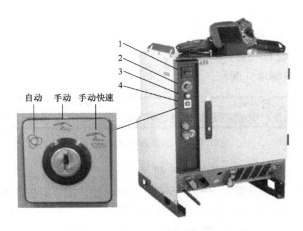

图4.1-1 ABB机器人控制柜面板

1—电源总开关；2—急停按钮；3—伺服启动按钮； 4—操作模式选择开关

手动快速模式存在一定的危险性，它必须在确保人身、设备安全的前提下，由专业操作人员进行操作，普通操作者原则上不应选择这一操作模式。

机器人开机时，需要接通电源总开关、复位急停按钮；然后按下伺服启动按钮启动伺服，选择所需要的操作模式；接着，便可通过示教器进行相关操作。

2. 示教器

ABB 机器人的示教器（Flexpendant）如图 4.1-2 所示，示教器触摸屏主要功能区以及辅助操作按键、开关的功能如下。

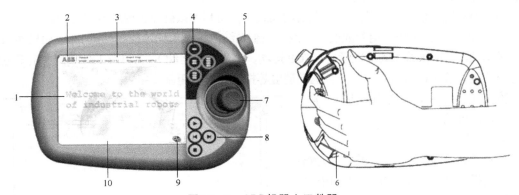

图4.1-2 ABB机器人示教器

1—主屏；2—主菜单；3—状态栏；4—用户定义键； 5—急停按钮；6—伺服 ON 开关（背面）；

7—手动操纵杆；8—自动运行控制键；9—快速设置；10—任务栏

① 主屏：系统主要显示/操作区。它用于操作菜单、程序、数据、图标的显示，进行程序编辑、数据输入、功能选择等操作。

② 主菜单：显示控制系统主菜单。在此可选择示教器的显示/操作功能。

③ 状态栏：显示图 4.1-3 所示的控制系统基本状态。显示区 A～F 显示的信息如下。

A 区：操作员窗口选择键，选择后可显示系统操作信息页面。

B 区：控制系统当前的操作模式。

C 区：控制系统名称、版本。

D 区：机器人当前的工作状态。

E 区：当前的程序运行状态。

F 区：当前有效的机械单元图标。

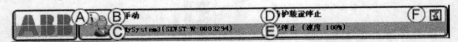

图4.1-3　示教器状态栏显示

④ 用户定义键：用户定义的快捷操作按键。

⑤ 急停按钮：其作用与控制柜面板急停按钮完全一致，按下时控制系统紧急停止、系统所有运动部件快速制动。急停按钮一旦按下便可保持断开状态，它需要通过旋转、拉出等操作复位。

⑥ 伺服 ON 开关：ABB 手册中称止动开关，安装在示教器背面。出于安全考虑，机器人手动操作时，必须用手握住示教器的伺服 ON 开关，机器人关节轴的驱动电机才能正/反转。

⑦ 手动操纵杆：其为多方位操纵杆，用于机器人手动操作时的坐标轴、运动方向控制。

⑧ 自动运行控制键：该按键用于程序自动运行启动/暂停、程序前进/后退控制。

程序启动键：程序运行启动键。在自动模式下，可利用该键启动程序自动运行；在手动模式（程序调试）时，按住该键，可以连续执行程序指令，松开后可停止程序运行。

程序步进键：程序单步前进键。在手动模式（程序调试）时，按住该键，可按指令编程的次序，向前执行一条指令。

程序步退键：程序单步后退键。在手动模式（程序调试）时，按住该键，可按照指令编程相反的次序，向后执行一条指令。

程序停止键：程序运行停止键。在自动模式下，可利用该键停止程序自动运行。

⑨ 快速设置：系统常用参数设定，用于控制系统的机械单元（控制轴组）、手动操作坐标系与运动轴、运动模式（关节轴运动、TCP 运动、工具定向运动）、工具及工件数据、增量进给距离与速度、程序运行方式、关节轴运动速度等控制系统常用基本参数的设定。

⑩ 任务栏：控制系统当前执行的操作显示、触摸屏功能切换等。

3. 主菜单

主菜单用于选择示教器的显示/操作功能，它是示教器的主要功能键。由于控制系统软件版本、显示语言、页面选择方法的不同，示教器的主菜单在不同产品上可能稍有区别。操作主菜单触摸键【ABB】，主屏可显示图 4.1-4 所示的操作菜单（触摸键）。

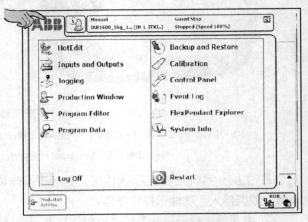

图4.1-4　ABB主菜单显示

ABB 示教器的触摸键通常包括图标和文字标识两部分，由于控制系统软件版本、显示语言的不同，文字标识可能为中文或英文；此外，由于翻译的原因，部分标识的中文表达也不尽确切。为了便于阅读和编辑，在以下内容中，将以触摸键的文字标识来代替触摸键图标，并同时标注英文（中文），例如，触摸键 将以图中的英文（中文）标识【HotEdit（热编辑）】代替等，对此不再一一说明。

ABB 主菜单显示页面的操作菜单（触摸键）功能如下。

【HotEdit（热编辑）】：可进行程序点 TCP 位置数据（robtarget）的直接修改操作。热编辑可直接对运行中的程序进行。

【Inputs and Outputs（输入/输出）】：用于控制系统输入/输出信号（DI/DO、AI/AO、安全信号）的状态检查、设定等。

【Jogging（手动操作）】：手动控制机器人运动。

【Production Window（生产窗口）】：自动运行程序显示与选择。

【Program Editor（程序编辑器）】：可进行程序的输入、编辑、调试操作。

【Program Data（程序数据）】：可进行程序点、工具数据、用户数据等程序数据的输入与修改操作。

【Backup and Restore（备份与恢复）】：系统备份与恢复。

【Calibration（校准）】：用于机器人零点设定、计数器更新。

【Control Panel（控制面板）】：可进行显示器外观、系统监控、I/O 信号配置、显示语言、日期与时间、系统诊断与配置等系统参数的设定等操作。

【Event Log（事件日志）】：系统故障、操作履历信息显示与编辑。

【FlexPendant Explorer（资源管理器）】：用于系统及用户文件的改名、删除、移动、复制等文件管理操作。

【System Info（系统信息）】：显示操作系统、网络连接、控制模块、驱动模块等控制系统软硬件配置信息。

【Log Off（注销）】：输入操作密码，进行用户登录或注销操作。

【Restart（重新启动）】：重新启动控制系统。

二、手动操作条件设定

机器人的手动操作又称 JOG 操作，它是利用示教器的手动操作，控制机器人本体轴、外部轴移动的一种方式。机器人本体轴的手动操作，不但可进行关节坐标系的移动，而且能进行机器人 TCP 的笛卡儿坐标系移动；但外部轴只能进行关节坐标系移动。

选择机器人手动操作前，首先应通过控制柜面板，接通电源总开关、复位急停按钮，然后，启动伺服、选择手动模式。在完成以上操作，控制系统正常启动后，可通过示教器完成机器人手动操作的设定。

1. 手动操作设定显示

选择 ABB 主菜单，并在主菜单显示页面，选择手动操作（Jogging）触摸键，控制系统将进入手动操作模式，并显示图 4.1-5 所示的手

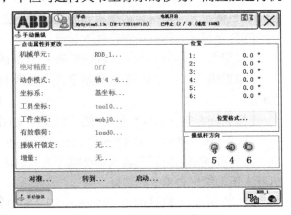

图4.1-5　手动操作设定页面

147

动操作设定页面。

在手动操作设定页面上，利用【点击属性并更改】栏显示的触摸键，可以进行如下手动操作设定。

【机械单元（Mechanical Unit）】：机械单元（控制轴组）选择。可根据机器人系统的机械单元配置，选择手动操作的对象，例如，ROB_1（机器人 1）、ROB_2（机器人 2）等。

【绝对精度（Absolute Accuracy）】：控制系统的绝对精度设定状态显示。如果控制系统的绝对精度功能设定为有效，状态显示为"On"；否则显示"Off"。

【动作模式（Motion Mode）】：手动操作的运动模式选择。可根据手动操作要求，选择关节轴运动、机器人 TCP 运动（线性）或工具定向（定向）运动。

【坐标系（Coordinate System）】：机器人 TCP 运动的坐标系选择，可根据需要选择基座坐标系、工具坐标系、工件坐标系及大地坐标系、用户坐标系等。

【工具坐标（Tool）】：中文翻译不准确，此键实际为工具数据 tooldata 编辑键。如果机器人安装有工具，则可进行工具安装方式、TCP 位置、工具坐标系方向、工具质量与重心、惯量等参数的设定与编辑。

【工件坐标（Work Object）】：中文翻译不准确，此键实际为工件数据编辑键。如果手动操作坐标系选择用户坐标系或工件坐标系，则可进行工件安装方式、工件坐标系及用户坐标系的原点位置与坐标系方向等参数的设定与编辑。

【有效载荷（Payload）】：负载数据编辑键。如果机器人安装有工具（或工件），则其用来选择、编辑工具（或工件）的质量与重心、惯量等负载数据。实际负载参数优先于工具、工件数据中的负载数据。

【操纵杆锁定（Joystick Lock）】：操纵杆锁定。禁止操纵杆在某一方向的操作。

【增量（Increment）】：选择手动增量进给操作及增量进给距离。

通过【点击属性并更改】栏下方所显示的 3 个触摸键，可实现以下特殊的手动操作。

【对准…】：工具对准定向。选择本操作，可使工具坐标系的 z 轴方向与基准坐标系最接近的坐标轴方向一致。

【转到…】：手动程序点定位。选择本操作，可将机器人直接移动到控制系统已定义的程序点。

【启动…】（或【停用…】）：手动启用（或停用）机械单元。选择本操作，可启用（或停用）指定的机械单元，使指定机械单元的运动轴，进行伺服锁定/位置控制模式切换。

在显示页面右侧，可进行如下显示与操作。

【位置】：该栏可显示关节轴或机器人 TCP 的当前位置。

【位置格式…】：选择位置显示格式。选择本操作，可改变【位置】栏的位置显示格式、显示值。

【操纵杆方向】：显示当前有效的操纵杆及对应的运动轴、方向。

在以上设定项中，【动作模式（Motion Mode）】、【增量（Increment）】，以及【对准…】、【转到…】等触摸键，用于机器人手动操作方式的选择，操作者可根据实际操作需要，按照后述的机器人手动操作要求予以选择。

设定项中的【机械单元（Mechanical Unit）】、【启动…】（或【停用…】），以及【工具坐标（Tool）】、【工件坐标（Work Object）】、【有效载荷（Payload）】、【位置格式…】等，均为机器人手动操作的基本条件，对所有手动操作方式均有效，原则上应在手动操作前设定。手动操作基本条件设定的操作步骤如下。

2. 启用/停用机械单元

ABB 机器人系统中，除机器人以外的其他机械单元，可通过系统参数（System Parameters）的设定或程序指令 ActUnit / DeactUnit，选择"启用"或"停用"。

机械单元一旦被停用，则该单元所配置的全部运动轴都将处于伺服锁定状态，无法进行手动操作（机器人单元不能被停用）。因此，在机器人手动操作前，应根据实际需要，事先选定需要进行手动操作的机械单元并将其启用；或者，选定不允许进行手动操作的机械单元并将其停用。

机械单元启用/停用的操作步骤如下。

① 在 ABB 主菜单显示页面，选择【Jogging（手动操作）】键，使示教器显示图 4.1-5 所示的手动操作设定页面。

② 选择手动操作设定页面的【机械单元（Mechanical Unit）】设定键，示教器将显示图 4.1-6（a）所示的机械单元显示页面。

在机械单元显示页面中，可列表显示机器人系统已配置的所有机械单元及当前的启用/停用状态。

③ 点击需要进行手动操作的机械单元图标（如【ROB_1】），选定机械单元，并点击【确定】键确认。

④ 根据手动操作的需要，将所选的状态显示为"已停止"的机械单元，通过图 4.1-6（b）所示手动操作设定页面的【启动...】键启用，使之成为手动操作允许状态（已启动）；或者，将所选的状态显示为"已启动"的机械单元，通过手动操作设定页面的【停用...】键停用，使之成为不允许手动操作状态（已停止）。

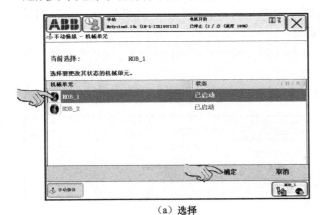
（a）选择

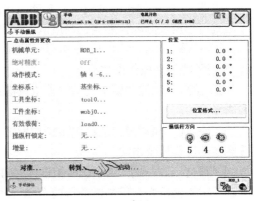
（b）启用

图4.1-6 机械单元的选择与启用

3. 选择机器人工具数据、工件数据或负载数据

负载设定将直接影响机器人的运动速度、精度。负载设定不正确时，不仅影响机器人的定位精度，而且可能导致伺服驱动系统过载、产生系统错误。因此，在手动操作前，应根据机器人的实际状态，事先选择正确的工具数据、工件数据和负载数据。

如果机器人当前所使用的工具数据、工件数据或负载数据尚未输入，则操作者应通过本项目后述的工具数据、工件数据或负载数据创建操作，先完成工具数据、工件数据或负载数据的输入。工具数据、工件数据或负载数据输入完成后，可按以下步骤，选定机器人的工具数据、工件数据或负载数据。

① 在图 4.1-4 所示的主菜单显示页面，选择【Jogging（手动操作）】键，使示教器显示图 4.1-5 所示的手动操作设定页面。

② 选择【工具坐标（Tool）】输入键，示教器将列表显示已经输入系统的全部工具数据（tooldata）清单，如图 4.1-7 所示；选定机器人当前所安装的工具数据并点击【确定】键确认。如机器人未安装工具，则选择工具数据 tool0。

选择完成后，返回手动操作设定页面，继续进行如下操作，可用同样的方法，选择工件数据、负载数据。

③ 选择手动操作设定页面的【工件

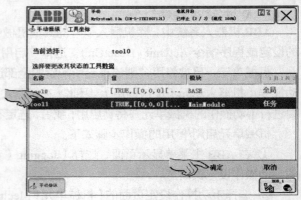

图4.1-7　工具数据选择

坐标（Work Object）】输入键，示教器将列表显示已经输入系统的全部工件数据（wobjdata）清单；选定所需要的工件数据并点击【确定】键确认。如机器人未安装工具，则选择工件数据 wobj0。

④ 选择手动操作设定页面的【有效载荷（Payload）】输入键，示教器将列表显示已经输入系统的全部负载数据（loaddata）清单；选定所需要的负载数据并点击【确定】键确认。如机器人未安装外部负载，则选择负载数据 load0。

4. 选择位置显示格式

机器人 TCP 的当前位置可在手动操作设定页面右侧的位置栏显示，机器人 TCP 位置的显示格式可根据实际操作需要，通过以下操作选择。

① 在图 4.1-4 所示的主菜单显示页面，选择【Jogging（手动操作）】键，使示教器显示图 4.1-5 所示的手动操作设定页面。

② 选择手动操作设定页面的【位置格式...】键，示教器将显示图 4.1-8 所示的位置显示格式选择页面。

在该页面，可通过对应栏的下拉扩展键，选择如下位置显示格式。

【位置显示方式】：用于选择机器人 TCP 位置显示的坐标系。可通过选择键选择大地坐标系（大地坐标）、基座坐标系（基坐标）、工件坐标系（工件坐标）。

【方向格式】：用于选择工具姿态数据的显示格式。可通过选择键选择四元数（四个一组）、欧拉角。

【角度格式】：用于选择回转轴的位置显示格式。可通过选择键选择角度、弧度。

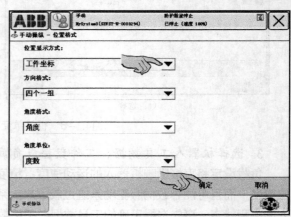

图4.1-8　位置显示格式选择页面

【角度单位】：用于选择回转轴的角度显示单位。可通过选择键选择角度（度数）、弧度。

③ 根据实际需要，完成位置显示格式设定，并点击【确定】键确认。

三、机器人手动操作步骤

1. 操作说明

ABB 机器人手动操作的运动模式可为关节轴（机器人本体轴或外部轴）运动、机器人 TCP 运动或工具定向运动，手动方式可为"点动"或"增量进给"。

机器人手动操作的基本操作部件如图 4.1-9 所示。

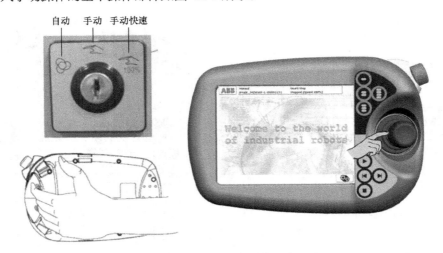

图4.1-9 手动操作基本操作部件

当控制系统总电源、伺服主电源接通后，选择机器人手动操作时，首先应将控制柜面板上的操作模式选择开关置为手动模式；然后用手握住示教器的手握开关，启动伺服；接着，便可通过示教器手动操纵杆的上下、左右及顺/逆时针旋转，控制机器人进行指定方向的移动；松开操纵杆，运动即停止。

选择增量进给操作时，运动轴及方向同样可通过示教器手动操纵杆控制，但是，每操作一次操纵杆，机器人只能移动指定的距离；运动到位后，无论是否松开操纵杆，机器人均将停止运动；需要继续运动时，必须在松开操纵杆后，再次进行操作。

ABB 机器人的关节轴、机器人 TCP 或工具定向的手动操作步骤如下。

2. 关节轴点动

关节轴点动操作可用于图 4.1-10 所示的机器人本体轴或外部轴的关节坐标系手动移动（点动）。

当控制系统总电源、伺服主电源接通、手动操作模式选定后，可以按以下操作步骤，进行关节轴的点动操作。

① 检查机器人、变位器（外部轴）等运动部件，确保其均处于安全、可自由运动的位置。

② 在图 4.1-4 所示的主菜单显示页面，选择【Jogging（手动操作）】键，使示教器显示图 4.1-5 所示的手动操作设定页面；完成机械单元、工具数据、工件数据、负载数据等手动操作基本条件的设定。

③ 选择手动操作设定页面的【动作模式（Motion Mode）】键，示教器可显示图 4.1-10（b）所示的动作模式选择页面。

④ 根据操作需要，选择显示页面中的【轴 1-3】或【轴 4-6】图标，选定需要进行点动操

作的机器人关节轴，并点击【确定】键确认。

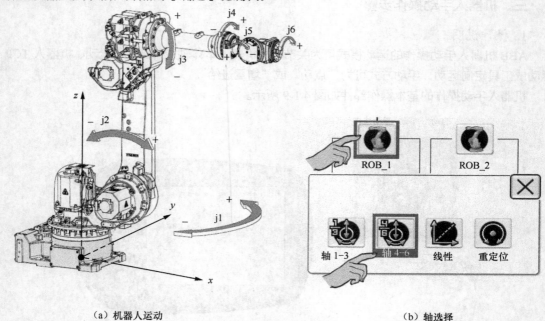

（a）机器人运动　　　　　　　　　　　　　（b）轴选择

图4.1-10　关节轴点动与选择

由于示教器的手动操纵杆只能进行上下、左右及顺/逆时针旋转运动，因此，对于 6 轴机器人（系统标准配置），其关节轴的点动操作一次只能选择其中的 3 个轴，即 j1～j3 轴或 j4～j6 轴；其余 3 轴的点动操作，需要重新选择动作模式。

⑤ 握住示教器伺服 ON 开关，启动伺服。

⑥ 按图 4.1-11 所示的方向，通过手动操纵杆的上下、左右及顺/逆时针旋转运动，控制机器人关节轴按指定的方向移动；松开操纵杆，关节轴运动即停止。

（a）j1～j3轴　　　　　　　　　　　　（b）j4～j6轴

图4.1-11　示教器操纵杆与关节轴运动方向

3. 关节轴增量进给

利用关节轴的手动增量进给操作，可使机器人关节轴在指定的方向移动指定的距离。当控制系统总电源、伺服主电源接通，手动操作模式选定后，可以按以下操作步骤，进行关节轴增量进给操作。

①～④：同关节轴点动操作，选定需要进行手动增量进给操作的关节轴。

⑤ 选择手动操作设定页面的【增量（Increment）】键，示教器可显示图 4.1-12 所示的增量进给距离选择页面。

⑥ 根据操作需要，选择【无】（增量进给无效）、【小】（0.005°）、【中】（0.02°）、【大】（0.2°）、【用户】（用户自定义的增量距离）图标、设定增量距离，并点击【确定】键确认。

⑦ 握住示教器伺服 ON 开关，启动伺服。

⑧ 按图 4.1-11 所示的、与点动操作同样的方向，通过手动操纵杆的上下、左右及顺/逆时针旋转运动，控制机器人关节轴进行指定方向、指定距离的增量选择。需要继续增量运动时，可松开操纵杆，再次进行操作。

4. 机器人 TCP 手动

利用机器人 TCP 手动操作，可使机器人的 TCP 根据所选的笛卡儿坐标系，进行图 4.1-13 所示的基座坐标系、工具坐标系或大地坐标系、工件坐标系的 x、y、z 向点动或增量进给运动。

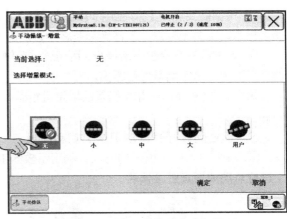

图4.1-12 增量进给距离选择页面

当控制系统总电源、伺服主电源接通，选定手动操作模式后，可以按以下操作步骤，进行机器人 TCP 的手动操作。

ABB 机器人的 TCP 手动操作步骤如下。

①～③ 同关节轴点动操作，完成手动操作基本条件的设定，使示教器显示图 4.1-10 所示的运动模式选择页面。

④ 选择图 4.1-10 中的【线性】图标，选择笛卡儿坐标系机器人 TCP 手动操作，点击【确定】键确认。

⑤ 选择手动操作设定页面的【坐标系（Coordinate System）】键，示教器可显示图 4.1-14 所示的坐标系选择页面。

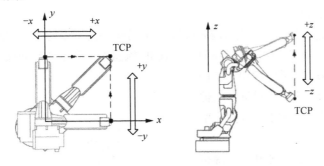

（a）基座坐标系

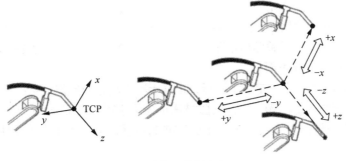

（b）工具坐标系

图4.1-13 机器人TCP基座坐标系、工具坐标系点动操作

⑥ 根据需要点击【大地坐标】、【基坐标】、【工具】、【工件坐标】键，选择大地坐标系或基座坐标系、工具坐标系、工件坐标系之一，点击【确定】键确认。

⑦ 如需要进行增量进给操作，可通过关节轴同样的操作，在图 4.1-12 所示的增量进给距离选择页面上，选定增量进给距离。

机器人 TCP 在笛卡儿坐标系的增量进给距离【小】、【中】、【大】，依次为 0.05mm、1mm、5mm。

⑧ 握住示教器伺服 ON 开关，启动伺服。

⑨ 按照图 4.1-15 所示的方向，利用示教器手动操纵杆，控制机器人 TCP 在所选的坐标系上进行点动或增量进给移动。

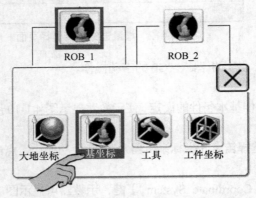

图4.1-14　TCP手动坐标系选择页面

图4.1-15　TCP手动操纵杆

5. 手动工具定向

利用手动工具定向操作，可使机器人进行 TCP 位置保持不变的工具定向点动或增量进给运动，进行工具方向的调整，如图 4.1-16 所示。ABB 机器人手动工具定向操作时，示教器手动操纵杆所对应的运动轴和方向，取决于当前有效的坐标系；如果需要，也可通过机器人 TCP 手动操作同样的方法，改变当前有效的坐标系。

当控制系统总电源、伺服主电源接通，手动操作模式选定后，可以按以下操作步骤，进行手动工具定向操作。

①～③ 同关节轴点动操作，完成手动操作基本条件的设定；使示教器显示图4.1-10 所示的运动模式选择页面。

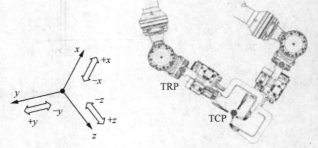

图4.1-16　手动工具定向操作

④ 选择图 4.1-10 中的【重定位】图标，选择手动工具定向操作，点击【确定】键确认。

⑤ 如需要进行增量进给操作，可通过关节轴同样的操作，在图 4.1-12 所示的增量进给距离选择页面上，选定增量进给距离。手动工具定向的增量进给距离【小】、【中】、【大】依次为0.05mm、1mm、5mm。

⑥ 握住示教器伺服 ON 开关，启动伺服。

⑦ 按机器人 TCP 手动操作同样的方向（见图 4.1-15），利用示教器手动操纵杆，控制工具

在所选的坐标系上，进行点动或增量进给定向运动。

四、手动特殊操作

1. 手动操纵杆锁定

为了防止机器人手动操作过程中可能发生的碰撞、干涉，ABB 机器人可通过手动操作设定页面的操纵杆锁定功能设定，取消手动操纵杆在指定方向的动作信号，禁止对应关节轴或机器人 TCP 的手动操作。

利用操纵杆锁定功能禁止的关节轴或机器人 TCP 运动，与手动操作的运动模式选择有关。例如，当操纵杆的水平方向被锁定时，如运动模式选择为关节轴 j1～j3 手动（【轴 1-3】），则机器人的 j1 轴运动被禁止；如运动模式选择为关节轴 j4～j6 手动（【轴 4-6】），则机器人的 j4 轴运动被禁止；如运动模式选择为机器人 TCP 手动（【线性】）或工具定向（【重定位】），则机器人 TCP 在所选坐标系的 y 轴运动被禁止等。

手动操纵杆锁定功能设定的操作步骤如下。

① 根据手动操作的要求，利用前述的手动操作步骤，完成手动操作基本条件设定、运动模式选择、机器人 TCP 运动坐标系选择、增量进给距离选择等基本操作。

② 根据所选的运动模式、坐标系，确定不允许进行手动操作的运动轴。

③ 选择手动操作设定页面的【操纵杆锁定（Joystick Lock）】键，示教器可显示图 4.1-17 所示的操纵杆锁定方向选择页面。

④ 根据需要点击对应的图标，取消手动操纵杆的左右（【水平方向】）、上下（【垂直方向】）、顺/逆时针旋转（【旋转】）动作信号，禁止对应轴的手动操作。重复点击同一图标，可进行生效/取消的切换；需要解除全部操纵杆锁定功能时，可直接点击图标【无】。

⑤ 点击【确定】键，手动操纵杆锁定功能生效。

操纵杆锁定后，便可继续进行启动伺服、移动机器人等正常的手动操作，但被禁止的轴将不能运动。

2. 工具对准定向

利用工具对准定向操作，可使工具坐标系的 z 轴方向与基准坐标系最接近的坐标轴方向一致。

当控制系统总电源、伺服主电源接通，手动操作模式选定后，可以按以下操作步骤，进行手动工具对准定向操作。

① 确定工具（工具坐标系 z 轴）需要定向对准的基准坐标系及坐标轴。

② 利用前述的手动操作，手动移动机器人，使得作业工具尽可能接近基准坐标系、基准轴。

③ 选择手动操作设定页面的【对准...】键，示教器可显示图 4.1-18 所示的工具对准定向操作页面。

④ 利用【选择与当前选定工具对准的坐标系】栏的下拉键，选定基准坐标系。

⑤ 握住示教器伺服 ON 开关，启动伺服。

⑥ 点击工具对准定向操作页面的【开始对准】键，机器人将自动进行工具对准定向运动，使工具坐标系 z 轴与基准坐标系最接近的坐标轴方向一致。

⑦ 工具对准后，点击工具对准定向操作页面的【关闭】键，关闭显示页，结束操作。

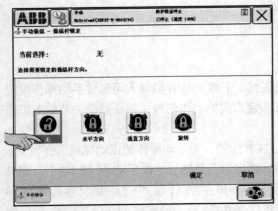

图4.1-17 操纵杆锁定方向选择页面

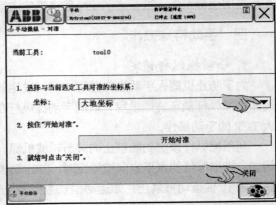

图4.1-18 工具对准定向操作页面

3. 手动程序点定位

利用手动程序点定位操作，可将机器人直接移动到控制系统已定义的程序点。手动程序点定位操作的步骤如下。

① 检查机器人、变位器（外部轴）等运动部件，确保其均处于安全、可自由运动的位置，并确保机器人由当前位置向程序点运动的过程中不会发生碰撞与干涉。

② 在手动操作设定页面，完成机械单元、工具数据、工件数据、负载数据等手动操作基本条件的设定。

③ 选择手动操作设定页面的【转到…】键，示教器可显示已输入控制系统的程序点清单显示页面；点击所需要的程序点，选定手动程序点定位位置。

④ 握住示教器伺服 ON 开关，启动伺服。

⑤ 选择【转到…】键，机器人 TCP 将以 250mm/s 的速度移动至程序点并定位。

技能训练

结合本任务的学习，完成以下练习。

一、不定项选择题

1. 以下对 IRC5 控制柜面板的急停按钮用途理解正确的是（　　　）。
   A. 用来控制作业程序的停止　　　　　　　B. 用来控制伺服驱动器停止
   C. 用于紧急情况的快速停止　　　　　　　D. 用来控制伺服主电源断开

2. 利用 IRC5 控制面板的操作模式选择开关，可选择的操作模式是（　　　）。
   A. 自动、手动、程序编辑　　　　　　　　B. 自动、手动、机器人回零
   C. 自动、手动、手动快速　　　　　　　　D. 自动、手动、机器人调试

3. ABB 机器人示教器上的伺服 ON 开关的用途是（　　　）。
   A. 用来控制作业程序的停止　　　　　　　B. 用来控制伺服驱动器停止
   C. 用于紧急情况的快速停止　　　　　　　D. 用来控制伺服主电源断开

4. ABB 机器人示教器上的程序运行控制键具有的控制功能是（　　　）。
   A. 程序启/停　　　　B. 驱动器启/停　　　　C. 程序后退　　　　D. 程序前进

5. 在 ABB 机器人示教器上，用来选择手动操作坐标轴及方向的是（　　）。

    A. 按键　　　　　　B. 转换开关　　　　　　C. 操纵杆　　　　　　D. 伺服 ON 开关

6. 以下对 ABB 机械单元启用/停用理解正确的是（　　）。

    A. 可通过系统参数控制　　　　　　　　B. 可通过程序指令控制

    C. 可通过手动设定控制　　　　　　　　D. 机器人单元不能停用

7. 以下对 ABB 机器人手动操作的工具数据、工件数据设定理解正确的是（　　）。

    A. 不安装工具、工件时不需要设定　　　B. 手动操作不需要设定

    C. 无工具、工件时选择 tool0、wobj0　　D. 关节轴手动不需要设定

8. 利用手动增量进给操作可进行的选择是（　　）。

    A. 运动轴　　　　　B. 运动方向　　　　　C. 移动距离　　　　　D. 移动时间

9. 以下可进行手动增量进给操作的是（　　）。

    A. 关节轴　　　　　B. 机器人 TCP　　　　C. 工具定向　　　　　D. 外部轴

10. ABB 机器人 TCP 需要 x、y、z 方向手动操作时，应选择的示教器触摸键是（　　）。

    A. 轴 1-3　　　　B. 轴 4-6　　　　　　C. 线性　　　　　　　D. 重定位

11. ABB 机器人 TCP 的手动操作，可选择的坐标系是（　　）。

    A. 大地坐标系　　B. 基座坐标系　　　　C. 工具坐标系　　　　D. 工件坐标系

12. 利用 ABB 机器人示教器触摸键【重定位】所选择的操作是（　　）。

    A. 机器人关节轴手动操作　　　　　　　B. 机器人 TCP 手动操作

    C. 手动工具定向操作　　　　　　　　　D. 指定程序点定位

13. 以下对 ABB 机器人手动操作禁止功能理解正确的是（　　）。

    A. 可直接禁止指定方向的轴运动　　　　B. 可直接禁止指定的轴运动

    C. 只能禁止操纵杆的指定运动　　　　　D. 对关节、TCP 运动同时有效

14. 以下对 ABB 机器人手动【对准…】操作理解正确的是（　　）。

    A. 机器人关节轴手动操作　　　　　　　B. 机器人 TCP 手动操作

    C. 手动工具定向操作　　　　　　　　　D. 调整工具坐标系 z 轴方向

15. 以下对 ABB 机器人手动【转到…】操作理解正确的是（　　）。

    A. 机器人关节轴手动操作　　　　　　　B. 机器人 TCP 手动操作

    C. 手动工具定向操作　　　　　　　　　D. 指定程序点手动定位操作

二、简答题

1. 简述 IRC5 控制柜面板电源总开关、急停按钮、伺服启动按钮的作用，并说明伺服启动按钮与示教器中的伺服 ON 开关的功能区别。

2. 简述 IRC5 控制系统的自动、手动、手动快速操作模式的区别。

3. 与数控机床等自动化设备比较，ABB 机器人有哪些特殊的手动操作？简述【对准…】、【转到…】操作的作用。

三、操作练习题

根据实验条件，进行 ABB 机器人的关节轴、机器人 TCP、工具定向、工具对准、程序点定位等手动操作练习。

●●● 任务 2　机器人快速设置 ●●●

能力目标

1. 掌握机械单元快速设置操作，能够熟练完成机械单元快速设置。
2. 掌握增量进给快速设置操作，能够熟练完成增量进给快速设置。
3. 掌握程序运行快速设置操作，能够熟练完成程序运行快速设置。

实践指导

一、快速设置功能与选择

1. 快速设置功能

快速设置是一种通过简单操作，完成机器人常用设定的快捷方式。利用快速设置，可简单、快速地完成机器人手动操作、程序运行的基本设定，而无须再进行手动操作设定。

ABB 机器人快速设置功能，可通过示教器右下角的【快速设置】触摸键打开；功能选择后，示教器右侧可显示图 4.2-1 所示的快速设置主页。

快速设置主页中有 A~F 共 6 个触摸选择图标键，其功能分别如下。

图标键 A：机械单元设置，可一次性设定机器人手动操作的机械单元、运动模式、工具数据、工件数据等基本参数。

图标键 B：增量进给设置，可进行机器人手动操作时的增量进给距离设定。

图标键 C：程序循环方式设置，可进行程序自动运行的单次或无限循环方式设定。

图标键 D：指令执行方式设置，可进行程序自动运行指令的步进、步退、跳过、下一移动指令等执行方式的设定。

图标键 E：移动速度设置，可进行程序自动运行的移动速度调整与设定。

图标键 F：任务设置，用于多任务作业的机器人系统，可进行程序自动运行的作业任务设定。

2. 机械单元快速设置

利用机械单元快速设置操作，可一次性完成机器人手动操作的机械单元、运动模式、工具数据、工件数据等基本参数的设定。

选择图 4.2-1 快速设置主页中的机械单元快速设置图标键 A，示教器可显示图 4.2-2 所示的机械单元快速设置基本页面，并在不同的区域显示如下内容。

B 区：系统机械单元设置区，当前选定的机械单元将被突出显示。例如，图 4.2-2 中的机器人 2（ROB_2）为突出显示，表明它已被选定。

C 区：当前选择的机器人手动操作运动模式。例如，图 4.2-2 中的机器人 2（ROB_2）为关节轴 j1~j3 点动。

D 区：当前选择的机器人工具数据 tooldata。例如，图 4.2-2 中的机器人 2（ROB_2）的工具数据为 tool0（tooldata 初始值）。

E 区：当前选择的机器人工件数据 wobjdata。例如，图 4.2-2 中的机器人 2（ROB_2）的工件数据为 wobj0（wobjdata 初始值）。

图4.2-1 ABB机器人快速设置主页

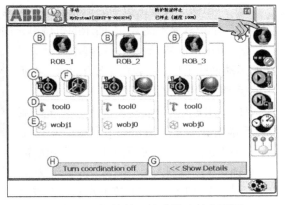

图4.2-2 机械单元快速设置基本页面

F 区：当前选择的手动操作坐标系。例如，图 4.2-2 中的机器人 1（ROB_1）为工件坐标系；机器人 2（ROB_2）、机器人 3（ROB_3）为大地坐标系。

在机械单元快速设置基本显示页面上，如选择 G 区的【<< Show Details（显示详情）】触摸键，则示教器可进一步显示当前有效的机械单元综合设置页面，如图 4.2-3 所示。

图4.2-3 机械单元综合设置页面

在综合设定页面的不同区域上，可进行的显示、设置如下。

A 区：机器人当前手动运动速度显示（图中为 100%）、速度调节及增量进给设定。操作【＋％】、【－％】键，可提高/降低机器人手动运动速度。选择【－－－】可选择手动增量进给、设定增量进给距离。

B 区：机器人手动操作坐标系选择、设置。当前选定的坐标系将被突出显示（图 4.2-3 中为大地坐标系）。B 区从左到右的图标依次为大地坐标系、基座坐标系、工具坐标系、工件坐标系。

C 区：机器人手动操作动作模式选择、设置。当前选定的坐标系将被突出显示（图 4.2-3 中为关节轴 j1～j3 点动）。C 区从左到右的图标依次为关节轴 j1～j3 点动、关节轴 j4～j6 点动、机器人 TCP 笛卡儿坐标系点动、工具定向点动。

根据机器人手动操作的实际需要，完成机械单元快速设置项目的设置；设置完成后操作【Hide Details >>（隐藏详情）】，返回机械单元快速设置基本显示页面。

二、机械单元快速设置

机器人的手动操作设定不仅可通过本项目任务 1 的手动操作条件设定进行，也可直接通过以下操作，利用机械单元综合设定页面快速设置。

1. 运动模式快速设置

利用机械单元综合设定页面，快速设定机器人手动操作运动模式的操作步骤如下。

① 点击示教器右下角的【快速设置】键，使示教器显示图 4.2-1 所示的快速设置主页。

② 点击快速设置主页中的机械单元设置键（图4.2-1上的图标键A），选择机械单元快速设置操作，示教器显示图4.2-2所示的机械单元快速设置基本页面。

③ 点击机械单元快速设置基本显示页C区的运动模式图标，示教器可显示图4.2-4所示的运动模式快速设置页面。

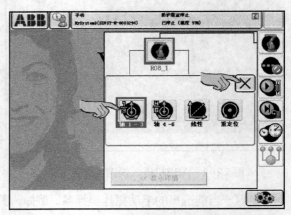

在运动模式快速设置页面上，可根据实际手动操作的需要，进行如下设定。

【轴1-3】：机器人关节轴j1~j3手动操作。

【轴4-6】：机器人关节轴j4~j6手动操作。

【线性】：机器人TCP笛卡儿坐标系点动操作。

【重定位】：手动工具定向操作。

以上运动模式的作用与本项目任务1的手动操作条件设定相同。

图4.2-4　运动模式快速设置页面

④ 运动模式设定完成后，点击【⊠】键退出，可返回机械单元快速设置基本显示页面。

2. 坐标系快速设置

利用机械单元综合设定页面，快速设定机器人手动操作坐标系的操作步骤如下。

① 点击示教器右下角的【快速设置】键，使示教器显示图4.2-1所示的快速设置主页。

② 点击快速设置主页中的机械单元设置键（图4.2-1上的图标键A），选择机械单元快速设置操作，示教器显示图4.2-2所示的机械单元快速设置基本页面。

③ 点击机械单元快速设置基本显示页F区的坐标系图标，示教器可显示图4.2-5所示的坐标系快速设置页面。

在该页面上，可根据实际需要，点击【大地坐标】或【基坐标】、【工具】、【工件坐标】图标，选定大地坐标系或基座坐标系、工具坐标系、工件坐标系作为机器人TCP点动操作的基准坐标系。

④ 机器人TCP手动操作坐标系快速设定完成后，点击【⊠】键退出，可返回机械单元快速设置基本显示页面。

3. 工具数据快速设置

利用机械单元综合设置页面，快速设置机器人工具数据的操作步骤如下。

① 点击示教器右下角的【快速设置】键，使示教器显示图4.2-1所示的快速设置主页。

② 点击快速设置主页中的机械单元设置键（图4.2-1上的图标键A），选择机械单元快速设置操作，示教器显示图4.2-2所示的机械单元快速设置基本页面。

③ 点击机械单元快速设置基本显示页D区的工具数据图标，示教器可显示图4.2-6所示的工具数据快速设置页面，并显示控制系统已定义的工具数据列表。

在工具数据表中，工具数据tool0为系统预定义的、初始值为0的工具数据，在不使用工具时，应选择tool0。

④ 工具数据快速设置完成后，点击【⊠】键退出，可返回机械单元快速设置基本显示页面。

4. 工件数据快速设置

利用机械单元综合设置页面，快速设置机器人工件数据的操作步骤如下。

① 点击示教器右下角的【快速设置】键，使示教器显示图4.2-1所示的快速设置主页。

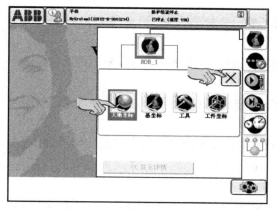

图4.2-5　坐标系快速设置页面

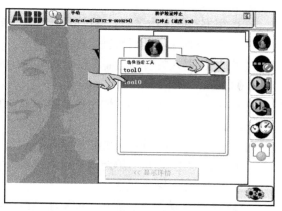

图4.2-6　工具数据快速设置页面

② 点击快速设置主页中的机械单元设置键（图 4.2-1 上的图标键 A），选择机械单元快速设置操作，示教器显示图 4.2-2 所示的机械单元快速设置基本页面。

③ 点击机械单元快速设置基本显示页 E 区的工件数据图标，示教器可显示图 4.2-7 所示的工件数据快速设置页面，并显示控制系统已定义的工件数据列表。

在工件数据表中，wobj0 为系统预定义的、初始值为 0 的工件数据，在不使用工具时，应选择 wobj0。

④ 工件数据快速设置完成后，点击【×】键退出，可返回机械单元快速设置基本显示页面。

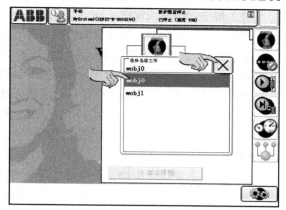

图4.2-7　工件数据快速设置页面

三、增量进给与程序运行设置

1. 增量进给快速设置

利用快速设置功能，快速设置机器人手动增量进给操作参数的操作步骤如下。

① 点击示教器右下角的【快速设置】键，使示教器显示图 4.2-1 所示的快速设置主页。

② 点击快速设置主页中的增量进给设定键（图 4.2-1 上的图标键 B），选择增量进给快速设置操作，示教器显示图 4.2-8 所示的增量进给快速设置页面。

增量进给快速设置页面的右侧为增量进给距离选择图标，左上角为所选择

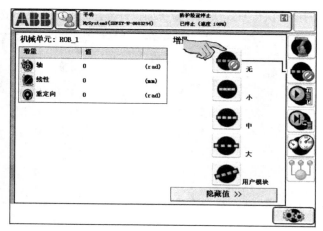

图4.2-8　增量进给快速设置页面

的增量进给距离值显示。

③ 根据实际操作需要，通过以下距离选择图标键，完成手动操作增量进给快速设定。

【无】：不使用手动增量进给操作。

【小】：机器人关节轴的增量进给距离为 0.005°，机器人 TCP 的笛卡儿坐标系的增量进给距离为 0.05mm。

【中】：机器人关节轴的增量进给距离为 0.02°，机器人 TCP 的笛卡儿坐标系增量进给距离为 1mm。

【大】：机器人关节轴的增量进给距离为 0.2°，机器人 TCP 的笛卡儿坐标系增量进给距离为 5mm。

【用户模块】：增量进给距离使用用户模块中所定义的值。

2. 程序运行快速设置

机器人的手动操作功能与数控机床等自动化设备有所不同，它在手动操作、自动运行模式下，均进行程序的自动运行。机器人程序自动运行的循环方式、程序指令的执行方式、速度倍率等，均可通过以下快速设置操作，直接进行设定。

（1）程序循环方式设置

利用快速设置功能，快速设置机器人自动运行程序循环方式的操作步骤如下。

① 点击示教器右下角的【快速设置】键，使示教器显示图 4.2-1 所示的快速设置主页。

② 点击快速设置主页中的程序循环方式设置键（图标键 C），示教器可显示图 4.2-9 所示的程序循环方式快速设置页面，并显示程序循环方式选择图标键。

③ 根据实际操作需要，通过以下循环方式选择图标键，完成自动运行程序循环方式的快速设置。

【单周】：选择该图标键，程序自动运行方式为单循环，即当控制系统执行至程序结束指令 ENDPROC 时，将自动停止。

【连续】：选择该图标键，程序自动运行方式为无限循环，即当控制系统执行至程序结束指令 ENDPROC 时，将自动返回至程序起点，并继续执行程序。

（2）指令执行方式快速设置

利用快速设置功能，快速设置机器人程序指令执行方式的操作步骤如下。

① 点击示教器右下角的【快速设置】键，使示教器显示图 4.2-1 所示的快速设置主页。

② 点击快速设置主页中的指令执行方式设置键（图标键 D），示教器可显示图 4.2-10 所示的指令执行方式快速设置页面，并显示指令执行方式选择图标键。

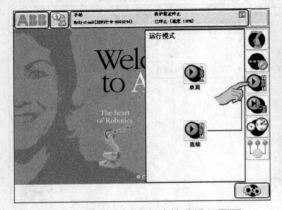

图4.2-9 程序循环方式快速设置页面

图4.2-10 指令执行方式快速设置页面

③ 根据实际操作需要,通过以下指令执行方式选择图标键,完成指令执行方式的快速设置。

【步进入】: 系统将从选定的指令开始, 由上至下、逐条、单步执行指令; 机器人 TCP 可沿编程的轨迹单步进入作业。

【步进出】: 系统将从选定的指令开始, 按指令编制相反的次序, 由下至上、逐条、单步执行指令; 机器人 TCP 将沿编程的轨迹单步退出作业。

【跳过】: 取消单步执行模式, 系统将从选定的指令开始, 自动、连续地执行后续的全部程序指令。

【下一移动指令】: 系统将直接跳至当前选定指令后续的第一条机器人移动指令上, 直接进入机器人运动; 中间的非移动指令均被跳过。

（3）移动速度快速设置

利用快速设置功能,快速设置机器人移动速度的操作步骤如下。

① 点击示教器右下角的【快速设置】键,使示教器显示图 4.2-1 所示的快速设置主页。

② 点击快速设置主页中的移动速度设置键（图标键 E）,示教器可显示图 4.2-11 所示的移动速度设置页面,并显示移动速度设置图标键。

③ 根据实际操作需要,通过以下移动速度设置图标键,完成机器人、外部轴移动速度的快速设置。

图4.2-11　移动速度设置页面

【−1%】、【+1%】: 连续微量调节, 以倍率增减 1%的形式, 微量调整机器人、外部轴移动速度。

【−5%】、【+5%】: 连续正常调节, 以倍率增减 5%的形式, 正常调整机器人、外部轴移动速度。

【25%】、【50%】、【100%】: 固定值设定, 直接设定机器人、外部轴的移动速度为编程速度的 25%、50%、100%。

技能训练

根据实验条件,进行 ABB 机器人的快速设置操作练习。

••• 任务 3　任务及模块创建与编辑 •••

能力目标

1. 能够熟练使用示教器的程序编辑器功能。
2. 知道任务创建、加载、编辑、保存、删除的操作步骤。
3. 能利用程序编辑器创建、加载、编辑、保存、删除程序模块。
4. 能利用程序编辑器创建、加载、编辑、保存、删除作业程序。

一、程序编辑器功能

1. 程序编辑器

在 ABB 机器人上，一个完整的 RAPID 机器人应用程序称为任务（Task）；任务由程序模块（Program Module）和系统模块（System Module）组成；程序模块又包含各种类型的作业程序（Routine，ABB 说明书中称为例行程序）。

RAPID 系统模块是用来定义控制系统软硬件配置与功能的特殊应用程序。系统模块由工业机器人的生产厂家创建，并可在控制系统开机时自动加载，机器人正常使用时，用户不可对其进行编辑、保存、删除操作。

程序模块是机器人作业程序，它可包含普通程序（PROC）、功能程序（FUNC）、中断程序（TRAP）以及程序数据。程序模块及作业程序、程序数据都需要用户根据机器人作业控制要求编制，并可利用示教器进行编辑、保存、删除操作。

因此，操作者如果需要创建一个完整的 RAPID 应用程序，就需要进行 RAPID 任务、程序模块、作业程序、程序数据的创建、编辑、保存、删除等操作，这些操作均可直接利用示教器的程序编辑器功能实现。

在示教器上选择 ABB 主菜单，然后在主菜单显示页面选择【Program Editor（程序编辑器）】触摸键，控制系统将使程序编辑器功能生效，示教器可显示图 4.3-1 所示的程序编辑页面。

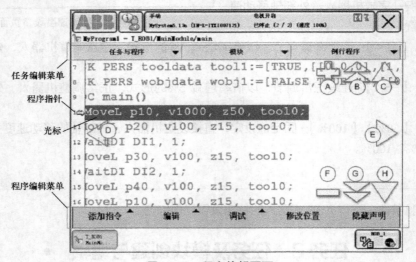

图4.3-1　程序编辑页面

程序编辑页面主屏分为任务编辑菜单、程序显示与编辑区、程序编辑菜单 3 个区域，每一操作区都有相应的用于程序编辑的菜单显示、操作图标等触摸键。

2. 任务编辑菜单

任务编辑菜单主要用于 RAPID 应用程序（任务）的编辑操作，它可对任务中所包含的模块（程序模块、系统模块）进行创建、加载、保存、删除等操作，从而生成操作者所需要的 RAPID 应用程序（任务）。任务编辑菜单的触摸键功能如下。

【任务与程序】：可打开任务操作菜单，对任务所包含的程序进行创建、加载、保存以及重命名等操作。

【模块】：可打开模块操作菜单，对任务所包含的模块（程序模块、系统模块）进行创建、加载、保存、重命名以及删除等操作。

【例行程序】：可打开 RAPID 程序操作菜单，对任务所含的各类程序（普通程序、功能程序、中断程序）进行输入（新建）、副本创建、程序声明更改以及程序删除等操作。

3. 程序显示与编辑区

程序显示与编辑区可显示需要编辑的程序以及程序编辑工具的图标键，其显示内容、图标键功能如下。

程序指针：选择、显示控制系统的程序指针（PP）位置，程序指针所指的指令，就是系统执行程序重启、单步等操作时的启动位置。

光标：选择、指示程序编辑的指令行。

图标键 A/图标键 F：文本放大/缩小键。可对程序显示区所显示的指令文本，进行整体放大/缩小操作。

图标键 B/图标键 G：翻页键。可使程序显示区所显示的指令文本向上/向下移动一页。

图标键 C/图标键 H：换行键。可使程序显示区的光标向上/向下移动一行。

图标键 D/图标键 E：显示区左/右移动键。可使程序显示区的显示窗口左/右移动，以显示、编辑完整的指令文本。

4. 程序编辑菜单

程序编辑菜单主要用于程序指令的输入、修改、删除，以及程序指针的调节等编辑操作，触摸键功能如下。

【添加指令】：可打开 RAPID 指令菜单，编辑、插入所需要的指令。

【编辑】：可打开编辑菜单，进行指令的剪切、复制、修改、删除等操作。

【调试】：可用于程序指针位置的调整、调试程序的运行。

【修改位置】：可通过手动示教、单步移动等方式，修改程序指令的位置数据。

【隐藏声明】：可关闭（隐藏）程序显示区的程序声明，仅显示程序指令。

二、任务创建与编辑

在机器人控制系统中，任务以程序文件的形式保存，如不另行指定途径，则程序文件（任务）将保存在系统文件夹的 HOME 目录下。

任务包含了机器人全部的应用程序与数据，包括系统模块，因此，它通常由机器人生产厂家创建。如果需要，也可利用示教器的程序编辑器进行任务的输入（创建）与编辑，其操作方法如下。

1. 任务创建与保存

利用示教器的程序编辑器创建、保存一个任务的操作步骤分别如下。

① 选择 ABB 主菜单，在主菜单显示页面选择【Program Editor（程序编辑器）】图标键，程序编辑器功能生效，使示教器显示图 4.3-1 所示的程序编辑页面。

② 点击任务编辑菜单区的【任务与程序】键，选择任务编辑操作后，示教器将显示图 4.3-2 所示的任务编辑页面。在任务编辑页面上，将显示系统已有的任务名称、程序文件名（程序名称）及类型。

③ 选择任务编辑页面的【文件】键，可进一步打开图 4.3-2 所示的程序文件（任务）编辑操作菜单。

④ 点击【新建程序…】，选择程序文件（任务）创建操作后，示教器可显示任务创建页面。但是，如果创建新任务时，控制系统已存在一个被打开（加载）的程序文件（任务），则示教器将自动显示一个操作警示对话框，并显示触摸键【保存】、【不保存】、【取消】，操作者可根据实际需要选择相应的触摸键进行以下操作。

【保存】：控制系统将关闭并保存当前打开的程序文件。

【不保存】：控制系统将关闭当前打开的程序文件，并将其从系统的内存中删除。

【取消】：放弃任务创建操作，仍然显示当前打开的程序文件。

需要创建新任务时，应点击【保存】或【不保存】键，关闭当前打开的程序文件。

⑤ 点击任务创建页面上的任务（程序文件）名称栏的输入键【…】（或【ABC…】），通过示教器显示的文本输入软键盘（见图 4.3-3），输入任务（程序文件）名称。

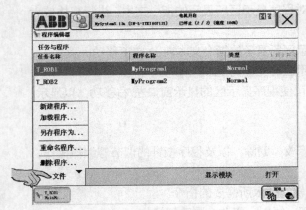

图4.3-2　任务编辑页面

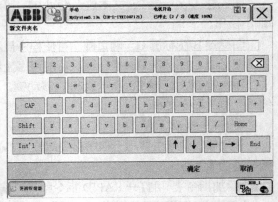

图4.3-3　文本输入软键盘

⑥ 任务（程序文件）名称输入完成后，通过点击【确定】键确认。这样，一个新的任务将在控制系统中创建。然后，可通过后述的模块输入与编辑操作、作业程序输入与编辑操作，创建新任务的模块及作业程序，并完成模块及作业程序的输入、编辑操作。

⑦ 选择任务编辑页面的【文件】键，再次打开图 4.3-2 所示的程序文件（任务）编辑操作菜单。

⑧ 点击【另存程序为…】，程序文件（任务）将以默认的路径，保存到控制系统的硬盘中。如需要，也可点击程序文件名称栏的输入键【…】（或【ABC…】），利用图 4.3-3 所示的文本输入软键盘输入新的任务名。

⑨ 输入完成后，点击【确定】键，创建的任务将被保存。

2. 任务加载

任务加载操作可将一个控制系统硬盘中已有的程序文件读入内存，作为当前任务显示、编辑、执行。利用示教器加载任务的操作步骤如下。

①～③ 通过与"任务创建与保存"步骤①～③同样的操作，打开图 4.3-2 所示的程序文件（任务）编辑操作菜单。

④ 点击【加载程序…】，选择程序文件（任务）加载操作后，示教器可显示系统现有的程

序文件。

与任务创建同样，如果加载新任务时控制系统已存在一个加载（打开）的程序文件（任务），则示教器将自动显示一个操作警示对话框，并显示触摸操作键【保存】、【不保存】、【取消】，操作者可根据实际需要选择相应的触摸操作键。

需要加载新任务时，应点击【保存】或【不保存】键，关闭当前加载（打开）的程序文件（任务）。

⑤ 选择需要加载的程序文件（文件类型为".pgf"），点击【确定】键，所选定的程序文件（任务）将被加载，并在示教器上显示。

3. 任务删除

任务删除操作可将当前打开的程序文件（任务）从控制系统内存中删除，但系统硬盘的文件仍将保留。利用示教器删除任务的操作步骤如下。

①～③ 通过与"任务创建与保存"步骤①～③同样的操作，打开图 4.3-2 所示的程序文件（任务）编辑操作菜单。

④ 点击【删除程序...】，示教器将显示图 4.3-4 所示的警示对话框。

⑤ 如果需要保存当前的程序文件，可选择【取消】键，先放弃程序删除操作，然后，通过与"任务创建与保存"同样的操作保存文件，再进行程序删除操作。

如果当前的程序文件确认可以删除，则选择【确定】键，当前打开的程序文件（任务）即从控制系统内存中删除。

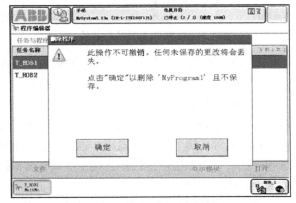

图4.3-4 删除程序警示对话框

4. 任务重命名

任务重命名操作可将当前打开的程序文件（任务）更改为其他的名称。利用示教器重命名任务的操作步骤如下。

①～③ 通过与"任务创建与保存"步骤①～③同样的操作，打开图 4.3-2 所示的程序文件（任务）编辑操作菜单。

④ 点击【重命名程序...】，示教器可显示图 4.3-3 所示的文本输入软键盘。

⑤ 输入新的任务名称后，点击【确定】键，当前任务的名称将被更改。

三、模块创建与编辑

RAPID 机器人应用程序（任务）由程序模块和系统模块组成，因此，创建与编辑任务时，需要进行模块的输入与编辑操作。利用示教器的程序编辑器进行模块的输入（创建）与编辑的操作步骤如下。

1. 模块创建与保存

利用示教器的程序编辑器创建、保存一个模块的操作步骤分别如下。

① 选择 ABB 主菜单，在主菜单显示页面选择【Program Editor（程序编辑器）】图标键，程序编辑器功能生效，使示教器显示程序编辑页面。

② 点击任务编辑菜单区的【模块】键，选择模块编辑操作后，示教器将显示图 4.3-5 所示

的模块编辑页面，并显示系统已有的模块名称、类型。

③ 选择模块编辑页面的【文件】键，可进一步打开图 4.3-5 所示的模块编辑操作菜单。

④ 点击【新建模块...】，选择模块创建操作后，示教器可显示图 4.3-6 所示的模块创建页面。

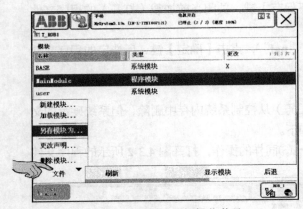

图4.3-5　模块编辑操作菜单

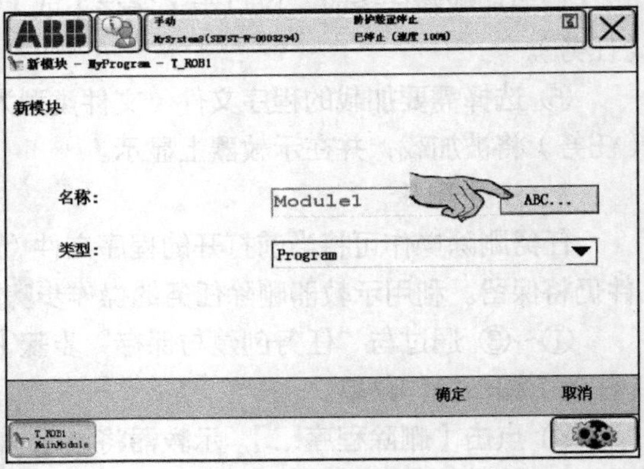

图4.3-6　模块创建页面

⑤ 点击模块创建页面上名称栏的输入键【ABC...】，通过示教器显示的文本输入软键盘（参见图 4.3-3）输入模块名称（如 MainModule）。

⑥ 点击模块创建页面上类型栏的下拉键，选定模块的类型。例如，对于通常的程序模块，应选择"Program"；如果是系统模块，则选择"System"。

模块名称、类型输入完成后，通过【确定】键确认。这样，一个新的模块将在控制系统中创建。然后，可通过后述的作业程序输入与编辑操作，创建模块的作业程序，并完成作业程序的输入、编辑操作。

⑦ 选择模块编辑页面的【文件】键，再次打开模块编辑操作菜单。

⑧ 点击【另存模块为...】，示教器可显示图 4.3-7 所示的模块保存页面。

新模块将以系统默认的途径（如 C:/Data/System/MySystem3）保存。如需要，也可点击文件名栏的输入键【...】，利用图 4.3-3 所示的文本输入软键盘输入新的文件名。

⑨ 输入完成后，点击【确定】键，保存创建的模块。

模块创建完成后，便可通过作业程序编辑同样的方法，对模块中的程序数据定义等指令进行输入与编辑，其操作步骤详见后述。

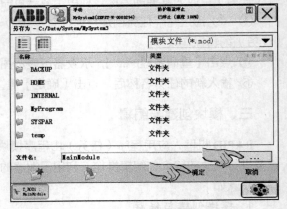

图4.3-7　保存模块

2. 模块加载

模块加载操作可将一个控制系统硬盘中已有的模块读入内存，作为当前模块显示、编辑、执行。利用示教器加载模块的操作步骤如下。

①～③ 通过与"模块创建与保存"步骤①～③同样的操作，打开模块编辑操作菜单。

④ 点击【加载模块...】，选择模块加载操作后，示教器可显示系统现有的模块（参见

图 4.3-5)。

　　⑤ 选择需要加载的模块，点击【确定】键，所选定的模块将被加载，并在示教器上显示。

　　被加载的模块可通过作业程序编辑同样的方法，对模块中的程序数据定义等指令进行输入与编辑，其操作步骤详见后述。

　　3. 模块删除

　　模块删除操作可将当前打开的模块从控制系统内存中删除，但系统硬盘的模块仍将保留。利用示教器删除模块的操作步骤如下。

　　①～③ 通过与"模块创建与保存"步骤①～③同样的操作，打开模块编辑操作菜单。

　　④ 点击【删除模块…】，选择模块删除操作后，示教器将显示模块删除警示对话框。

　　⑤ 如果需要保存当前的模块，可选择【取消】键，先放弃模块删除操作，然后，通过与"模块创建与保存"同样的操作保存模块，再进行模块删除操作；如果当前的模块确认可以删除，则选择【确定】键，将当前打开的模块从控制系统内存中删除。

　　4. 模块重命名

　　模块重命名操作可将当前打开的模块更改为其他的名称。利用示教器重命名模块的操作步骤如下。

　　①～③ 通过"模块创建与保存"步骤①～③同样的操作，打开模块编辑操作菜单。

　　④ 点击【重命名模块…】，示教器可显示文本输入软键盘，如图 4.3-3 所示。

　　⑤ 输入新的模块名称后，点击【确定】键，当前模块的名称将被更改。

　　5. 模块声明更改

　　模块声明中的属性通常只能通过离线编程软件编辑，但模块的类型可通过示教器的程序编辑器更改。利用示教器更改模块类型的操作步骤如下。

　　①～③ 通过与"模块创建与保存"步骤①～③同样的操作，打开模块编辑操作菜单。

　　④ 点击【更改声明…】，在示教器显示的编辑页面上点击【类型】键。

　　⑤ 选定模块的类型，点击【确定】键，当前模块的类型将被更改。

四、作业程序创建与编辑

　　机器人作业程序是 RAPID 程序的主体，其类型有普通程序（PROC）、功能程序（FUNC）、中断程序（TRAP）3 类。利用示教器的程序编辑器功能，创建、编辑作业程序的操作步骤如下。

　　1. 作业程序创建

　　RAPID 作业程序需要通过程序声明来明确其使用范围、程序类型、程序名称及程序参数，其格式可参见项目二。创建作业程序时，需要通过以下步骤，完成程序声明输入与编辑。

　　① 选择 ABB 主菜单，在主菜单显示页面，选择【Program Editor（程序编辑器）】图标键，生效程序编辑器功能，使示教器显示程序编辑页面如图 4.3-1 所示。

　　② 点击任务编辑菜单区的【例行程序】键，选择作业程序编辑操作。

　　③ 点击作业程序编辑操作显示页的【文件】键，打开作业程序编辑操作菜单。在操作菜单中选择【新例行程序】，示教器将显示图 4.3-8 所示的程序声明编辑页面。

　　程序声明编辑页面的输入、显示栏作用与含义如下。

　　【名称】：可进行作业程序名称的输入、修改。

　　【类型】：可进行程序类别（普通程序 PROC、功能程序 FUNC、中断程序 TRAP）的输入、修改。

【参数】：可进行作业程序参数的名称输入、修改。

【数据类型】：可进行作业程序参数的数据类型输入、修改。

【模块】：可输入、修改作业程序所属模块的名称。

【本地声明】、【错误处理程序】、【撤销处理程序】、【向后处理程序】：用于特殊作业程序的设定，通常不需要选择。例如，选择【本地声明】时，作业程序的使用范围将被限定为 LOCAL（局域程序），这样的作业程序只能供本模块使用（调用）。

图4.3-8　程序声明编辑页面

程序声明编辑页面上的各显示栏，可根据需要，按照以下方法输入、编辑。

（1）无参数程序的创建

对于不使用程序参数的普通程序 PROC，或无参数的中断程序 TRAP，无须进行程序参数的输入与编辑，其程序声明可直接通过以下操作输入与编辑。

① 打开程序编辑器，选择作业程序编辑，示教器显示图 4.3-8 所示的程序声明编辑页面。

② 如图 4.3-9 所示，点击【名称】输入栏的输入键【ABC…】，利用文本输入软键盘，输入作业程序名称后，通过【确定】键确认。

③ 点击【类型】栏的下拉键，显示作业程序类型选择键，根据需要，点击选定程序类型。作业程序的类型有普通程序 PROC、功能程序 FUNC、中断程序 TRAP 3 类，由于翻译的原因，示教器的程序类型显示可能为其他文字，如"过程"（即普通程序）、"函数"（即功能程序）、"陷阱"（即中断程序）等。

④ 点击【模块】栏的下拉键，显示系统已有的程序模块（名称）选择键，根据需要，点击选定作业程序所属的模块。

⑤ 如果作业程序只能供本模块使用（调用），则选中【本地声明】复选框，选定程序的使用范围为"LOCAL（局域程序）"。

⑥ 输入完成后，点击【确定】键确认。

（2）有参数程序的创建

功能程序 FUNC 或使用参数化编程的普通程序 PROC，其程序声明中必须包含程序参数。作业程序参数的格式可参见项目二。有参数的程序声明的输入与编辑操作如下。

① 利用"无参数程序的声明编辑"同样的方法，在程序声明编辑页面上，输入作业程序名称，并选定类型、模块及使用范围。

② 点击【参数】输入栏的输入键【…】，示教器可显示程序声明的程序参数添加页面，如图 4.3-10 所示。

③ 点击程序参数添加页面的【添加】键，显示图 4.3-10 所示的程序参数添加选择项【添加参数】、【添加可选参数】、【添加可选共用参数】，可根据需要予以选定。如需要添加的程序参数为必需参数（无选择标记"\"），则直接选择【添加参数】选项；如需要添加的程序参数为可选参数（带选择标记"\"），则选择【添加可选参数】选项；如需要添加的程序参数是与其他程序

共用的参数，则选择【添加可选共用参数】选项。

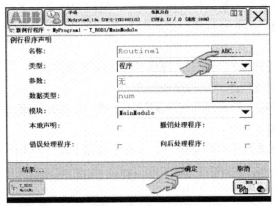

图4.3-9 编辑程序名称

图4.3-10 添加程序参数

④ 用文本输入软键盘输入程序参数（或数组）名称后，点击【确定】键确认。此时，示教器可显示图4.3-11所示的程序参数编辑页面。

程序参数编辑页面的左侧为已输入的参数显示（如param0）；编辑页面的右侧为程序参数的属性（属性）、设定值（值）显示与编辑区，该区域可显示程序参数的全部内容，如数据类型、访问模式（模式）、数组参数的阶数（维数）等，点击选中该属性所对应的设定值后，可进行设定值的输入与修改。

⑤ 根据需要，设定、修改程序参数属性，

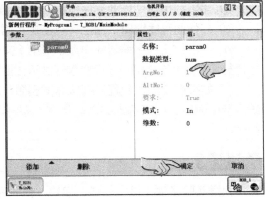

图4.3-11 程序参数编辑页面

完成后，点击【确定】键确认。示教器可返回程序声明编辑页面（见图4.3-8），并在编辑页面的【参数】、【数据类型】栏显示所输入的参数名称、数据类型。

程序声明输入完成后点击【确定】键确认后，便可完成作业程序的创建。

2. 作业程序复制

为了简化操作，编辑作业程序时可复制一个相近的作业程序，再在此基础上，通过指令编辑操作，简单完成作业程序的创建操作。

复制作业程序的操作步骤如下。

① 选择ABB主菜单，并在主菜单显示页面，选择【Program Editor（程序编辑器）】图标键，程序编辑器功能生效，使示教器显示程序编辑页面。

② 点击任务编辑菜单区的【例行程序】键，选择作业程序编辑操作。

③ 在作业程序编辑页面上，点击选定需要复制的作业程序。

④ 点击作业程序编辑操作显示页的【文件】键，打开作业程序编辑操作菜单。在操作菜单中选择【创建副本】，系统便可生成一个名称为原名称加后缀"copy"的新作业程序。

⑤ 利用下述的"程序声明更改"操作，修改程序声明后，点击【确定】键，一个新的作业程序便创建完成了。

3. 程序声明更改

通过以作业程序复制所创建的作业程序，需要按照新的作业程序要求，通过程序声明更改操作，重新定义程序的使用范围、程序类型、程序名称及程序参数。更改程序声明的操作步骤如下。

①、② 利用与"作业程序复制"步骤①、②同样的操作，选择作业程序编辑操作。

③ 在作业程序编辑页面上，点击选定需要更改程序声明的作业程序。

④ 点击作业程序编辑操作显示页的【文件】键，打开作业程序编辑操作菜单。在操作菜单中选择【更改声明…】，示教器将显示程序声明编辑页面。

⑤ 利用与"作业程序创建"同样的操作，完成程序声明编辑后，点击【确定】键，一个新的作业程序便创建完成了。

4. 作业程序删除

作业程序删除操作可将指定的作业程序从控制系统内存中删除，利用示教器删除作业程序的操作步骤如下。

①、② 利用与"作业程序复制"步骤①、②同样的操作，选择作业程序编辑操作。

③ 在作业程序编辑页面上，点击选定需要删除的作业程序。

④ 点击作业程序编辑操作显示页的【文件】键，打开作业程序编辑操作菜单。在操作菜单中选择【删除例行程序】，示教器将显示作业程序删除警示对话框。

⑤ 如果选定的作业程序确认需要删除，应选择【确定】键，则所选的作业程序将从控制系统内存中删除；如果选定的作业程序不需要删除，则通过点击【取消】键，放弃作业程序删除操作。

技能训练

根据实验条件，进行任务、模块、作业程序创建与编辑练习。

••• 任务 4 程序数据创建与编辑 •••

能力目标

1. 能够熟练创建、编辑一般程序数据。
2. 能够熟练创建、编辑 RAPID 工具数据。
3. 能够熟练创建、编辑 RAPID 工件数据。
4. 知道 RAPID 负载数据创建、编辑的一般方法。

实践指导

一、数据创建的一般方法

1. 程序数据编辑页面

RAPID 程序模块由程序数据（Program Data）、作业程序（Routine）组成。程序数据是 RAPID 指令的操作数据，其数量众多、格式各异。

为了便于用户使用，机器人出厂时，生产厂家已对部分常用的基本程序数据，如移动速度、到位区间等，进行了预定义，系统预定义的程序数据可直接在程序中使用，无须操作另行创建、编辑。但是，用于用户程序模块、作业程序的程序数据，如程序点位置、特殊移动速度以及作业工具、工件等程序数据，需要操作者进行创建、编辑。

　　在 RAPID 程序中，程序数据需要通过数据声明指令进行定义，其指令的基本格式参见项目二。数据声明（定义）指令通常直接通过示教器的程序数据创建操作予以生成。创建程序数据时，首先需要通过以下操作，显示程序数据编辑页面。

　　① 选择 ABB 主菜单，在主菜单显示页面选择【Program Data（程序数据）】图标键，程序数据显示、编辑功能生效，使示教器显示图 4.4-1 所示的程序数据类型显示页面。

　　程序数据显示页面的上部，可显示程序数据范围输入、显示框，以及用于程序数据使用范围的显示与选择的数据输入、修改键【更改范围】。显示页面的中间区域为程序数据类型显示与选择区域，它可用于数据类型的设定与选择。显示页面的下部为数据显示、视图显示操作键【显示数据】【视图】，选择程序数据类型后，操作【显示数据】键，将显示该类型的程序数据；如果未选择程序数据类型，操作【视图】键，则可显示程序数据的全部类型。

　　② 点击程序数据编辑页面的【更改范围】键，示教器将显示图 4.4-2 所示的程序数据使用范围选择页面。通过显示页面的选择项，操作者可进行以下选择。

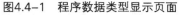
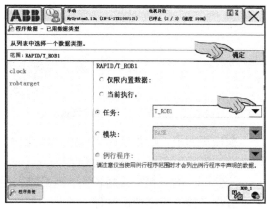

图4.4-1　程序数据类型显示页面　　　　图4.4-2　程序数据使用范围选择页面

　　【仅限内置数据】：显示控制系统可使用的所有程序数据类型。

　　【当前执行】：显示系统当前使用的程序数据类型。

　　【任务】：显示指定任务所使用的程序数据类型。需要指定的任务名称可通过输入框的下拉键选定。

　　【模块】：显示指定模块所使用的程序数据类型。需要指定的模块名称可通过输入框的下拉键选定。

　　【例行程序】：显示指定作业程序所使用的程序数据类型。需要指定的作业程序名称可通过输入框的下拉键选定。

　　③ 点击所需的使用范围，选定任务、模块、作业程序名称后，点击【确定】键确认，示教器的程序数据类型显示、选择区将显示该范围的全部数据类型。

　　④ 在程序数据类型显示、选择区域，点击选定需要创建、编辑的程序数据类型。

⑤ 点击下部的【显示数据】键，示教器将显示指定类型（如 wobjdata）的程序数据显示与编辑页面，如图 4.4-3 所示。

程序数据显示与编辑页面的中间区域，可显示控制系统已定义的、指定类型程序数据的数据名称（名称）、现行值（值）、所属的程序模块（模块），以及程序数据的使用范围（范围）列表。列表下方将显示程序数据编辑用的【新建...】、【编辑】、【刷新】等操作键，可用于下述的程序数据创建、编辑等操作。

2. 程序数据创建

① 根据需要创建的程序数据类型，通过程序数据编辑页面显示操作，使示教器显示需要创建的程序数据显示与编辑页面。

② 点击程序数据显示与编辑页面的【新建...】键，示教器可显示图 4.4-4 所示的程序数据创建页面。

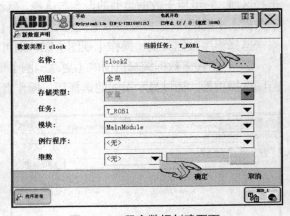

图4.4-3　程序数据显示与编辑页面　　　　图4.4-4　程序数据创建页面

在该页面上，操作者可以通过对应的输入框，输入、选定程序数据的使用范围、数据性质等内容。显示页各输入框的功能如下。

【名称】：输入程序数据名称。点击输入栏的输入键【...】，便可利用示教器所显示的文本输入软键盘，输入程序数据名称。

【范围】：选择程序数据的使用范围。点击输入栏的下拉键，可选择全局（Global）、任务（Task）和局部（Local）。

【存储类型】：选择程序数据的性质。点击输入栏的下拉键，可选择常量（CONST）、永久数据（PERS）、变量（程序变量 VAR）。

【任务】、【模块】、【例行程序】：可选择使用、定义程序数据的任务、模块或作业程序名称。

【维数】：仅用于数组数据，对于多元数组数据，应利用输入栏的扩展键 1、2、3，选定 1、2、3 阶数组；然后通过输入键【...】，利用示教器显示的文本输入软键盘，输入数组数据的元数。有关数组数据的详细说明可参见项目二。

对于可设定初始值的程序数据，显示页还可显示【初始值】操作键，选定后可完成初始值设定操作。

③ 完成输入项设定后，点击【确定】键确认，一个新的程序数据将被创建。

3. 程序数据编辑

系统已定义或创建的程序数据可通过程序数据编辑操作修改、删除，其操作步骤如下。

① 根据需要编辑的程序数据类型，通过程序数据编辑页面显示操作，使示教器显示程序数据显示与编辑页面。

② 选定数据类型，点击程序数据显示与编辑页面的【编辑】键，示教器可显示图 4.4-5 所示的程序数据编辑操作菜单。

程序数据编辑菜单的编辑选项作用如下。

【删除】：删除选定的程序数据。

【更改声明】：可对程序数据名称、使用范围、性质、初始值等进行重新定义。

【更改值】：更改程序数据数值。

【复制】：复制选定的程序数据。

【定义】：利用示教操作定义程序数据，仅用于工具数据 tooldata、工件数据 wobjdata、负载数据 loaddata 的编辑操作。

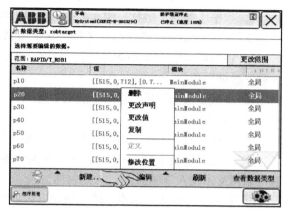

图4.4-5　程序数据编辑操作菜单

【修改位置】：利用示教或其他方法修改程序点位置，仅用于 TCP 位置数据 robtarget、关节位置数据 jointtarget 的修改。

在 RAPID 程序数据中，工具数据 tooldata、工件数据 wobjdata、负载数据 loaddata 的创建与编辑操作以及 TCP 位置数据 robtarget、关节位置数据 jointtarget 的修改操作相对特殊，有关内容可参见后述；其他类型程序数据的删除、复制以及数据声明、初始值更改的基本操作步骤如下。

（1）程序数据删除

① 在程序数据显示与编辑页面上，点击选定需要删除的程序数据。

② 点击【编辑】键，打开图 4.4-5 所示的程序数据编辑操作菜单后，点击【删除】键，示教器将显示程序数据删除警示对话框。

③ 如选定的程序数据确认需要删除，应点击【是】键，则程序数据将从控制系统中删除；如果选定的程序数据不需要删除，可通过点击【否】键，放弃程序数据删除操作。

（2）程序数据声明更改

① 在程序数据显示与编辑页面点击选定需要更改的程序数据。

② 点击【编辑】键，打开图 4.4-5 所示的程序数据编辑操作菜单后，点击【更改声明】键，示教器将显示图 4.4-6 所示的程序数据声明更改页面。

③ 通过与"程序数据创建"同样的操作，利用对应的输入框，输入、选定程序数据的使用范围、数据性质等内容。对于可设定初始值的程

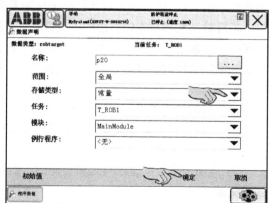

图4.4-6　数据声明更改页面

序数据，可点击【初始值】键，重新设定程序数据的初始值。

④ 完成各项设定后，点击【确定】键确认。

（3）程序数据数值更改

① 在程序数据显示与编辑页面（参见图 4.4-3），点击选定需要更改的程序数据。

② 点击【编辑】键打开图 4.4-5 所示的程序数据编辑操作菜单后，点击【更改值】键，示教器将根据程序数据类型，显示不同的数值编辑页面。

③ 根据程序数据数值设定要求，利用示教器的文本输入软键盘或输入选择扩展键，重新输入程序数据数值。

④ 完成数值修改后，点击【确定】键确认。

（4）程序数据复制

① 在程序数据显示与编辑页面（参见图 4.4-3），点击选定需要复制的程序数据。

② 点击【编辑】键打开图 4.4-5 所示的程序数据编辑操作菜单后，点击【复制】键，示教器可显示文本输入软键盘。

③ 利用文本输入软键盘，输入新程序数据的名称后，点击【确定】键确认，一个新的程序数据将被生成。复制生成的程序数据具有与源数据相同的数值。

二、工具数据示教与编辑

RAPID 工具数据 tooldata 是机器人作业必需的基本数据，它是由工具安装形式 robhold、工具坐标系 tframe、负载特性 tload 等数据项构成的复合型数据，详细说明可参见项目二。

工具数据 tooldata 的构成项多、结构复杂、计算困难，利用程序数据创建与编辑的一般方法定义它的难度较大，因此，实际操作时通常利用示教设定的方法创建与编辑。

1. 工具数据编辑页面

工具数据的创建与编辑需要通过示教器的工具数据编辑页面进行，打开工具数据编辑页面的操作步骤如下。

① 选择 ABB 主菜单，在主菜单显示页面，选择【Jogging（手动操作）】图标键，使示教器显示手动操作设定页面。

② 选择手动操作设定页面的【Tool（工具坐标）】图标键，工具数据编辑功能生效，示教器将显示图 4.4-7 所示的工具数据显示与编辑页面。

工具数据显示与编辑页面的中间区域，可显示控制系统已定义的工具数据的名称、现行值、所属的程序模块以及使用范围列表。列表下方将显示工具数据编辑用的【新建...】、【编辑】、【刷新】等操作键，可用于下述的工具数据创建、编辑等操作。

2. 工具数据创建

工具数据创建的操作步骤如下。

① 通过工具数据编辑页面显示操作，使示教器显示图 4.4-7 所示的工具数据显示与编辑页面。

② 点击工具数据显示与编辑页面的【新建...】键，示教器可显示图 4.4-8 所示的工具数据创建页面。

在工具数据创建与编辑页面上，操作者可以通过对应的输入框，输入、选定工具数据的使用范围、数据性质等内容。显示页各输入框的功能如下。

图4.4-7　工具数据显示与编辑页面

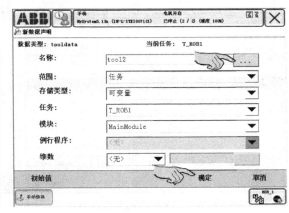

图4.4-8　工具数据创建页面

【名称】：输入工具数据名称。点击输入栏的输入键【...】，便可利用示教器所显示的文本输入软键盘，输入工具数据名称。

【范围】：选择工具数据的使用范围。点击输入栏的下拉键，可选择全局、任务和局部。

【存储类型】：选择工具数据的性质，工具数据的性质总是为永久数据 PERS（中文"可变量"的翻译不确切），不可更改。

【任务】、【模块】、【例行程序】：可选择使用、定义工具数据的任务、模块。工具数据只能在程序模块中定义，【例行程序】栏不能输入与编辑。

【维数】：用于设定数组型工具数据，由于工具数据的构成较复杂，因此通常不使用数组。如需要，可利用输入栏的扩展键 1、2、3，选定 1、2、3 阶数组；然后，再通过输入键【...】，利用示教器显示的文本输入软键盘，输入数组型工具数据的元数。

③ 完成输入项设定后，点击【确定】键确认，一个新的工具数据将被创建。

3. 工具坐标系示教

工具坐标系 tframe 是工具数据 tooldata 最主要的组成项，它一般通过工具数据编辑的示教定义操作设定，其操作步骤如下。

① 通过工具数据编辑页面显示操作，使示教器显示工具数据显示与编辑页面。

② 点击需要进行工具坐标系设定的工具数据，选中后，再选择【编辑】键，示教器可显示图 4.4-9 所示的工具数据编辑操作菜单。

③ 点击编辑操作菜单中的【定义】，示教器可显示图 4.4-10 所示的工具坐标系示教定义设定页面。

在工具坐标系示教定义设定页面的【方法】输入框中，操作者可通过输入扩展选择键，选择如下示教操作方法。

【TCP（默认方向）】：工具坐标系方向与机器人手腕基准坐标系相同；利用示教点计算、设定 TCP 位置。

【TCP&Z】：工具坐标系方向与机器人手腕基准坐标系不同；利用示教点计算、设定 TCP 位置，并指定工具坐标系的 z 轴方向。

【TCP&Z，X】：工具坐标系方向与机器人手腕基准坐标系不同；利用示教点计算、设定 TCP 位置，并同时指定工具坐标系的 z 轴、x 轴方向。

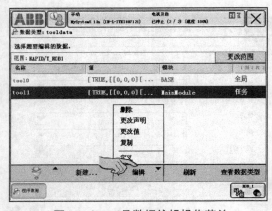
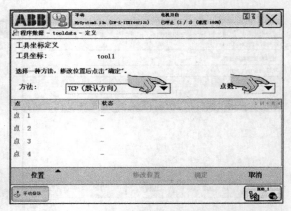

图4.4-9　工具数据编辑操作菜单　　　　图4.4-10　工具坐标系示教定义设定页面

在工具坐标系示教定义设定页面的【点数】输入框上，操作者可通过输入扩展选择键，输入用来计算、设定 TCP 位置的示教点数量。增加示教点数量理论上可以提高 TCP 的计算精度，但通常情况下，利用 4 点示教已可满足 TCP 位置精度的一般要求。

④ 根据需要，在【方法】输入框选定工具坐标系的示教方法；在【点数】输入框选定示教点数（如 5 点）。

⑤ 如图 4.4-11（a）所示，选择一个合适的位置，作为工具坐标系测定的基准点；然后，通过机器人点动、增量进给等手动操作，使得 TCP 尽可能对准测试基准点；定位完成后，点击【修改位置】键，记录第一点位置 p1。

⑥ 在保持工具 TCP 对准测试基准点的前提下，通过机器人点动、增量进给等手动操作，改变工具姿态，通过图 4.4-12 所示的【修改位置】键，依次进行第 2、3、4、5 点定位（5 点示教），并记录位置 p2、p3、p4、p5，系统便可自动计算、设定 TCP 位置。各示教点间的工具姿态变化量越大，TCP 位置的计算精度也越高。

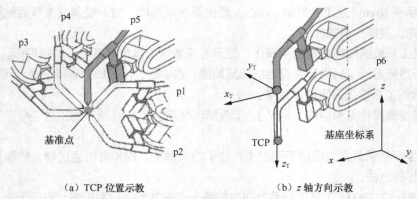

（a）TCP 位置示教　　　　　　　（b）z 轴方向示教
图4.4-11　工具坐标系示教设定

如果示教操作方法选择的是"TCP（默认方向）"，即工具坐标系方向与机器人手腕基准坐标系相同时，则可直接点击【确定】键，完成工具坐标系示教定义操作。

如示教操作方法选择的是【TCP&Z】、【TCP&Z，X】，即工具坐标系方向与机器人手腕基准坐标系不同时，则进行下一步操作。

⑦ 在保持工具姿态不变的前提下，通过基座（大地）坐标系的点动操作，使 TCP 移动到图 4.4-11（b）所示、工具坐标系+z 轴上的一点 p6 上，完成定位后，点击【修改位置】键，记录位置 p6。

如果示教操作方法选择的是【TCP&Z】，则可直接点击【确定】键，完成工具坐标系示教定义操作。

如示教操作方法选择的是【TCP&Z，X】，则继续通过基座（大地）坐标系的点动操作，使 TCP 移动到工具坐标系+x 轴上的一点 p7

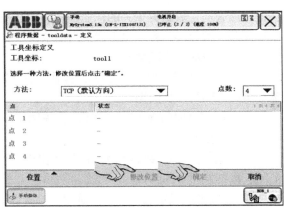

图4.4-12 示教点记录

上，定位完成后，点击【修改位置】键，记录位置 p7；然后，点击【确定】键，完成工具坐标系示教定义操作。

⑧ 如果示教点选择不合理，或者需要另行示教，可点击【位置】键，打开位置编辑菜单，然后选择【全部重置】操作，便可重复步骤④～⑦，重新设定示教点。

⑨ 如果示教点还需要继续使用，可点击【位置】键，打开位置编辑菜单，然后选择【保存】操作，将示教点保存到程序文件中。

4. 工具数据编辑

系统已定义或创建的工具数据可通过工具数据编辑操作进行修改和删除，其操作步骤如下。

① 通过工具数据编辑页面显示操作，使示教器显示工具数据显示与编辑页面。

② 点击需要进行编辑的工具数据，选中后，再选择【编辑】键，打开工具数据编辑操作菜单。

工具数据编辑菜单的编辑选项作用如下。

【删除】：删除选定的工具数据。

【更改声明】：可对工具数据名称、使用范围、初始值等进行重新定义。工具数据的性质总是为永久数据 PERS（中文"可变量"的翻译不确切），不可更改。

【更改值】：更改工具数据数值。

【复制】：复制选定的工具数据。

【定义】：利用示教操作定义工具坐标系。

工具数据的删除、复制，以及数据声明、数值更改的操作步骤如下。

（1）工具数据删除

① 通过工具数据编辑页面显示操作，使示教器显示工具数据显示与编辑页面，并点击选定需要删除的工具数据。

② 点击【编辑】键打开工具数据编辑操作菜单后，点击【删除】键，示教器将显示工具数据删除警示对话框。

③ 如选定的工具数据确认需要删除，则点击【是】键，工具数据将从控制系统中删除；如果选定的工具数据不需要删除，可通过点击【否】键，放弃工具数据删除操作。

工具数据一经删除，与工具数据相关的全部数据（工具坐标系、负载特性等）均将被清除，因此，所有与工具数据相关的作业程序，都必须进行相应修改后才能运行。此外，工具数据一旦被删除，被暂停的程序也不能从当前位置重启运行。

（2）工具数据声明更改

① 通过工具数据编辑页面显示操作，使示教器显示工具数据显示与编辑页面，并点击选定需要更改声明的工具数据。

② 点击【编辑】键打开工具数据编辑操作菜单后，点击【更改声明】键，示教器将显示工具数据声明更改页面。

③ 通过与"工具数据创建"同样的操作，利用对应的输入框，输入、选定工具数据的使用范围、数据性质等内容。

④ 完成各项设定后，点击【确定】键确认。

（3）工具数据数值更改

① 通过工具数据编辑页面显示操作，使示教器显示工具数据显示与编辑页面，并点击选定需要更改数值的工具数据。

② 点击【编辑】键打开工具数据编辑操作菜单后，点击【更改值】键，示教器将显示工具数据的数值编辑页面。

在工具数据数值更改页面上，可通过对应的输入框，进行如下数据项的手动输入。

③ 根据程序数据数值设定要求，利用示教器的文本输入软键盘或输入选择扩展键，重新输入工具数据的数值。

④ 完成数值修改后，点击【确定】键确认。

（4）工具数据复制

① 通过工具数据编辑页面显示操作，使示教器显示工具数据显示与编辑页面，并点击选定需要复制的工具数据。

② 点击【编辑】键打开工具数据编辑操作菜单后，点击【复制】，示教器可显示文本输入软键盘。

③ 利用文本输入软键盘输入新工具数据的名称后，点击【确定】键确认，一个新的工具数据将被生成。复制生成的工具数据具有与源数据相同的数值。

三、工件数据示教与编辑

RAPID 工件数据 wobjdata 是用来描述工件安装特性的程序数据，它可用来定义用户坐标系、工件坐标系等参数。特别是对于工具固定、机器人移动工件的作业系统，必须在作业程序中定义工件数据 wobjdata。工件数据 wobjdata 的格式可参见项目二。

工件数据 wobjdata 特点与工具数据一样，利用程序数据创建与编辑的一般方法定义它的难度较大，因此，实际操作时通常利用以下示教设定的方法创建与编辑工件数据。

1. 工件数据编辑页面

工件数据的创建与编辑需要通过示教器的工件数据编辑页面进行，打开工件数据编辑页面的操作步骤如下。

① 选择 ABB 主菜单，在主菜单显示页面，选择【Jogging（手动操作）】图标键，使示教器显示手动操作设定页面。

② 选择【工件坐标（Work Object）】图标键，工件数据编辑功能生效，示教器将显示图 4.4-13

所示的工件数据显示与编辑页面。

工件数据显示与编辑页面的中间区域,可显示控制系统已定义的工件数据的名称、现行值、所属的程序模块以及使用范围列表。列表下方将显示工件数据编辑用的【新建...】、【编辑】、【刷新】等操作键,可用于下述的工件数据创建、编辑等操作。

2. 工件数据创建

工件数据创建的操作步骤如下。

① 通过工件数据编辑页面显示操作,使示教器显示工件数据显示与编辑页面。

② 点击工件数据显示与编辑页面的【新建...】键,示教器可显示图 4.4-14 所示的工件数据创建页面。

图4.4-13 工件数据显示与编辑页面

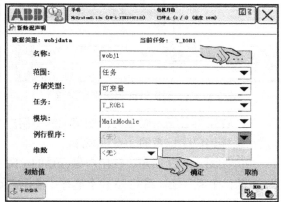

图4.4-14 工件数据创建页面

在工件数据创建页面上,操作者可以通过对应的输入框,输入、选定工件数据的使用范围、数据性质等内容。显示页各输入框的功能如下。

【名称】:输入工件数据名称。点击输入栏的输入键【...】,可利用示教器所显示的文本输入软键盘,输入工件数据名称。

【范围】:选择工件数据的使用范围。点击输入栏的下拉键,可选择全局、任务和局部。

【存储类型】:选择工件数据的性质,工件数据的性质总是为永久数据 PERS(中文"可变量"的翻译不确切),不可更改。

【任务】、【模块】、【例行程序】:可选择使用、定义工件数据的任务、模块。工件数据只能在程序模块中定义,【例行程序】栏不能输入与编辑。

【维数】:用于设定数组型工件数据,由于工件数据的构成较复杂,故通常不使用数组。如需要,可利用输入栏的扩展键 1、2、3,选定 1、2、3 阶数组;然后,再通过输入键【...】,利用示教器显示的文本输入软键盘,输入数组型工件数据的元数。

③ 完成输入项设定后,点击【确定】键确认,一个新的工件数据将被创建。

3. 用户坐标系、工件坐标系示教

用户坐标系 uframe、工件坐标系 oframe 是工件数据 wobjdata 最主要的组成项,一般通过工件数据编辑的示教定义操作设定,其操作步骤如下。

① 通过工件数据编辑页面显示操作,使示教器显示工件数据显示与编辑页面。

② 点击需要进行用户坐标系、工件坐标系设定的工件数据,选中后,再选择【编辑】键,

示教器可显示图 4.4-15 所示的工件数据编辑操作菜单。

③ 点击编辑操作菜单中的【定义】，示教器可显示图 4.4-16 所示的用户坐标系、工件坐标系的示教定义设定页面。

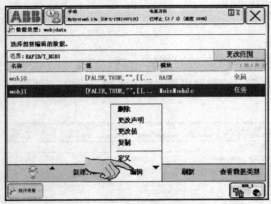

图4.4-15　工件数据编辑操作菜单

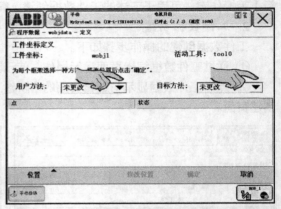

图4.4-16　用户坐标系、工件坐标系示教定义设定页面

④ 在工件数据示教定义设定页面的【用户方法】输入框，通过输入扩展选择键，选择"3点"，选择用户坐标系的 3 点示教法。

⑤ 如图 4.4-17 所示，在用户坐标系的 x 轴上选择 2 个示教点 x_1、x_2，使 x_1、x_2 构成的矢量为+x 轴；在用户坐标系的+y 轴上选择 1 个示教点 y_1。3 个示教点的间距越大，所得到的用户坐标系就越准确。

⑥ 在机器人手腕上安装测试针，通过机器人点动、增量进给等手动操作，使测试针对准示教点 x_1；定位完成后，点击图 4.4-18 所示的【修改位置】键，记录第一点位置 p1。

⑦ 继续通过机器人点动、增量进给等手动操作，使测试针对准示教点 x_2，用【修改位置】键记录位置 p2；使测试针对准示教点 y_1，用【修改位置】键记录位置 p3。

⑧ 点击【确定】键，完成用户坐标系的示教定义操作。

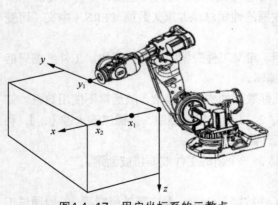

图4.4-17　用户坐标系的示教点

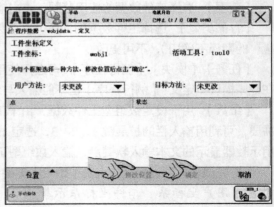

图4.4-18　示教点记录

⑨ 如果需要进一步进行工件坐标系的示教设定，可在工件数据示教定义设定页面的【目标方法】输入框中，通过输入扩展选择键，选择"3点"，选择工件坐标系的 3 点示教法。然后，通过与用户坐标系示教设定同样的操作（步骤⑤～⑧），完成工件坐标系的示教定义操作。

4. 工件数据编辑

系统已定义或创建的工件数据可通过工件数据编辑操作修改和删除，其操作步骤如下。

① 通过工件数据编辑页面显示操作，使示教器显示工件数据显示与编辑页面。

② 点击需要进行编辑的工件数据，选中后，再选择【编辑】键，示教器可显示工件数据编辑操作菜单。

工件数据编辑菜单的编辑选项作用如下。

【删除】：删除选定的工件数据。

【更改声明】：可对工件数据名称、使用范围、初始值等进行重新定义。工件数据的性质总是为永久数据 PERS（中文"可变量"的翻译不确切），不可更改。

【更改值】：更改工件数据数值。

【复制】：复制选定的工件数据。

【定义】：利用示教操作定义用户坐标系、工件坐标系。

工件数据的删除、复制，以及数据声明、数值更改的操作步骤如下。

（1）工件数据删除

① 通过工件数据编辑页面显示操作，使示教器显示工件数据显示与编辑页面，并点击选定需要删除的工件数据。

② 点击【编辑】键打开工件数据编辑操作菜单后，点击【删除】，示教器将显示工件数据删除警示对话框。

③ 如选定的工件数据确认需要删除，应点击【是】键，则工件数据将从控制系统中删除；如果选定的工件数据不需要删除，可通过点击【否】键，放弃工件数据删除操作。

工件数据一经删除，与工件数据相关的全部数据均将被清除，因此，所有与工件数据相关的作业程序，都必须进行相应的修改后才能运行。此外，工件数据一旦被删除，则被暂停的程序也不能从当前位置重启运行。

（2）工件数据声明更改

① 通过工件数据编辑页面显示操作，使示教器显示工件数据显示与编辑页面，并点击选定需要更改声明的工件数据。

② 点击【编辑】键打开工件数据编辑操作菜单后，点击【更改声明】键，示教器将显示工件数据声明更改页面。

③ 通过与"工件数据创建"同样的操作，利用对应的输入框，输入、选定工件数据的使用范围、数据性质等内容。

④ 完成各项设定后，点击【确定】键确认。

（3）工件数据数值更改

① 通过工件数据编辑页面显示操作，使示教器显示工件数据显示与编辑页面，并点击选定需要更改数值的工件数据。

② 点击【编辑】键打开工件数据编辑操作菜单后，点击【更改值】键，示教器将显示工件数据的数值编辑页面。

工件数据数值更改页面上，可通过对应的输入框，手动输入数据项。

③ 根据程序数据数值设定要求，利用示教器的文本输入软键盘或输入选择扩展键，重新输入工件数据的数值。

④ 完成数值修改后，点击【确定】键确认。

（4）工件数据复制

① 通过工件数据编辑页面显示操作，使示教器显示工件数据显示与编辑页面，并点击选定需要复制的工件数据。

② 点击【编辑】键打开工件数据编辑操作菜单后，点击【复制】键，示教器可显示文本输入软键盘。

③ 利用文本输入软键盘，输入新工件数据的名称后，点击【确定】键确认；一个新的工件数据将被生成。复制生成的工件数据具有与源数据相同的数值。

四、负载数据创建与编辑

1. 负载数据及编辑

RAPID 负载数据 loaddata 是用来描述机器人负载特性的程序数据。工业机器人的负载通常包括 3 类：一是安装在机身（上臂）上的辅助控制部件，如点焊机器人的阻焊变压器等，在 ABB 机器人称之为上臂载荷；二是作业工具，ABB 机器人称之为工具载荷；三是搬运、码垛类机器人的物品，即作业负载，ABB 机器人称之为有效载荷。

机器人的上臂载荷通常由机器人生产厂家在系统参数上设定，工具载荷应通过工具数据 tooldata 中的负载数据项 tload 定义。作业负载（有效载荷）只有在带载作业时才会产生，它需要通过移动指令添加项\TLoad 所指定的负载数据 loaddata 定义。

机器人负载数据（tload、loaddata）包含了负载质量、重心位置、惯量等参数，其测试、计算比较复杂，因此，在实际使用时，通常需要通过运行机器人控制系统配套提供的自动测试软件，由控制系统自动测试、计算、设定。在 ABB 机器人上，负载数据 loaddata 的自动测定功能，需要利用 ABB 主菜单【Program Editor（程序编辑器）】中的【调试】操作，通过运行服务程序 LoadIdentify 实现。

由系统通过自动测试获得的工具负载数据，可直接作为工具数据 tooldata 的负载数据项 tload 设定。由系统通过自动测试获得的作业负载数据，通常包含了工具负载数据，因此，作业负载（有效载荷）\TLoad 一经指令，就无须再考虑工具负载，工具数据 tooldata 中的负载数据项 tload 将自动成为无效。

loaddata 数据是由负载质量 mass、重心位置 cog、重力方向 aom、$x/y/z$ 轴转动惯量 $Ix/Iy/Iz$ 等数据项组成的多元复合数据，其格式与工具数据的负载特性项数据 tload 相同，有关说明可参见项目二。对于质量、重心位置、惯量已知的作业负载（有效载荷），其负载数据 loaddata 的创建与编辑方法如下。

① 选择 ABB 主菜单，在主菜单显示页面，选择【Jogging（手动操作）】图标键，使示教器显示手动操作设定页面。

② 选择【有效载荷】图标键，生效负载数据编辑功能，示教器将显示图 4.4-19 所示的负载数据显示与编辑页面。

负载数据显示与编辑页面的中间区域，可显示控制系统已定义的负载数据的名称、现行值、所属的程序模块以及使用范围列表。列表下方将显示负载数据编辑用的【新建...】、【编辑】、【刷新】等操作键，可用于下述的负载数据创建、编辑等操作。

2. 负载数据创建

负载数据创建的操作步骤如下。

① 通过负载数据编辑页面显示操作，使示教器显示负载数据显示与编辑页面。

② 点击负载数据显示与编辑页面的【新建...】键，示教器可显示图 4.4-20 所示的负载数据创建页面。

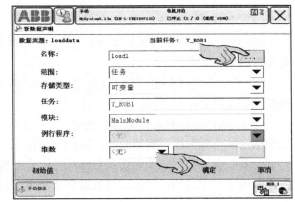

图4.4-19 负载数据显示与编辑页面　　　　图4.4-20 负载数据创建页面

在负载数据创建页面上，操作者可以通过对应的输入框，输入、选定负载数据的使用范围、数据性质等内容。显示页各输入框的功能如下。

【名称】：输入负载数据名称。点击输入栏的输入键【...】，便可利用示教器所显示的文本输入软键盘，输入负载数据名称。

【范围】：选择负载数据的使用范围。点击输入栏的下拉键，可选择全局、任务和局部。

【存储类型】：选择负载数据的性质。

【任务】、【模块】、【例行程序】：可选择使用、定义负载数据的任务、模块。负载数据只能在程序模块中定义，【例行程序】栏不能输入与编辑。

【维数】：用于设定数组型负载数据，由于负载数据的构成较复杂，因此，通常不使用数组。如需要，可利用输入栏的扩展键 1、2、3，选定 1、2、3 阶数组；然后，再通过输入键【...】，利用示教器显示的文本输入软键盘，输入数组型负载数据的元数。

③ 完成输入项设定后，点击【确定】键确认，一个新的负载数据将被创建。

3. 负载数据编辑

系统已定义或创建的负载数据可通过负载数据编辑操作修改和删除，其操作步骤如下。

① 通过负载数据编辑页面显示操作，使示教器显示负载数据显示与编辑页面。

② 点击需要进行编辑的负载数据,选中后,再选择【编辑】键，示教器可显示图 4.4-21 所示的负载数据编辑操作菜单。

负载数据编辑操作菜单的编辑选项作用如下。

【删除】：删除选定的负载数据。

【更改声明】:可对负载数据名称、使用范围、初始值等进行重新定义。负载数据的性质总是为

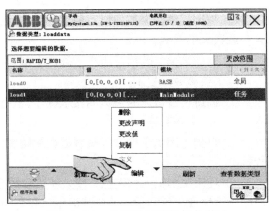

图4.4-21 负载数据编辑操作菜单

永久数据 PERS（中文"可变量"的翻译不确切），不可更改。

【更改值】：更改负载数据数值。

【复制】：复制选定的负载数据。

负载数据的删除、复制，以及数据声明、数值更改的操作步骤如下。

（1）负载数据删除

① 通过负载数据编辑页面显示操作，使示教器显示负载数据显示与编辑页面，并点击选定需要删除的负载数据。

② 点击【编辑】键打开负载数据编辑操作菜单后，点击【删除】键，示教器将显示负载数据删除警示对话框。

③ 如选定的负载数据确认需要删除，应点击【是】键，则负载数据将从控制系统中删除；如果选定的负载数据不需要删除，可通过点击【否】键，放弃负载数据删除操作。

负载数据一经删除，与负载数据相关的全部数据均将被清除，因此，所有与负载数据相关的作业程序，都必须进行相应的修改后才能运行。此外，负载数据一旦被删除，则被暂停的程序也不能从当前位置重启运行。

（2）负载数据声明更改

① 通过负载数据编辑页面显示操作，使示教器显示负载数据显示与编辑页面，并点击选定需要更改声明的负载数据。

② 点击【编辑】键打开负载数据编辑操作菜单后，点击【更改声明】，示教器将显示负载数据声明更改页面。

③ 通过与"负载数据创建"同样的操作，利用对应的输入框，输入、选定负载数据的使用范围、数据性质等内容。

④ 完成各项设定后，点击【确定】键确认。

（3）负载数据数值更改

① 通过负载数据编辑页面显示操作，使示教器显示负载数据显示与编辑页面，并点击选定需要更改数值的负载数据。

② 点击【编辑】键打开负载数据编辑操作菜单后，点击【更改值】，示教器将显示负载数据的数值编辑页面。

负载数据数值更改页面上，可通过对应的输入框，手动输入数据项。

③ 根据程序数据数值设定要求，利用示教器的文本输入软键盘或输入选择扩展键，重新输入负载数据的数值。

④ 完成数值修改后，点击【确定】键确认。

（4）负载数据复制

① 通过负载数据编辑页面显示操作，使示教器显示负载数据显示与编辑页面，并点击选定需要复制的负载数据。

② 点击【编辑】键打开负载数据编辑操作菜单后，点击【复制】，示教器可显示文本输入软键盘。

③ 利用文本输入软键盘，输入新负载数据的名称后，点击【确定】键确认；一个新的负载数据将被生成。复制生成的负载数据具有与源数据相同的数值。

根据实验条件，进行 RAPID 程序数据创建、编辑练习。

••• 任务 5 作业程序输入与编辑 •••

能力目标

1. 知道指令的编辑方法，能够输入、编辑 RAPID 指令。
2. 知道表达式、函数命令的编辑方法，能够输入、编辑 RAPID 表达式、函数命令。
3. 知道程序点示教方法；能够利用示教操作，输入、编辑程序点。
4. 知道镜像程序的编辑方法；能进行镜像程序编辑操作。
5. 掌握程序点热编辑的方法，能熟练进行程序点热编辑操作。

实践指导

一、指令输入与编辑

程序指令是作业程序的主体，在作业程序创建、声明编辑完成后，就可以利用示教器的程序编辑器功能，进行程序指令输入与编辑操作，其方法如下。

1. 程序编辑页面

作业程序的指令需要通过程序编辑器的程序编辑页面输入与编辑，显示程序编辑页面的操作步骤如下。

① 选择 ABB 主菜单，使示教器显示主菜单。

② 选择【Program Editor（程序编辑器）】图标键，使示教器显示图 4.5-1 所示的程序编辑页面。

程序编辑页面下部的程序编辑菜单用于指令的输入与编辑、程序指针的调节、程序点修改等编辑操作。编辑菜单键的主要功能如下。

【添加指令】：可打开 RAPID 指令菜单，编辑、插入所需要的指令。

【编辑】：可打开编辑菜单，进行指令的剪切、复制、修改、删除等操作。

【调试】：可用于程序指针位置的调整、调试程序的运行。

【修改位置】：可通过手动示教、单步移动等方式，修改程序指令的位置数据。

【隐藏声明】：可关闭（隐藏）程序显示区的程序声明，仅显示程序指令。

2. 指令输入

程序指令的指令码输入，需要通过程序编辑页面的【添加指令】操作菜单进行，其操作步骤如下。

① 在 ABB 主菜单上选择【Program Editor（程序编辑器）】，使示教器显示程序编辑页面。

② 在程序显示区上，点击需要输入指令的程序行，使光标定位至指令输入行。

③ 点击【添加指令】键，示教器将显示图 4.5-2 所示的 RAPID 指令清单。

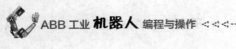

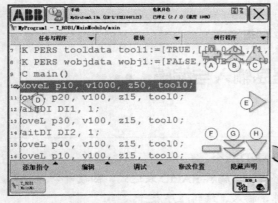

图4.5-1 程序编辑页面

图4.5-2 RAPID指令清单显示

④ 在指令清单区，点击选择需要输入的指令码，该指令将被插入至程序显示区所选定的指令输入行。

如果当前指令清单上没有所需要输入的指令码，可通过点击指令清单下方的【下一个→】、【上一个←】键，改变指令清单区的显示内容，选择所需要的指令码。

⑤ 指令插入后，便可利用下述的指令编辑操作，输入、修改指令的操作数，完成指令的输入操作。

⑥ 重复步骤②～⑤，完成作业程序的全部指令输入。

3. 指令编辑

指令编辑可用于指令的剪切、复制、删除以及指令操作数的修改等操作，指令编辑的操作步骤如下。

① 在 ABB 主菜单上选择【Program Editor（程序编辑器）】，使示教器显示程序编辑页面。

② 在程序显示区上，点击需要编辑的程序行，使光标定位至需要编辑的指令上。

③ 点击【编辑】键，示教器将显示图 4.5-3 所示的指令编辑菜单。

在指令编辑菜单上，有【剪切】、【复制】、【更改选择内容...】、【删除】等多个操作选项，通过不同的选项，可分别完成相应的指令编辑操作。

点击指令编辑菜单上的文本输入键【ABC...】，示教器可显示文本输入软键盘，进行表达式、字符串文本指令的输入与编辑。对于机器人移动指令，还可进行关节插补 MoveJ 和直线插补 MoveL 的指令变换。

指令编辑的一般方法如下，对于机器人移动指令，还可通过后述的手动示教操作进行输入与编辑。

（1）操作数更改

更改 RAPID 指令操作数的操作步骤如下。

① 点击指令编辑菜单的【更改选择内容...】，或者双击程序显示区的指令行，示教器可显示当前指令的全部操作数，此时可进行所需要的修改。

例如，对于直线插补指令 MoveL，示教器将显示图 4.5-4 所示的移动目标位置 ToPoint、移动速度 Speed、到位区间 Zone、工具数据 Tool 等操作数。

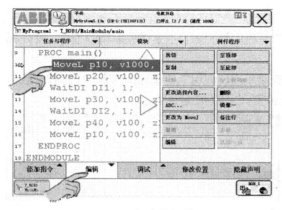

图4.5-3　指令编辑菜单

图4.5-4　显示MoveL指令操作数

② 点击指令操作数显示页的操作数，或者直接双击程序显示区指令行的操作数，光标将定位至指定的操作数上，示教器将显示系统已创建的、可作为操作数使用的程序数据清单。

例如，点击指令 MoveL 操作数显示页的p10，或者直接双击程序显示区指令行的操作数 p10，如果系统已创建了程序点数据 p10、p30、p50，示教器将显示图 4.5-5 所示的、系统已创建的机器人 TCP 位置数据（程序数据 robtarget）p10、

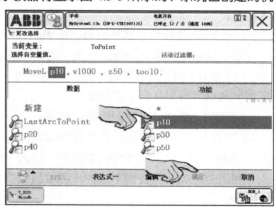

图4.5-5　更改操作数

p30、p50。

③ 如需要修改的操作数已创建，可在程序数据清单中直接点击选中所需的操作数后，点击【确定】键，则所选的程序数据将替代原指令的操作数，完成操作数的更改操作。

如所需的操作数尚未创建，或者需要进行表达式输入，则需要利用后述的表达式输入与编程操作，输入表达式并创建程序数据；也可通过前述的程序数据创建与编辑操作，在创建程序数据后，再进行操作数更改。

④ 重复以上步骤②、③，完成全部操作数的更改。

（2）复制、粘贴与剪切、删除指令

① 选择指令编辑菜单的【复制】键，所选指令将被复制到程序编辑器的粘贴板中；此时可点击指令行、选定指令粘贴位置，然后用编辑菜单的【粘贴】键，将指令粘贴到指定位置。

② 如点击指令编辑菜单的【剪切】或【删除】键，则光标选中的指令（如 MoveL p10, v1000, z50, tool0）将被剪切到程序编辑器的粘贴板中或直接删除。

二、表达式及函数编辑

1. 表达式编辑页面

如果作业程序中的操作数需要使用 RAPID 表达式或函数命令，例如，"MoveL RelTool(p1, 0, 0. 100\Rx:=0, Ry:=0, Rz:=90), v300, fine, tool0;" "MoveL Offs(p1, 0, 0. 100), v300, fine, tool0;"等，这样的操作数输入与编辑，需要通过程序编辑器的表达式编辑页面进行，显示表达式编辑页面

的操作步骤如下。

① 利用指令"操作数更改"同样的操作，打开程序编辑器，选定需要编辑的指令，使光标定位至需要编辑的指令上。

② 点击【编辑】键，使示教器显示指令编辑菜单后，利用【更改选择内容…】操作；或者直接双击指令行的操作数，使示教器显示系统已创建的程序数据清单。

③ 点击选择程序数据清单显示页的【表达式】键，示教器可显示图 4.5-6 所示的表达式输入与编辑页面。

表达式输入与编辑页面右侧的编辑工具的作用如下。

【←】、【→】：光标移动键，选择表达式的数据输入、编辑位置。

【+】：添加表达式，选择后可插入表达式。

【-】：删除表达式，选择后可删除表达式。

【( )】：插入括号，选择后可在光标位置插入括号。

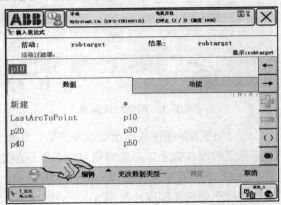

图4.5-6　表达式输入与编辑页面

【◉】：删除括号，选择后可删除表达式中的括号。

如选择表达式输入与编辑页面下方的【编辑】键，可打开表达式编辑菜单进行以下操作。

【过滤器】图标：用于程序数据筛选操作，打开后可设置程序数据的筛选要求，将不需要进行编辑的程序数据从显示区隐藏。

【新建】：添加、创建新的程序数据。

【查看】：显示、更改程序数据的类型。

【ABC…】：显示文本输入软键盘，输入、编辑表达式。

利用表达式编辑页面下方的【更改数据类型…】操作键，可进行程序数据类型的输入与编辑操作。

2. 程序数据创建

表达式中的程序数据既可通过 ABB 主菜单【Program Data（程序数据）】、利用前述的程序数据创建与编辑操作，事先完成创建与编辑；也可在作业程序输入与编辑时，通过表达式编辑菜单中的【新建】操作，根据表达式需要创建与添加。

利用表达式编辑操作，创建程序数据的步骤如下。

① 利用表达式编辑页面显示操作，使示教器显示表达式编辑页面。

② 点击【编辑】键，打开表达式编辑菜单，选择【新建】，示教器可显示图 4.5-7 所示的程序数据创建页面。

程序数据创建页面的显示内容、含义及输入编辑方法，均与程序数据创建操作完全相同，有关内容详见前述。

③ 通过"程序数据创建与编辑"同样的操作，完成输入项设定后，点击【确定】键确认，一个新的程序数据将被创建。

④ 点击表达式编辑页面的【更改数据类型…】键，示教器可显示图 4.5-8 所示的数据类型显示与选择页面。

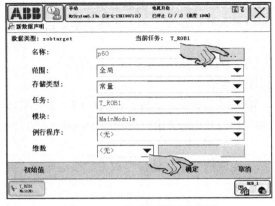

图4.5-7　程序数据创建页面

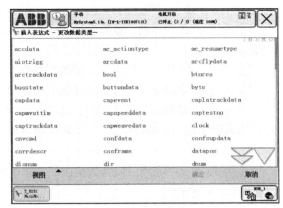

图4.5-8　显示程序数据类型

⑤ 在数据类型显示与选择页面上，点击选定数据类型后，点击【确定】键确认，完成程序数据类型定义。

⑥ 如果程序数据需要定义初始值，则可点击程序数据创建页面的【初始值】键，示教器将根据程序数据的类型，显示对应的初始值输入页面，操作者按要求输入所需要的初始值后，点击【确定】键确认。

3. 函数命令输入

作业程序指令中的部分操作数可以利用 RAPID 函数命令编程，例如，移动指令的目标位置，可直接通过位置偏置函数 Offs 指定等。

使用 RAPID 函数命令编程的指令与操作数的输入与编辑操作步骤如下。

① 利用"指令操作数更改"同样的操作，打开程序编辑器，选定需要编辑的指令，使光标定位至需要编辑的指令上。

② 点击【编辑】键，使示教器显示指令编辑菜单后，利用【更改所选内容…】操作；或者直接双击指令行的操作数，使示教器显示系统已创建的程序数据清单。

③ 点击程序数据清单显示页的【功能】键，示教器可显示 RAPID 函数命令清单。

④ 在 RAPID 函数命令清单显示页上，点击需要的函数命令（如 Offs），示教器可显示对应的函数命令编辑页面。

⑤ 在函数命令编辑页面上，可点击函数命令的表达式示例，添加命令式。如果需要，也可通过【编辑】键，打开函数命令编辑菜单，然后选择【全部】，直接利用示教器显示的文本输入软键盘，输入与编辑所有的 RAPID 函数命令式；或者，选择【仅限选定内容】，利用示教器显示的文本输入软键盘，输入与编辑指定的函数命令式。

⑥ 函数命令式编辑完成后，点击【确定】键确认。

三、程序点示教编辑

工业机器人移动指令的目标位置（程序点）也可通过手动示教操作进行输入与编辑，利用示教操作输入与编辑程序点的方法如下。

1. 移动指令示教输入

ABB 机器人移动指令的示教输入操作步骤如下。

① 在 ABB 主菜单上选择【Program Editor（程序编辑器）】，使示教器显示程序编辑页面。

② 利用机器人点动、增量进给等手动操作，将机器人移动到需要输入的移动指令目标位置（程序点）上。

③ 在程序显示区上，点击需要编辑的程序行，使光标定位至需要编辑的指令行上。

④ 点击【添加指令】键，使示教器显示 RAPID 指令清单。

⑤ 点击所需的移动指令代码，如 MoveJ 等，输入移动指令。这样，便可生成一条以机器人当前示教位置（在指令中以"*"表示程序点）为目标位置的移动指令，如"MoveJ * v50 z50 tool0"等。

⑥ 如需要，可利用"操作数更改"同样的方法，完成指令中其他操作数（如移动速度、到位区间等）的修改。

⑦ 再次利用机器人点动、增量进给等手动操作，将机器人移动到下一条移动指令的目标位置；重复步骤③～⑥，完成全部移动指令的示教输入。

2. 程序点示教编辑

程序点示教编辑的操作步骤如下。

① 在 ABB 主菜单上选择【Program Editor（程序编辑器）】，使示教器显示程序编辑页面。

② 利用"指令编辑""操作数更改"同样的操作，用光标选定需要修改的移动指令与程序点。

③ 通过机器人手动（点动、增量进给）操作，在确保工具数据、工件数据与要求一致的前提下，将机器人移动到示教位置（程序点）上。

④ 点击程序编辑页面的【修改位置】键，示教器将显示程序点修改提示对话框。

⑤ 选择对话框中的【修改】键，原指令中的程序点位置将被机器人当前的示教位置所替代；点击对话框中的【取消】键，程序点位置将保持原来的值不变。

⑥ 重复步骤②～⑤，完成全部程序点的示教编辑。

3. 程序运行时的示教编辑

程序点的示教编辑也可在程序自动运行的过程中进行，程序自动运行的示教器显示如图 4.5-9 所示，程序点示教编辑的基本步骤如下。

① 停止程序自动运行并将控制系统的操作模式切换至手动。

② 通过单步运行程序，将程序指针定位到需要修改程序点的指令上。

③ 利用机器人手动（点动、增量进给）操作，将机器人 TCP 移动到需要修改的位置（示教点）。

④ 点击图 4.5-9 所示程序自动运行显示页的【调试】键，在菜单中选择【修改位置】；示教器将显示程序点修改提示对话框。

⑤ 选择对话框显示栏的【修改】，原指令中的程序点位置将被机器人当前的示教位置所替代。

⑥ 重复步骤②～⑤，完成全部程序点的示教编辑。

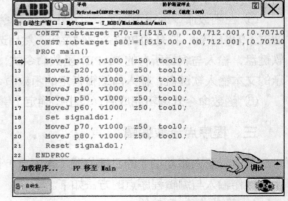

图4.5-9 程序自动运行显示页面

四、镜像程序编辑与热编辑

1. 镜像程序编辑

ABB 机器人控制系统的镜像程序编辑功能，可用于机器人对称作业的程序编制，它可将源程序中的全部程序点，一次性转换为基准平面对称的程序点，以生成机器人多工件对称作业的应用程序。

ABB 机器人控制系统的镜像程序编辑功能，不仅可用来生成一个实现镜像作业的完整作业程序，还可用来生成一个完整的、实现镜像作业的任务或程序模块。如果仅需要对程序中的某些程序点进行镜像变换，则可直接通过 RAPID 函数命令 MirPos 实现，有关内容可参见项目三。

ABB 机器人控制系统中生成镜像程序的基准平面可通过以下两种方式指定。

① 使用控制系统默认的镜像模式，以机器人基座坐标系的 *xz* 平面作为镜像的基准平面，将源程序（任务、程序模块）中的所有程序点，一次性转换为机器人基座坐标系 *xz* 平面对称的程序点。

② 以特定工件坐标系的指定平面（*xz* 平面或 *yz* 平面）为镜像的基准平面，将源程序（任务、程序模块）中的所有程序点，一次性转换为镜像平面对称的程序点。用于镜像变换的工件坐标系，同样可通过 3 点示教的方式创建。

利用镜像程序编辑功能可生成一个新的作业程序（或任务、模块），在新的作业程序（或任务、程序模块）中，所有的机器人 TCP 位置数据 robtarget，都将被转换为镜像平面对称的 TCP 位置数据 robtarget，并以原程序数据名称加后缀 "_m" 的新名称存储。

镜像程序编辑的程序点变换，对全部使用范围（全局、任务、局部）、所有性质（常量 CONST、永久数据 PERS、程序变量 VAR）的 TCP 位置数据 robtarget，以及指令中通过示教操作设定的 TCP 位置数据 "*" 均有效。但是，对程序中的其他非 TCP 位置数据 robtarget 均无效，例如，程序中的 *xyz* 坐标数据 pos、方位数据 orient、坐标系姿态数据 pose 等，均不能进行镜像变换。此外，镜像程序编辑功能只能对有位置值（初始值）的程序点（robtarget 数据）进行镜像变换，如程序点未定义初始值，则不能进行镜像变换。

利用镜像程序编辑功能生成镜像程序的操作步骤如下。

① 在 ABB 主菜单上选择【Program Editor（程序编辑器）】，使示教器显示程序编辑页面。

② 点击【编辑】键，使示教器显示指令编辑菜单。

③ 点击【镜像（映射）】键，生效镜像程序编辑功能。

④ 如果需要对程序模块中的所有作业程序都进行镜像变换，则点击【模块】键；如果仅需要对当前的作业程序进行镜像变换，则点击【例行程序】键；示教器将显示程序模块或作业程序的镜像程序编辑页面。

⑤ 点击程序模块或作业程序名称栏的输入键【…】，利用文本输入软键盘输入新的程序模块或作业程序名称。

⑥ 如使用控制系统默认的镜像模式，以机器人基座坐标系的 *xz* 平面作为镜像的基准平面，可直接点击【确定】键，生效基座坐标系镜像设定。

如果以特定工件坐标系的指定平面（*xz* 平面或 *yz* 平面）为镜像的基准平面，可点击镜像程序编辑页面的【高级选项】键，打开镜像基准坐标系设定功能并进行如下操作。

a. 取消【基座镜像（映射）】设定项的选择框，取消基座坐标系镜像功能。

b. 点击【工件】名称栏的输入键【…】，选定作为镜像基准的工件坐标系。

c. 点击【镜像坐标（映射框架）】的输入键【…】，选定镜像变换的基准平面。

d. 点击【镜像轴（需映射的轴）】，选定需要进行镜像变换的坐标轴（x轴或y轴）。

e. 点击【确定】键，保存基准坐标系设定数据，返回镜像程序编辑页面。

f. 点击【确定】键，工件坐标系镜像设定生效。

⑦ 在示教器显示的操作提示对话框中选择【是】，系统将自动生成镜像程序；选择【否】，可放弃镜像程序编辑操作。

2. 程序点热编辑

机器人的关节坐标位置数据 jointtarget、TCP 位置数据 robtarget 是作业程序中的机器人移动目标位置及定位点，称为程序点。程序点不仅可通过程序数据创建与编辑操作、机器人手动示教等方式输入与编辑，而且还可以通过控制系统的热编辑（HotEdit）功能，进行动态位置调节（热编辑）。

程序点热编辑是一种可用于任何操作模式的程序点动态位置调节功能，它对运行中的程序同样有效。但是，程序点热编辑功能只能用于修改程序中已创建（定义）的 TCP 位置数据（robtarget），对于以关节位置数据（jointtarget）定义的程序点，只能通过前述的程序数据编辑、机器人手动示教等方式编辑。

程序点热编辑功能可直接通过 ABB 主菜单上的【HotEdit（热编辑）】键打开。点击打开【HotEdit（热编辑）】功能后，示教器可显示图 4.5-10 所示的程序点热编辑页面。

程序点热编辑页面的显示栏可用来选择、显示热编辑的程序点，操作键可用于热编辑操作与数据保存，其显示内容、操作键功能分别如下。

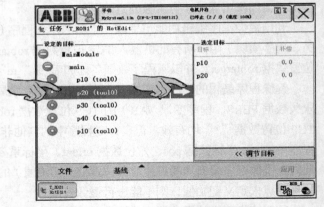

图4.5-10　程序点热编辑页面

（1）【设定的目标】：该栏显示树状的程序模块、作业程序中所有可进行热编辑（动态位置调节）的程序点名称。

点击选中的程序点可显示添加键【→】；点击【→】键，可将该程序点添加至右侧的【设定目标】栏，进行热编辑（动态位置调节）操作。如果同一程序点被应用于任务中的不同程序模块或作业程序，则热编辑时只需要选择其中之一，程序点的动态位置调节结果，对其他的程序模块、作业程序同样有效。

（2）【选定目标】：该栏以列表的形式，显示需要进行热编辑的程序点名称（目标）以及程序点的位置调节值（补偿）；点击程序点选中后，可进行程序点删除或利用【<<调节目标】操作菜单，对其进行动态位置调节（热编辑）操作。

（3）程序点的热编辑操作可通过程序点热编辑显示页面的【<<调节目标】键选择，点击【<<调节目标】键，示教器可显示以下操作键。

①【调节模式】：选择程序点位置调节的运动模式，可通过图标键选择【线性】（机器人 TCP 运动）、【重定位】（工具定向运动）、【外轴】（外部轴运动）。

②【坐标系】：选择程序点位置调节的坐标系，可通过图标键选择【工具】（工具坐标系）、【工件】（工件坐标系）。

③【增量】：可设定【＋】/【－】调节键每次操作的移动距离。

④【＋】/【－】：程序点位置调节的 x、y、z 轴偏移方向键。

（4）程序点的热编辑数据可通过【文件】、【基准（基线）】键保存。

点击【文件】键，可打开程序点热编辑数据文件的操作菜单，并选择如下操作。

【选项另存为…】：保存热编辑数据文件，选择操作菜单并利用文本输入软键盘输入文件名后，可将【选定目标】栏的程序点热编辑数据，以文件的形式保存至系统。

【打开选项】：可打开程序点热编辑数据文件并在【选定目标】栏显示。

【清除选项】：可清除【选定目标】栏所显示的热编辑程序点及调节值。

点击【基准（基线）】键，可打开程序点基准位置设定菜单，并选择如下操作。

【提交选项】：将当前程序点热编辑后的位置，作为新的程序点位置（基准位置）保存至系统。

【恢复选项】：删除当前程序点的热编辑位置调节值，恢复程序点基准位置；程序点在【选定目标】栏的位置调节值（补偿）将成为 0。

【提交整个程序】：将所有热编辑后的程序点位置，作为新的程序点位置（基准位置）一次性保存至系统。

【恢复整个程序】：删除所有程序点的热编辑位置调节值；一次性恢复全部程序点的基准位置，使全部程序点的位置调节值（补偿）成为 0。

（5）程序点热编辑的操作步骤如下。

① 在 ABB 主菜单上选择【HotEdit（热编辑）】键，使示教器显示程序点热编辑页面。

② 在【设定的目标】显示栏上，点击选择需要进行热编辑的程序点，通过添加键【→】将其添加至【选定目标】显示栏。

③ 在【选定目标】显示栏上，点击选择需要进行热编辑的程序点后，用【<<调节目标】键，打开热编辑操作菜单。

④ 根据需要，通过点击相应的热编辑操作菜单选项，选定程序点位置调节的运动模式、坐标系，设定位置调节增量。

⑤ 利用 x、y、z 轴偏移方向键，调节程序点位置。

⑥ 如热编辑调节后的程序点位置，需要作为新的程序点位置保存，则点击【基准（基线）】键，选择【提交选项】操作，将当前程序点热编辑后的位置作为新的程序点位置（基准位置）保存至系统。如需要重新调节当前程序点的位置，则点击【基准（基线）】键，选择【恢复选项】操作，删除当前程序点的热编辑位置调节值，恢复程序点基准位置，使程序点在【选定目标】栏的位置调节值（补偿）成为 0。

如果需要对所有热编辑程序点进行热编辑位置保存或基准位置恢复操作，可点击【基准（基线）】键，选择【提交整个程序】或【恢复整个程序】操作，一次性保存所有程序点的热编辑位置或恢复所有程序点的基准位置。

⑦ 如程序点热编辑数据需要以文件的形式保存，可点击【文件】键，选择【选项另存为…】操作，然后利用文本输入软键盘输入文件名，则【选定目标】栏的程序点热编辑数据将以文件的形式保存至系统。

如果需要，也可选择【打开选项】，选定程序点热编辑数据文件，使之在【选定目标】栏显示；或者选择【清除选项】，清除【选定目标】栏所显示的热编辑程序点及调节值。

技能训练

根据实验条件，进行 ABB 机器人指令输入与编辑、表达式与函数命令输入与编辑、程序点示教、镜像程序编辑、程序点热编辑等操作练习。

机器人调试与维修操作

••• 任务 1 程序调试与自动运行 •••

能力目标

1. 掌握程序调试的基本方法，能够进行程序调试操作。
2. 知道负载自动测试的功能及基本方法。
3. 掌握程序自动运行的基本方法，能够进行程序自动运行操作。

实践指导

一、程序调试基本操作

1. 操作部件

为了检查作业程序的动作与机器人运动，编辑完成后的程序通常需要进行程序调试操作。与数控机床等自动化设备相比，工业机器人的程序调试具有以下特点。

① 机器人的程序自动运行，不仅可在自动模式下进行，也可在手动操作模式（手动、手动快速）下进行。

② 程序调试时，不仅可选择自动、单步（步进）的方式执行程序，而且可选择单步后退（步退）的方式执行程序。

③ 利用手动操作模式进行程序自动运行时，可通过示教器上的伺服 ON 开关（手握开关）控制驱动器，松开伺服 ON 开关，机器人运动立即停止。

ABB 机器人示教器的主要调试操作部件介绍见项目四的任务 1。

2. 程序调试

机器人的程序调试通常在手动操作模式下进行，其操作步骤如下。

① 接通控制系统总电源；将操作模式开关置手动模式（手动或手动快速）。

② 检查机器人工作环境，确保机器人可以安全、可靠运行。

③ 在 ABB 主菜单上选择【Program Editor（程序编辑器）】，使示教器显示程序编辑页面。如果需要，按项目四的操作步骤，加载需要进行调试的任务、程序模块、作业程序。

④ 点击【调试】键，示教器可显示图 5.1-1 所示的程序调试操作菜单。

⑤ 根据需要，按图 5.1-2 所示调整程序指针位置，选择需要调试的程序。

【PP 移至 Main】：主程序调试，程序指针将定位至主程序起始行。

【PP 移至例行程序…】：作业程序调试，程序指针将定位至指定作业程序起始行。

【PP 移至光标】：指定指令调试，可事先点击程序显示区的指令行、定位光标，然后通过该操作键，将程序指针定位至光标所选的指令行。

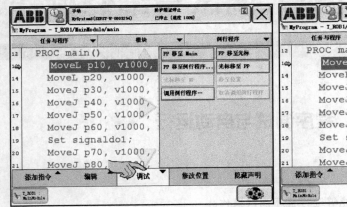

图5.1-1 程序调试操作菜单

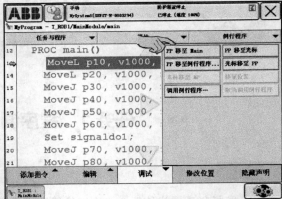

图5.1-2 调试程序选择

⑥ 根据需要，通过示教器的自动运行快速设置操作，设置程序循环方式（单循环、连续）、指令执行方式（步进、步退、跳过、下一移动指令）及移动速度倍率。

⑦ 如果需要，通过后述的碰撞监控设定，修改碰撞监控灵敏度，或者选择机器人锁住的程序模拟运行模式。

⑧ 用控制柜面板上的伺服启动按钮，接通伺服驱动器主电源，握住示教器伺服 ON 开关，启动伺服。注意，机器人锁住的程序模拟运行，只能在驱动器主电源关闭的状态下进行，此时无须启动伺服。

⑨ 根据指令执行方式的需要，按住示教器的"程序启动""程序步进""程序步退"等操作键（见图 4.1-2），控制系统将从程序指针行开始，按要求执行程序的自动连续运行、步进单步运行或步退单步运行。

二、负载自动测试操作

1. 机器人等效载荷

准确设定负载是保证机器人运动稳定、定位准确的条件。机器人的负载计算较复杂，因此，在实际使用时，通常需要通过运行机器人控制系统配套提供的服务程序，由控制系统进行自动计算与设定。

除了本体构件以外，工业机器人的外部负载主要包括以下部分。

① 安装在手腕上的作业工具（或工件），例如，焊接机器人的焊枪或焊钳、搬运机器人的吸盘或抓手等。

② 安装在机身上的辅助部件及连接管线，例如，点焊机器人的阻焊变压器及连接电缆、搬运机器人的液压阀及管线等。

③ 搬运、码垛类机器人作业时需要搬运的物品。

在机器人上，以上 3 类负载通常以图 5.1-3 所示的工具载荷（安装在手腕上的工具或工件）、上臂载荷（机身上的辅助部件及管线）、有效载荷（需要搬运的物品）进行等效。其中，上臂载荷通常由机器人生产厂家直接在系统参数上设定；工具载荷应通过工具数据 tooldata 中的负载数据项 tload 定义；有效载荷只有在带载作业时才会产生，它需要通过移动指令添加项\TLoad 指定的负载数据 loaddata 定义。

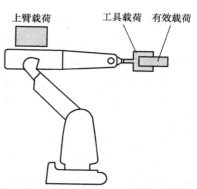

图5.1-3 工业机器人等效载荷

ABB 机器人的工具载荷与作业载荷（有效载荷），可通过控制系统的负载测定服务程序 LoadIdentify 自动测试、计算与设定。服务程序 LoadIdentify 运行的基本条件如下。

2. 负载测定条件

（1）通过服务程序 LoadIdentify 进行工具负载测定时，需要满足以下条件。

① 机器人为水平面垂直向上的标准安装方式，j3、j5、j6 轴位于 0° 位置，作业工具已经正确安装在机器人上。

② 为了保证系统能够得到较为准确的工具负载数据，在进行工具负载测试时，应拆除工具上的连接电缆和管线。

③ 机器人运行负载测定程序时，j3、j5 轴分别需要进行 ±3°、±30° 偏摆；j6 轴需要在 0° 及 90°（或-90°）2 个测试位置，进行 ±30° 偏摆运动。机器人需要保证 j3、j5、j6 轴能够有足够的自由运动空间。

④ 工具数据 tooldata 已通过手动操作设定页面选定且不为初始值 tool0。

⑤ 控制系统的操作模式选择手动，移动速度倍率设定为 100%。

（2）通过服务程序 LoadIdentify 进行作业负载测定时，除了需要满足工具负载测试同样的基本条件外，还需要增加以下条件。

① 工具负载测试已完成，工具数据 tooldata 已正确设定。

② 工具坐标系已正确设定，即工具 TCP 位置、坐标轴的方向均已确定。

③ 负载数据 loaddata 已通过手动操作设定页面选定且不能为初始值 load0。

3. 系统服务程序及选择

机器人的负载数据 loaddata（包括工具负载、等效负载等）的计算比较复杂，它需要进行负载质量、重心位置、惯量等的测定与计算，因此，在实际使用时，通常需要通过运行机器人控制系统配套提供的服务程序，由控制系统进行自动计算与设定负载数据。

控制系统配套提供的服务程序可通过程序调试操作选择，其方法如下。

① 在 ABB 主菜单上选择【Program Editor（程序编辑器）】，使示教器显示程序编辑页面。

② 点击【调试】键，使示教器可显示程序调试操作菜单。

③ 点击程序调试操作菜单的【调用例行程序...】，示教器可显示图 5.1-4 所示的系统服务程序清单。

系统服务程序多用于机器人系统的维修维护。其中重要的有如下几种。

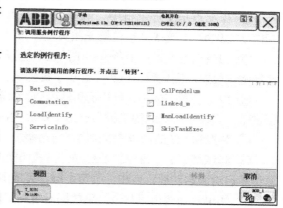

图5.1-4 系统服务程序清单

Bat_Shutdown：绝对编码器后备电池关闭程序。在机器人运输、储存等阶段，运行该程序可关闭绝对编码器后备电池，节省电池电量。后备电池关闭时，伺服电机绝对编码器的转数（已回转的圈数）计数值将丢失，但校准数据可以保留。

CalPendelum：机器人校准程序，用于机器人位置校准。

ServiceInfo：定期维护服务程序，用于机器人系统主要部件（如减速器、电机等）的使用寿命监控等。

LoadIdentify：负载测定服务程序，用于机器人负载数据的自动测定等。

④ 点击选定所需要运行的服务程序，然后点击【转到】键，程序指针将被调整至服务程序的起始位置，示教器返回程序编辑页面。

⑤ 选定服务程序后，便可通过示教器操作，启动并运行系统服务程序。

4．负载测定基本操作

利用系统服务程序 LoadIdentify 测定负载数据时，首先应根据负载测定要求（工具负载或作业负载），核对负载测定条件；确认后，通过上述"系统服务程序及选择"操作，选定负载测定服务程序 LoadIdentify；接着，用示教器的伺服 ON 开关启动伺服，按示教器程序启动键启动程序运行。

LoadIdentify 程序启动后，可根据示教器的操作提示进行相关操作。由于不同时期生产的控制系统的软件版本有所不同，因此，负载测试的操作在不同机器人上可能有所不同，实际操作时，应参考机器人生产厂家随机提供的说明书。

作为参考，ABB 机器人负载测试的基本操作步骤如下。

① 在 LoadIdentify 程序运行提示框中，点击【确定】键，可运行 LoadIdentify 程序；点击【取消】并点击【取消调用例行程序】键，可退出 LoadIdentify 程序运行。

② 点击【工具】或【有效载荷】，可检查负载数据的测定内容（工具负载或作业负载）、数据名。如测定内容、数据名正确，则点击【确定】键确认。

如测定内容、数据名不正确，可松开伺服 ON 开关，使机器人停止运动；然后，利用手动操作设定页面，重新选择工具数据或负载数据。工具数据或负载数据重新选定后，返回 LoadIdentify 程序运行页面，再次用伺服 ON 开关启动伺服，按示教器程序启动键启动程序运行；然后点击【重试】键继续。

③ 根据需要，在示教器的提示框中选定测量方法，在负载质量已知时，可输入负载质量后，点击【确定】键确认。

④ 在配置角度提示框中，选择 j6 轴的第 2 测试位置，第 2 测试位置最好选择 90°（或 –90°），如 90°（或–90°）位置无法实现±30°偏摆运动，可点击【其他】，输入新的测试位置。

⑤ 如果机器人未处于负载测试的正确位置，则在负载测试前，控制系统需要先将机器人移动到测试位置。完成后，点击【确定】键确认。

⑥ 以上设置完成后，可开始测试运动。如果希望机器人在正式测试负载前，先进行慢速测试试验，则在示教器的提示框中点击【是】；否则，点击【否】，直接进行正式测试。

⑦ 将控制系统的操作模式切换至自动模式，点击【移动】键，机器人开始正式负载测试运动。

⑧ 测试结束后，将控制系统操作模式切换至手动模式，用伺服 ON 开关启动伺服，按示教器程序启动键启动后，点击【确定】键，完成测试操作，示教器将显示负载测试结果。

⑨ 如果需要将负载测试结果数据设定到工具数据或负载数据（有效载荷）上，则点击【是】，完成工具数据或负载数据（有效载荷）的自动设定。

LoadIdentify 程序的结束指令为程序退出（Exit），测试完成后，系统将清除全部执行状态数据。因此，负载自动测试操作完成后，需要启动作业程序时，必须从主程序的起始位置开始运行。

三、程序自动运行

1. 自动运行的准备

一般而言，当工业机器人的程序模块、作业程序创建与编辑以及程序调试完成后，就可进行自动运行了。为了运行安全，启动工业机器人程序自动运行前，务必按以下步骤进行相关检查并按规定操作。

① 检查机器人是否符合自动运行条件，确保工作区无障碍物和无关人员。

② 检查机器人停止位置是否合理，所需要的作业工具、工件是否均已正确安装。

③ 打开图 5.1-5 所示的控制柜面板上的总电源开关。

④ 复位图 5.1-5 所示控制柜面板以及示教器、其他操作部位的全部急停按钮。

⑤ 按下图 5.1-5 所示的控制柜面板上的伺服启动按钮，接通伺服驱动器主电源。

⑥ 如果必要，通过快速设置操作，完成程序循环方式、指令执行方式、速度倍率等项目的设定。

⑦ 检查作业所需的程序点数据、工具数据、工件数据，确保其均已创建完成。

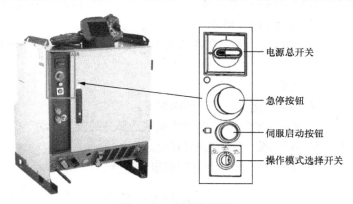

图5.1-5 控制柜面板

2. 程序选择与指针调整

自动运行准备工作完成后，可通过自动运行显示页面或程序编辑页面，选择自动运行程序，调整程序指针，其方法分别如下。

（1）通过自动运行显示页面选择

如果程序直接利用自动运行显示页面选择，则进行以下操作。

① 在 ABB 主菜单中选择【Production Window（生产窗口）】，示教器可显示图 5.1-6 所示的自动运行页面。

② 确认当前的程序为需要运行的程序；否则，点击【加载程序...】后，利用任务、模块加载操作，加载需要运行的任务、程序模块。

③ 点击【PP 移至 Main】键，将程序指针定位至主程序起始位置。

（2）通过程序编辑页面选择

如果程序通过程序编辑页面选择，则进行以下操作。

① 在 ABB 主菜单中选择【Program Editor（程序编辑器）】，使示教器显示图 5.1-7 所示的

程序编辑页面。

② 确认当前程序为需要运行的程序，否则，按项目四的操作步骤，加载需要进行调试的任务、程序模块。

③ 点击【调试】键，使示教器显示程序调试操作菜单。

④ 点击【PP 移至 Main】键，将程序指针定位至主序起始位置。

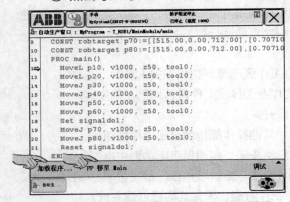

图5.1-6　生产窗口程序自动运行显示页面

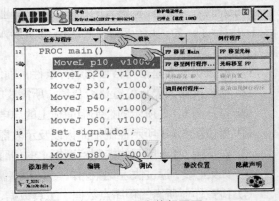

图5.1-7　程序编辑页面

3. 操作模式选择与程序启动/停止

ABB 机器人的程序自动运行，既可在自动操作模式下进行，也可在手动操作模式下进行，其程序启动步骤分别如下。

（1）在自动模式下启动/停止

在自动模式下启动程序自动运行的操作步骤如下。

① 如图 5.1-8 所示，将控制柜面板上的操作模式选择开关置"自动"位置。

② 按示教器上的程序启动键，启动程序自动运行。

③ 按示教器上的程序停止键，可停止程序的自动运行。

自动　手动　手动快速

图5.1-8　自动模式启动/停止操作

（2）在手动模式下启动/停止

① 如图 5.1-9 所示，将控制柜面板上的操作模式选择开关置"手动（或手动快速）"位置。

② 按住示教器的伺服 ON 开关，启动伺服。

③ 按示教器上的程序启动键，启动程序自动运行。

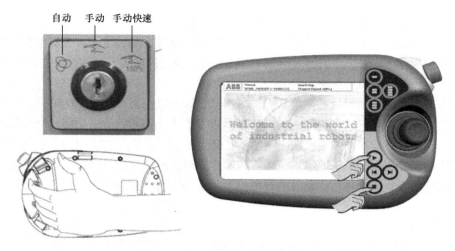

图5.1-9 手动模式启动/停止操作

④ 按示教器上的程序停止键，或者松开示教器的伺服 ON 开关，可停止程序的自动运行。

技能训练

根据实验条件，进行 ABB 机器人程序调试、负载自动测试、程序自动运行等操作练习。

••• 任务 2 控制系统设定操作 •••

能力目标

1. 知道系统参数和碰撞监控的设定方法，能够进行碰撞监控设定操作。
2. 掌握系统显示与操作设定方法，能够进行示教器的显示与操作设定。
3. 掌握示教器的设定方法；能够设定示教器外观与用户按键。

实践指导

一、系统参数及碰撞监控设定

1. 功能与使用

控制系统参数是直接影响系统结构、软硬件配置和工业机器人功能的重要数据。一般而言，系统参数需要由机器人生产厂家的调试、维修人员进行设置、修改；普通的机器人操作、使用人员原则上只可以对其进行检查、显示及加载、保存等一般操作，而不应对其进行删除、修改等操作。

碰撞监控是工业机器人的运动保护功能。多关节机器人的自由度多，运动复杂，轨迹可预测性差；又因位置控制采用的是逆运动学，使得工作范围内的某些 TCP 位置存在多种实现的可能（即奇点），从而引起机器人不可预测的运动，因此，运动干涉、碰撞保护功能就显得特别重要。

机器人的干涉、碰撞保护一般有硬件和软件两种保护方式。

硬件保护即在运动干涉区安装检测开关、位置传感器等检测装置，直接利用电气控制线路或系统逻辑控制程序，来防止机器人出现干涉和碰撞。硬件保护属于预防性保护，其可靠性高，但一般只能用于固定区域的保护。

软件保护通常通过碰撞监控功能实现。碰撞监控即通过控制系统对运动轴伺服电机的输出转矩（电流）的监控，来判断机器人、外部轴是否发生了干涉和碰撞的功能。当机器人、外部轴运动时，如果运动轴的伺服电机输出转矩（电流）超过了正常工作时的设定值，表明机器人、外部轴的运动可能出现了机械碰撞、干涉等故障；此时，控制系统将停止机器人运动，以免导致机器人或外部设备的损坏。因此，碰撞监控实际上并不是一种预防性保护，但可防止事故的扩大。

2. 系统参数选择与保存

ABB 机器人控制系统的参数可通过 ABB 主菜单【控制面板】中的【配置】页面，显示、检查与设定，选择与保存系统参数的操作步骤如下。

① 在 ABB 主菜单中选择【Control Panel（控制面板）】，使示教器显示图 5.2-1 所示的控制面板设定页面。

② 在控制面板设定页面上，点击选择【配置】图标，示教器可显示图 5.2-2 所示的系统配置选择页面。

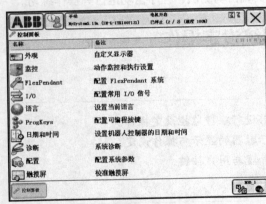

图5.2-1 控制面板设定页面

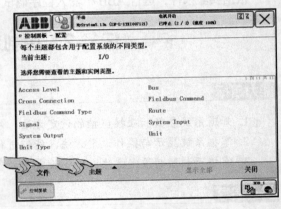

图5.2-2 系统配置选择页面

点击系统配置选择页面的【主题】键，打开配置选择（主题）操作菜单后，对控制系统需要配置的参数类别进行以下选择。

【Controller】：控制器参数配置。

【Communication】：通信参数配置。

【I/O】：I/O 参数配置。

【Man-machine Communication】：人机界面参数配置。

【Motion】：运动参数配置。

选定参数配置类别后，便可分类显示控制系统参数并对其进行后述的参数编辑、设定以及添加、删除等操作。

点击系统配置选择页面的【文件】键，可打开控制系统的参数文件操作菜单，进行如下操作。

【另存为】：保存所选类别的系统参数。

【全部另存为】：保存所有的系统参数。

【加载参数】：可选择参数文件，并加载为控制系统的当前参数。

3. 系统参数的显示与设定

显示与设定系统参数的操作步骤如下。

① 在 ABB 主菜单中选择【Control Panel（控制面板）】，使示教器显示控制面板设定页面。

② 在控制面板设定页面上，点击选择【配置】图标，使示教器显示系统配置选择页面。

③ 在系统配置选择页面，点击选择【主题】键，打开配置选择（主题）操作菜单后，根据需要选择系统配置参数类别。

④ 点击参数配置选择页面的类型名称，如 I/O 配置参数的"Access Level"，示教器便可显示图 5.2-3 所示的系统参数编辑页面。

⑤ 在控制系统参数编辑页面上，只要点击选定参数，便可打开编辑操作菜单，显示或编辑参数。

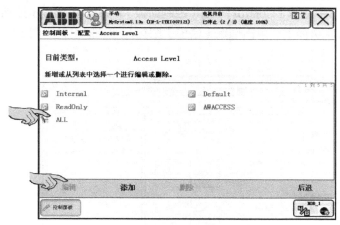

图5.2-3 系统参数编辑页面

⑥ 打开编辑操作菜单后，操作者可通过对应的操作键，进行如下编辑、设定操作。

【编辑】：可编辑参数名称、设定参数值。点击参数名称后，可利用文本输入软键盘修改参数名称；点击初始值，可通过下拉键或文本输入软键盘，选择、修改参数值。

【添加】：可在参数编辑页面上，添加一个需要编辑的参数。

【删除】：可将选定的参数，从当前的参数编辑页面上删除。

⑦ 完成参数编辑后，点击【确定】键确认，系统可保存参数的修改。

⑧ 如果需要，重复步骤③～⑥，完成其他参数配置类别的参数编辑。

4. 参数保存与生效

在控制系统内部，参数以文件的形式保存，保存参数的操作步骤如下。

① 按照上述步骤，完成系统配置参数的设定操作。

② 点击参数编辑页面的【后退】键，返回系统配置选择页面。

③ 点击系统配置选择页的【文件】键，打开控制系统的参数文件操作菜单，根据需要进行如下操作。

a.【另存为】：仅保存当前配置类别的系统参数。

b.【全部另存为】：保存所有配置类别的系统参数。

c.【加载参数】：选择参数文件，并加载为控制系统的当前参数。参数加载时，可根据需要在加载提示框中选择如下操作。

【删除现有参数后加载】：清除控制系统原有参数，全部设定为参数文件中的参数值。

【没有副本时加载参数】：如果控制系统原有参数未保存副本，则全部设定为参数文件中的参数值。

【加载参数并替换副本】：清除控制系统原有参数，全部设定为参数文件中的参数值，同时替换参数文件副本。

④ 重启控制系统，系统参数生效。

5. 碰撞监控与机器人锁住设定

在机器人自动运行过程中，为了减轻因碰撞而引起的机械部件损坏，可以通过控制系统的碰撞监控功能自动停止程序运行及机器人运动；机器人锁住功能可用于程序模拟运行。

ABB机器人碰撞监控功能和锁住功能的设定操作步骤如下。

① 在ABB主菜单中选择【Control Panel（控制面板）】，使示教器显示控制面板设定页面。

② 在控制面板设定页面上，点击选定【监控】图标，示教器可显示图5.2-4所示的碰撞监控功能设定页面。

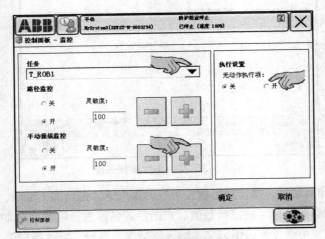

图5.2-4　碰撞监控功能设定页面

③ 根据需要，在碰撞监控功能设定页面上可进行如下设定。

【任务】：通过输入框的下拉键显示、选定RAPID应用程序（任务）。

【执行设置】：该设定通常用于机器人调试，当无动作执行项选择"开"时，"机器人锁住"功能将生效，此时，进行程序自动运行时将不再产生机器人运动，但程序中的其他指令照常执行。ABB机器人锁住功能只能在伺服主电源未接通的状态下使用。

【路径监控】：点击选择【开】、【关】单选按钮，可启用或关闭机器人在自动、手动快速模式自动运行程序时的碰撞检测功能。功能启用时，可通过【＋】、【－】键调节碰撞检测灵敏度。

【手动操纵监控】：点击选择【开】、【关】单选按钮，可启用或关闭机器人在手动模式自动运行程序时的碰撞检测功能。功能启用时，同样可通过【＋】、【－】键调节碰撞检测灵敏度。

机器人碰撞检测的灵敏度调节范围为0～300，数值越小，灵敏度就越高；但是，过高的灵敏度可能会导致机器人无法正常运动，因此，设定值原则上不应小于80。

④ 设置完成后，点击【确定】键，碰撞监控功能生效。

二、系统显示与操作设定

系统显示设定可用来改变RAPID应用程序文件保存、加载时的默认路径，以及不同操作模式下的控制系统默认显示页面、示教器墙纸（背景图案）、未定义程序点的命名规则等。常用的系统显示设定操作如下。

1. 默认路径设定

RAPID应用程序文件的默认路径设定功能，可用来设定控制系统文件保存、加载时的默认路径。如需要，操作者可通过以下操作，来设置、改变系统默认的文件路径。

① 在ABB主菜单中选择【Control Panel（控制面板）】，使示教器显示控制面板设定页面。

② 点击控制面板设定页面的【FlexPendant】图标，选择【文件系统默认路径】键，示教器可显示图5.2-5所示的文件系统默认路径设定页面。

③ 根据需要，可在显示页面的【文件类型】输入框中，用下拉键显示、选择以下系统文件类型。

【RAPID程序】：RAPID应用程序文件（任务）。

【RAPID模块】：RAPID程序模块文件。

【配置文件】：系统配置参数文件。

④ 如果需要设定、改变文件默认路径，可点击【默认路径】输入框后面的【浏览…】键，在示教器显示的路径中，选定保存、加载所选文件的默认路径。

如果需要清除默认路径设定，可直接点击【清除】键，删除所选文件保存、加载的默认路径设定。

⑤ 点击【确定】键，所选文件的默认路径生效。

2. 默认显示页面设定

默认显示页面设定可用来选择系统在不同操作模式（自动、手动、手动快速）下的默认显示页面。如需要，操作者可通过以下操作，来设置、改变控制系统的默认显示页面。

① 在ABB主菜单中选择【Control Panel（控制面板）】，使示教器显示控制面板设定页面。

② 点击控制面板设定页面的【FlexPendant】图标，选择【操作模式更改时查看】键，示教器可显示默认显示设定页面，如图5.2-6所示。

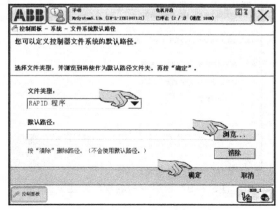

图5.2-5　文件系统默认路径设定页面

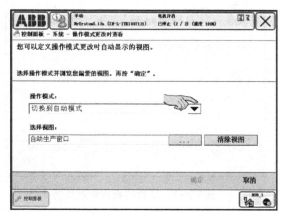

图5.2-6　默认显示设定页面

③ 根据需要，可在显示页面的【操作模式】输入框中，用下拉键显示、选择以下需要设定的操作模式。

【切换到自动模式】：自动模式默认显示页设定。

【切换到手动模式】：手动模式默认显示页设定。

【切换到手动全速模式】：手动快速模式默认显示页设定。

④ 如果需要设定、改变操作模式默认的显示页，可点击【选择视图】输入框后面的【…】键，在示教器显示的显示页列表中，选择所选操作模式的默认显示页。如果需要清除显示页设定，可直接点击【清除视图】键，删除所选操作模式的默认显示页设定；此时，即使切换控制系统的操作模式，示教器也不会自动改变显示页。

⑤ 点击【确定】键，所选操作模式的默认显示页生效。

3. 墙纸设定

墙纸设定功能可用来改变示教器的背景图案。如需要，操作者可通过以下操作，将控制系统硬盘中 gif 格式的图片，设定为示教器的墙纸；图片的像素以 640×390 为最佳。

① 在 ABB 主菜单中选择【Control Panel（控制面板）】，使示教器显示控制面板设定页面。

② 点击控制面板设定页面的【FlexPendant】图标，选择【背景图像】键，示教器可显示图 5.2-7 所示的示教器墙纸设定页面。

③ 点击【浏览】键，示教器可显示控制系统保存的全部图片，点击选定后，对应的图片将设定为示教器墙纸。点击【默认】键，示教器将选择系统默认的墙纸图片。

④ 点击【确定】键，所选的墙纸生效。

4. 程序点命名规则设定

在 RAPID 程序中，移动指令的目标位置（程序点）可以是系统已定义的程序数据，也可以是用"*"代替的、通过示教操作等方法指定的未定义程序数据。如果需要，使用者可通过以下操作，来设定程序中未定义名称的程序点"*"的命名规则，由控制系统自动生成程序点的名称。

① 在 ABB 主菜单中选择【Control Panel（控制面板）】，使示教器显示控制面板设定页面。

② 点击控制面板设定页面的【FlexPendant】图标，选择【位置编程规则】键，示教器可显示图 5.2-8 所示的程序点命名规则设定页面。

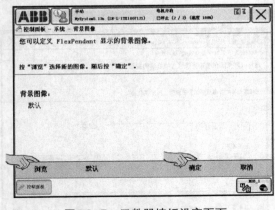

图5.2-7　示教器墙纸设定页面

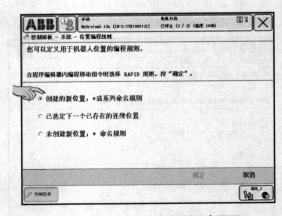

图5.2-8　程序点命名规则设定页面

③ 根据需要，可在显示页上点击选定单选按钮，设定以下程序点命名规则。

【创建新的位置；*或系列命名规则】（系统默认设定）：输入（添加）移动指令时，控制系统可自动生成按顺序排列的程序点名称 p10，p20，p30，……；如自动生成的程序点名已被使用，则跳过这一程序点名，生成下一个未使用的程序点名。

例如，操作者输入移动指令 MoveJ 时，系统可依次生成指令"MoveJ p10…""MoveJ p20…""MoveJ p30…"；如程序点 p20 已被使用，则生成指令"MoveJ p10…""MoveJ p30…""MoveJ p40…"等。

【已选定下一个已存在的连续位置】：输入（添加）移动指令时，如果上一条移动指令的程序点名称已确定，控制系统可自动生成后续按顺序排列的程序点名称 p10、p20、p30…；如上一条移动指令的程序点名称未确定，则以"*"代替程序点名称。

例如，操作者输入移动指令 MoveJ 时，如上一条移动指令为"MoveJ p10…"，则自动生成指令"MoveJ p20…"；如上一条移动指令为"MoveJ p50…"，则自动生成指令"MoveJ p60…"；如上一条移动指令为"MoveJ *…"，则指令仍然为"MoveJ *…"等。

【未创建新位置；*命名规则】：程序点名称自动功能无效，不论上一条移动指令的程序点名称是否定义，未命名的程序点总是以"*"代替。

④ 点击【确定】键，程序点"*"的命名规则生效。

5. 系统日期、时间设定

控制系统内部的日期、时间可通过如下操作进行设定。

① 在 ABB 主菜单中选择【Control Panel（控制面板）】，使示教器显示控制面板设定页面。

② 在控制面板设定页面上，点击选定【日期和时间】图标，示教器可显示控制系统的日期和时间设定页面。

③ 点击日期、时间显示区的【＋】、【－】键，可调节控制系统的日期和时间。

④ 点击【确定】键，控制系统的日期和时间设定生效。

6. 显示语言设定

示教器的显示语言可通过如下操作进行设定。

① 在 ABB 主菜单中选择【Control Panel（控制面板）】，使示教器显示控制面板设定页面。

② 在控制面板设定页面上，点击选定【语言】图标，示教器可显示已安装的语言表。

③ 点击选择所需要的语言后，点击【确定】键，示教器语言生效。

7. 诊断文件创建

系统诊断文件可保存控制系统的故障自诊断数据，以供机器人生产厂家维修参考。创建诊断文件的操作步骤如下。

① 在 ABB 主菜单中选择【Control Panel（控制面板）】，使示教器显示控制面板设定页面。

② 在控制面板设定页面上，点击选定【诊断】图标，示教器可显示系统诊断文件设定页面，显示系统默认的文件名、文件夹，如图 5.2-9 所示。

③ 如需要更改诊断文件名称、路径，可分别点击【文件名】输入框的文本输入键【ABC...】，以及【文件夹】输入框的输入键【...】；利用文本输入软键盘、系统文件选择操作，输入系统诊断文件的名称、路径。

④ 检查【将在以下地址创建系统诊断文件】栏的显示，如正确，点击【确定】键，创建系统诊断文件；如不正确，点击【取消】键退出后，重新输入、选择系统诊断文件的名称、路径。

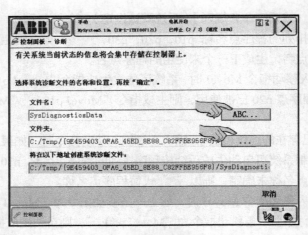

图5.2-9　系统诊断文件设定页面

三、示教器设定

1. 示教器操作、显示设定

ABB 机器人控制系统的示教器亮度、对比度、显示方向均可通过示教器外观设定操作设置，设置示教器的一般方法如下。

① 在 ABB 主菜单中选择【Control Panel（控制面板）】，使示教器显示控制面板设定页面。

② 在控制面板设定页面上，点击选定【外观】图标，可显示图 5.2-10 所示的示教器外观设定页面。

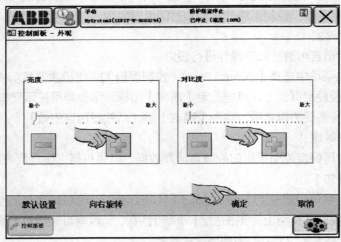

图5.2-10　示教器外观设定页面

③ 可根据需要，进行如下调节与设定。

【亮度】、【对比度】：点击对应显示区的【＋】、【－】键，可调节示教器的亮度、对比度。

【默认设置】：点击选择后，将改变示教器亮度、对比度的默认值。

【向右旋转】：正常情况下，操作者应使用左手握住示教器、用右手进行操作；点击选择【向右旋转】时，示教器显示可向右旋转180°，使操作者可使用右手握住示教器、用左手进行操作。

④ 点击【确定】键，示教器设定生效。

2. 用户按键设定

在 ABB 机器人示教器上，图 5.2-11 所示的 4 个用户按键的功能，可通过如下操作定义。

① 在 ABB 主菜单中选择【Control Panel（控制面板）】，使示教器显示控制面板设定页面。

② 在控制面板设定页面上，点击选定【Prog Keys】图标，示教器可显示图 5.2-12 所示的用户按键设定页面。

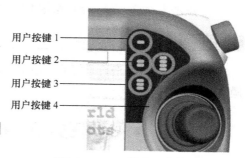

图5.2-11 示教器用户按键

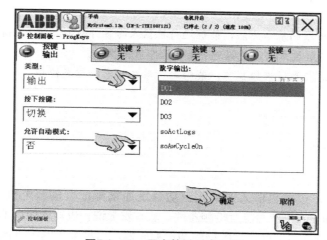

图5.2-12 用户按键设定页面

③ 分别点击【按键 1】或【按键 2】、【按键 3】、【按键 4】图标，选定需要进行功能设定的按键。

④ 根据需要，在按键功能设定框上，用下拉键进行如下设定。

a. 【类型】设定框：可用下拉键定义以下按键功能。

【无】：不使用该按键。

【输入】：作控制系统特殊输入信号使用，如用来作为中断条件、启动中断程序等。

【输出】：直接控制开关量输出，受按键控制的开关量输出信号地址（名称）可在右侧的地址显示区显示并通过点击选定。

【系统】：作为程序试运行时的"机器人锁住"信号使用，状态"1"锁住机器人。

b. 【按下按键】设定框：可用下拉键定义按键产生的信号形式。

【切换】：操作按键，产生状态"0""1"交替变换的信号（用作交替通断触点）。

【设为 1】：按下按键，产生状态为"1"的信号（用作常开触点）。

【设为 0】：按下按键，产生状态为"0"的信号（用作常闭触点）。

【按下/松开】：产生一个下降沿信号。

【脉冲】：按下按键，可产生一个脉冲信号。

c. 【允许自动模式】设定框：可用下拉键【是】或【否】，定义按键信号对自动操作模式是否有效。

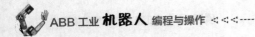

⑤ 点击【确定】键，用户按键设定生效。

技能训练

根据实验条件，进行碰撞监控设定、系统显示与操作设定、示教器外观与用户按键设定等操作练习。

●●● 任务3 机器人校准与维修 ●●●

能力目标

1. 熟悉机器人校准的基本方法，能够进行机器人转数计数器、零点偏移校准。
2. 掌握I/O状态监控方法，能够进行I/O状态监控操作。
3. 熟悉系统日志与系统诊断操作；能够进行系统日志和信息检查。

实践指导

一、机器人校准

1. 功能说明

为了方便使用，工业机器人的伺服驱动系统通常都配套伺服电机内置的绝对编码器（Absolute Rotary Encoder）作为位置检测器件。从本质上说，机器人使用的绝对编码器，实际上只是一种通过后备电池保存位置数据的增量编码器。这种编码器的机械结构部件与增量编码器完全相同，但接口电路安装有存储"零脉冲"计数值和"零点偏移"计数值的存储器（计数器）。

绝对编码器的"零脉冲"为计数值代表了电机所转过的转数，在ABB机器人资料上，通常称为"转数计数器（Revolution Counters）"。绝对编码器的零点偏移利用编码器的输出脉冲计数，例如，对于每转输出脉冲为 220 的编码器，偏移 360° 时，其计数值就是 1048576（220）；在ABB机器人资料上，通常称为"电机校准偏移（Motor Calibration Offset）"，简称"校准参数"。

绝对编码器的零脉冲计数值（转数计数器）和零点偏移计数值（校准参数），在机器人控制系统关机时，可通过后备电池保持；在开机时，可由控制系统自动读入。因此，在正常情况下，即使机器人开机时不进行回参考点操作，也可以保证控制系统具有正确的位置，从而起到与绝对编码器同样的效果。但是，如果后备电池失效或电池连接线被断开，其计数值将消失；另外，如电机与机器人的机械连接脱开，机器人或电机的任何位置变动，都将导致机器人位置的不正确。所以，一旦出现以上情况，就必须通过工业机器人的校准操作，来重新设定编码器的零脉冲计数值（转数计数器）和零点偏移计数值（校准参数）。

工业机器人的转数计数器只需要与电机转过的圈数（转数）相一致，其校准操作比较简单，一般只需要通过目测观察，使机器人的关节轴停止在图 5.3-1 所示的基准刻度附近，便可重置计数值。

工业机器人的零点偏移校准参数非常精密，其校准操作必须使用专门的测量工具，因此，通常需要由专业调试、维修人员完成。为了便于用户使用，ABB机器人通常将出厂调试时的零点偏移值（电机校准参数），以标签的形式贴在机器人机身上，用户校准时可以直接输入。

2. 转数计数器校准

ABB 机器人转数计数器校准的操作步骤如下。

① 手动操作机器人，使所有关节轴停止在尽可能接近基准刻度的位置上。

② 在 ABB 主菜单中选择【Calibration（校准）】，使示教器显示图 5.3-2 所示的校准机械单元选择页面。

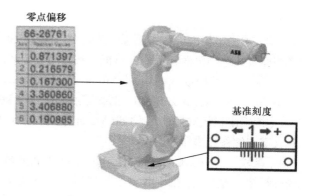

图5.3-1　ABB机器人的校准参数

③ 在校准机械单元选择页面上，点击图标选定机械单元，示教器可显示机械单元（如机器人）校准页面。

④ 点击【转数计数器】图标，选定转数计数器校准操作，示教器可显示【更新转数计数器…】图标，如图 5.3-3 所示。

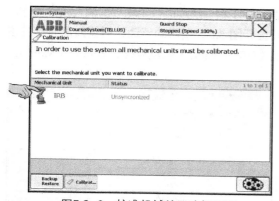

图5.3-2　校准机械单元选择页面

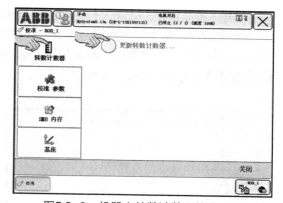

图5.3-3　机器人转数计数器校准页面

⑤ 点击【更新转数计数器…】图标，示教器将显示【更新转数计数器将改变程序点位置】操作警示对话框，点击【否】，可退出转数计数器更新操作；如确认需要更新转数计数器，则可点击【是】，示教器将显示转数计数器更新轴选择页面。

⑥ 在转数计数器更新轴选择页面上，点击选择框，选定需要更新的轴；或者点击【全选】框，选定全部轴后，再点击【更新】，示教器将显示【更新操作不能被撤销】操作警示对话框。

⑦ 在【更新操作不能被撤销】操作警示对话框中，点击【更新】，所选轴的转数计数器将被更新（重置初始值）；点击【取消】，则可放弃转数计数器更新操作。

⑧ 重新启动控制系统，转数计数器设定值生效。

3. 零点偏移校准

ABB 机器人零点偏移校准的操作步骤如下。

① 手动操作机器人，使所有关节轴停止在尽可能接近基准刻度的位置上。

② 在 ABB 主菜单中选择【Calibration（校准）】，使示教器显示机械单元选择页面。

③ 在校准机械单元选择页面上，点击图标选定机械单元，示教器可显示机械单元（如机器

人）校准页面。

④ 点击【校准参数】图标，选定零点偏移校准操作，示教器可显示图 5.3-4 所示的零点偏移校准方式选择页面；操作者可根据实际需要，选择如下校准操作方式。

【加载电机校准…（Load Motor Calibration….）】：数据文件加载。利用系统数据文件 Calib.files（或 Abs.Acc.files），加载零点偏移校准参数。

【编辑电机校准偏移…（Edit Motor Calibration Offset…）】：手动数据输入。直接通过示教器输入零点偏移校准参数。

【微校…（Fine Calibration…）】：重新校准机器人。重新进行机器人的零点偏移校准，校准操作需要由专业人员、利用专门工具进行，不推荐用户使用。

⑤ 如果选择数据文件加载的校准方式，则点击【加载电机校准…】，此时，示教器将显示【该操作将改变程序点位置】操作警示对话框，点击【否】，可退出校准操作；如确认需要加载校准参数，可点击【是】选定，示教器将显示系统数据文件选择页面。则点击选定文件 Calib.files（或 Abs.Acc.files）后，点击【确定】键确认。

如选择手动数据输入校准方式，则点击【编辑电机校准偏移…】，此时，示教器同样将显示【该操作将改变程序点位置】操作警示对话框，点击【否】，可退出零点偏移校准操作；如确认需要手动输入校准参数，可点击【是】选定，然后按下述步骤，继续进行手动数据输入校准操作。

⑥ 选定手动数据输入校准方式后，示教器将显示图 5.3-5 所示的手动数据输入页面。在该页面上可显示机器人关节轴（Axis）、零点偏移值（Offset value）以及数据有效状态（Valid），操作者可根据需要，进行如下操作。

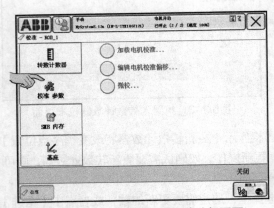

图5.3-4　零点偏移校准方式选择页面

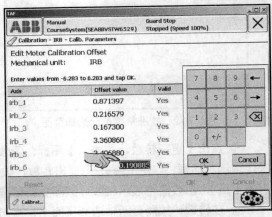

图5.3-5　手动数据输入校准

⑦ 点击需要进行零点偏移值输入、编辑的关节轴，例如，irb_6（机器人 j6 轴），该轴的零点偏移值显示栏将成为数据输入框并显示数据输入与编辑软键盘，如图 5.3-6 所示。

⑧ 按照关节轴零点偏移值显示区上方的输入范围要求（如−6.283～6.283），对照图 5.3-1 所示的、机器人机身上粘贴的零点偏移值标签，或者按生产厂家技术文件所提供的数据，正确输入零点偏移值。点击【OK】键确认后，示教器可显示【要求重新启动系统，新数据才能生效】的操作提示框。

⑨ 如果需要，重复步骤⑦、⑧，完成全部轴的零点偏移值输入后，重启控制系统，使零点偏移参数生效。

二、I/O状态监控

机器人控制系统用于作业工具等辅助部件控制的 DI/DO 信号、AI/AO 信号、GI/GO 组信号，以及控制系统内部的操作面板、示教器连接信号的状态，均可通过示教器进行检查；输出信号 DO、AO、GO 还可通过仿真操作，设定输出状态。

ABB 机器人的 I/O 状态检查与设定方法如下。

1. I/O 状态检查与仿真

机器人控制系统连接的 I/O 信号状态，可通过示教器的 I/O 页面检查与设定，其方法如下。

① 在 ABB 主菜单中选择【Inputs and Outputs（输入/输出）】，使示教器显示图 5.3-6 所示的 I/O 信号显示页面。

② 点击 I/O 信号显示页面的【视图】键，可打开 I/O 信号类型选择操作菜单。

③ 在 I/O 信号类型选择操作菜单上，点击选定 I/O 信号类型后，示教器可显示指定类型的 I/O 信号状态表，如图 5.3-7 所示，并显示 I/O 信号名称（名称）、状态（值）、信号类型（类型）、仿真值（仿真），以及用于信号筛选的"过滤器"图标、输出信号仿真的操作键（【虚拟】）。

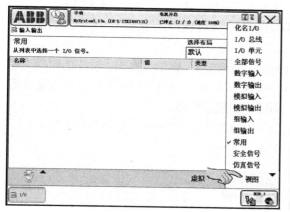

图5.3-6 I/O信号显示页面

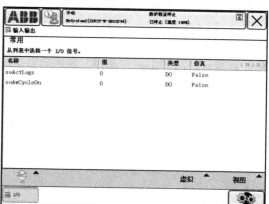

图5.3-7 I/O信号状态表

④ 如果需要进行输出信号的仿真操作，可点击 I/O 信号状态表中的信号名称、选定输出信号后，点击【虚拟】键，选择仿真操作后，修改仿真值。对于 DO 信号（开关量输出）可直接用"0（FALSE）"或"1（TRUE）"设定仿真值；对于 AO（模拟量输出）及 GO（开关量输出组），可点击数值输入键【123...】，利用文本输入软键盘，输入仿真值。设定仿真值后，点击【确定】键，系统便可输出仿真值；点击【取消虚拟】键，可撤销仿真输出，恢复信号正常状态。

2. I/O 信号显示配置

复杂机器人控制系统的 I/O 信号数量较多，为了便于操作和检查，如果需要，操作者可通过如下 I/O 信号配置操作，对信号的显示方式进行重新设定。I/O 信号的配置操作需要在示教器主菜单【Control Panel（控制面板）】下进行，其操作步骤如下。

① 在 ABB 主菜单中选择【Control Panel（控制面板）】，使示教器显示控制面板设定页面。

② 点击【I/O】键，打开 I/O 信号配置页面，示教器将显示控制系统的 I/O 显示配置页面，并显示所有的 I/O 信号及配置选择框。

③ 在 I/O 信号显示配置页面上，选择【名称】，示教器将以信号名称为序，依次显示系统

I/O 信号；选择【类型】，示教器将按信号的类型，分类显示系统 I/O 信号；选择【全部】，示教器可显示控制系统所有的 I/O 信号；选择【无】，可重新调整信号的显示位置。

④ 点击选中需要进行显示配置的信号后，可点击上移、下移箭头，重新排列信号的显示次序。

⑤ 调整信号显示次序后，点击【预览】键，可检查信号显示配置效果；点击【应用】键，可保存显示配置设定；点击【编辑】键，可返回 I/O 显示配置页面。

⑥ 在设定完成全部信号的显示配置后，点击【应用】键，保存显示配置设定。

三、系统日志与系统诊断

系统日志保存了控制系统的运行状态、故障信息、操作信息；利用系统日志，操作者可及时了解控制系统的工作状态，作为系统调试、维修的参考。

ABB 机器人的系统日志可通过以下方法显示与编辑。

1. 日志详情显示

控制系统日志不仅记录了控制系统最近发生的故障（警示、操作）履历，而且还可以通过详情显示操作，显示故障（警示、操作）的具体内容、发生故障（警示、操作）可能的原因，以及控制系统的处理结果等详细内容。ABB 机器人显示系统日志详情的操作步骤如下。

① 在 ABB 主菜单中选择【Event Log（事件日志）】，示教器可显示图 5.3-8 所示的系统履历表（日志）。

在系统故障（警示、操作）履历表显示页面上，可按故障（警示、操作）发生的时间次序（逆序），依次显示最近发生的故障（警示、操作）代码（代码）、名称（标题）、发生时间等履历信息（消息），以及翻页、换行，文件保存、删除等触摸操作键。

② 点击翻页、换行键，使示教器显示需要查看的履历信息（消息），并点击显示行选定，示教器可显示图 5.3-9 所示的详情显示页面，并显示以下内容。

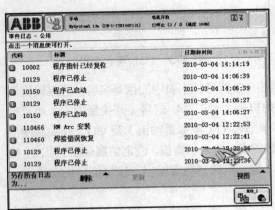

图5.3-8 系统履历表　　　　　　　图5.3-9 详情显示页面

A 区：系统所发生的故障、警示、操作信息的代码。

B 区：系统所发生的故障、警示、操作信息的名称。

C 区：故障、警示、操作发生的时间。

D 区（说明）：故障、警示、操作信息的具体内容。

E 区（结果）：控制系统的处理结果。

F 区（可能性原因）：发生故障（警示、操作）可能的原因。

G 区：对于某些故障，控制系统可在该区域显示排除故障的建议措施。

H 区：触摸操作键。

③ 点击【下一个】、【上一个】键，可显示下（上）一履历信息的详情；点击【确定】键可返回履历表显示页。

2. 日志编辑

在 ABB 机器人控制系统上，系统内存最多可保存最近发生的 150 次故障（警示、操作）履历信息，次数超过 150 时，早期的履历信息将被自动删除。如果操作者需要保存相关履历信息，可通过日志编辑操作，保存、删除系统日志。

（1）系统日志保存

系统日志保存操作可将系统内存中的履历信息保存到控制系统的硬盘中，以便今后查看。保存系统日志的操作步骤如下。

① 在 ABB 主菜单中选择【Event Log（事件日志）】，使示教器显示系统履历表。

② 点击【另存所有日志为…】键，示教器可显示系统日志文件保存对话框，操作者可根据需要进行选择文件夹、输入文件名等操作。

③ 文件夹选择、文件名输入完成后，点击【确定】键确认。

（2）系统日志删除

① 在 ABB 主菜单中选择【Event Log（事件日志）】，使示教器显示系统履历表。

② 点击【删除】键，可显示日志删除操作菜单。如需删除全部履历信息，可直接选择【删除全部日志】操作键。如只需要删除指定类别的履历信息，则点击【视图】键并在视图操作菜单上选定履历信息类别；然后，点击【删除】键，在删除操作菜单上选择【删除日志】。

③ 选定需要删除的履历信息后，示教器显示文件删除操作提示对话框。确认需要删除系统日志时，点击【是】，则系统内存中的全部履历信息将被删除；选择【否】，可放弃系统日志删除操作。

四、系统信息与资源管理

1. 系统信息显示

利用示教器的系统信息显示操作，使用者可检查当前机器人控制系统的硬件、软件配置信息。显示系统信息的操作步骤如下。

① 在 ABB 主菜单中点击选择【System Info（系统信息）】图标，示教器可显示图 5.3-10 所示的系统信息显示页面。

显示页面的左侧显示区，可显示机器人控制器主机的网络连接、已安装的操作系统、控制器配置的控制模块、驱动模块等硬件信息；右侧可显示指定属性的详细信息。

② 点击左侧显示区的图标，选定需要查看的属性，右侧便可显示属性的详细信息。

2. 资源管理器

利用示教器的资源管理器，使用者可查看控制系统的文件系统并可进行文件重命名、删除、移动等编辑操作。资源管理器的显示、编辑操作步骤如下。

① 在 ABB 主菜单中点击选择【FlexPendant Explorer（资源管理器）】图标，示教器可显示图 5.3-11 所示的资源管理器显示页面；通过触摸操作键，可进行如下操作。

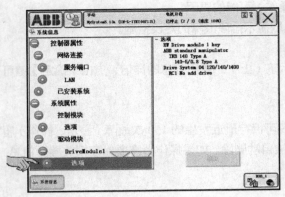

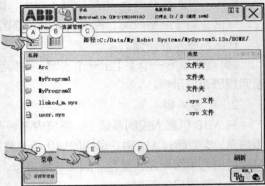

图5.3-10 系统信息显示页面　　　　图5.3-11 资源管理器显示页面

图标键 A：简单视图显示键，点击选定后，可保留文件（文件夹）显示区的文件名（名称）显示栏、隐藏显示区的文件类型（类型）显示栏。

图标键 B：详细视图显示键，点击选定后，可显示文件（文件夹）显示区的文件名（名称）、类型（类型）显示栏。

显示区 C：显示文件（文件夹）显示区的文件目录途径。

【菜单】键 D：点击后可打开文件编辑操作菜单。

图标键 E：新建文件夹键，点击后可新建一个文件夹。

图标键 F：返回键，点击后可返回上级目录。

【刷新】键：文件（文件夹）显示区显示刷新。

② 根据需要，选定图标键，进行所需要的操作。

技能训练

根据实验条件，进行机器人转数计数器校准、零点偏移校准以及 I/O 状态监控、系统日志检查与系统诊断操作练习。

••• 任务 4　系统重启、备份与恢复 •••

能力目标

1. 知道系统重启的一般方法，能够进行系统热启动。

2. 了解系统安装、更新、网络设定的基本操作方法。

3. 熟悉系统备份、恢复的操作方法，能够进行系统备份与恢复操作。

实践指导

一、系统重启与引导操作

1. 系统重启

系统重启操作一般用来更新控制系统的软硬件、生效控制系统的参数与配置文件；当控制系统的硬件被更换、重新安装机器人操作系统（Robot Ware）、重新安装系统配置文件时，需要进行控制系统的重启操作。

需要特别注意的是：系统重启操作有可能删除机器人操作系统、清除全部应用程序与机器人配置参数，从而导致控制系统无法工作，因此，除了"热启动"外的其他系统重启操作，原则上都应由 ABB 的专业调试、维修人员进行，机器人使用厂家的普通操作人员切勿轻易尝试系统重启操作（以上注意事项对于下述的引导系统操作同样适用）。

ABB 机器人控制系统重启操作的一般步骤如下。

① 在 ABB 主菜单中点击选择【Restart（重新启动）】图标，示教器可显示图 5.4-1 所示的系统重启页面。通过触摸操作键，进行如下操作。

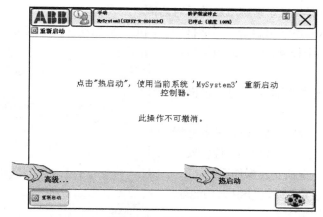

图5.4-1　系统重启页面

【热启动】：利用当前的机器人操作系统，重启机器人控制器。系统当前的系统参数、程序文件都将作为副本保存；通过离线软件（RobotStudio Online）输入的配置将生效；自动运行的程序可直接从暂停位置重新启动。

【高级...】：点击该键可打开重启方式选择对话框并选择如下系统重启方式。

"X-启动"：停止当前操作系统运行，保存系统参数、配置文件与应用程序的恢复文件；重新安装操作系统。

"C-启动"：永久性删除当前操作系统及所有的系统参数、配置文件与应用程序，使用已安装或重新安装的其他操作系统重启。执行"C-启动"后，将无法恢复机器人控制系统原有的状态。

"P-启动"：删除当前的 RAPID 应用程序、重启系统。

"I-启动"：删除所有用户安装的 RAPID 应用程序、配置参数，恢复出厂默认设置，重启系统。

"B-启动"：利用上一次正常关机的状态重启系统。

"关机"：保存当前的数据，关闭系统。

② 对于正常的系统参数、配置更改，可直接选择"热启动"方式，点击【热启动】键，重启系统。如果选择其他重启方式，继续以下操作。

③ 点击【高级...】键，打开重启方式选择对话框，选定所需要的系统重启方式并点击【确定】键确认；此时，示教器将显示系统重启警示对话框。

④ 对于"P-启动""I-启动""B-启动"，可在系统重启警示对话框中，点击所选择的重启方式键，直接执行所选的系统重启操作。

如果用户选择了"X-启动""C-启动",则还需要通过下述的引导系统（Boot Application）操作，重新安装操作系统。

2. 引导系统操作

引导系统用来选择、设定与安装机器人控制计算机（控制器）的操作系统。如果用户需要重新安装机器人控制器的操作系统，例如，选择了"X-启动""C-启动"重启方式，就需要通过引导系统操作，选择、设定与安装控制器的操作系统。

ABB 机器人控制计算机（控制器）的引导系统操作，可通过以下操作步骤进行。

① 在 ABB 主菜单中选择【Restart（重新启动）】，示教器显示系统重启页面。

② 点击【高级...】键，打开重启方式选择对话框，选定"X-启动"（或"C-启动"）并点击【确定】键确认；示教器将显示系统重启警示对话框。

③ 在示教器显示的系统重启警示对话框中，选定"X-启动"（或"C-启动"），示教器将进入引导系统操作并显示图5.4-2所示的引导系统操作选择页面。

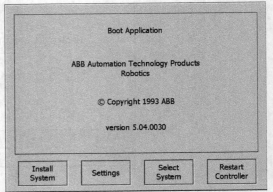

在引导系统操作选择页面上，可通过操作键选择如下操作。

【Install System】：系统安装。通过控制柜操作面板（见图5.4-3）上的 USB 接口，连接安装有操作系统的存储器，重新安装操作系统。

【Settings】：网络设定。设定 USB 接口地址，显示示教器硬件、软件版本等。

【Select System】：选择机器人操作系统。

【Restart Controller】：执行系统重启操作。

图5.4-2　引导系统操作选择页面

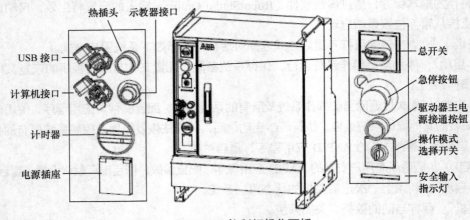

图5.4-3　控制柜操作面板

（1）系统安装

通过 USB 接口存储器重新安装操作系统的操作步骤如下。

① 在引导系统操作选择页面上，点击【Install System】键，选择系统安装操作；示教器将显示 USB 储存器连接操作提示框。

② 将安装有操作系统的 USB 存储器插入控制柜操作面板上的 USB 接口。

③ 点击操作提示框的【Continue】键，控制计算机（控制器）将从 USB 存储器中读入并安装操作系统；点击【Cancel】键，可中止操作系统安装操作。

④ 机器人操作系统安装完成后，示教器将显示系统重启操作提示框；在操作提示框上，点击【OK】键确认。

⑤ 在引导系统操作选择页面上，点击【Restart Controller】键，并在示教器显示的操作提示框上，点击【OK】键确认。控制计算机（控制器）将以新的机器人操作系统重新启动。

（2）网络设定

设定 USB 接口地址，显示示教器硬件、软件版本的操作步骤如下。

① 在引导系统操作选择页面上，点击【Settings】键，选择网络设定；示教器将显示图 5.4-4 所示的网络设定页面。

在网络设定页面上，可通过选择框，进行如下网络连接操作。

【Use no IP address】：断开网络连接。

【Obtain an IP address automatically】：自动获取 IP 地址。

【Use the following IP settings】：手动设定 IP 地址。

【Service PC Information】：显示控制器与服务计算机连接的网络设置。

【Misc.】：显示示教器的硬件、软件版本信息。

② 根据需要选择网络连接操作，如果选择手动设定 IP 地址操作，则可利用示教器数字输入软键盘输入地址；设置完成后，点击【OK】键确认。

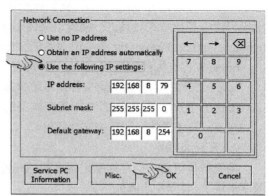

图5.4-4 网络设定页面

③ 在引导系统操作选择页面上，点击【Restart Controller】键，在示教器显示的操作提示框中，点击【OK】键确认，控制计算机（控制器）将重启并更新网络设置参数。

（3）操作系统更新

如果控制系统需要重装、更新、升级操作系统，则可通过以下操作步骤选择操作系统。

① 在引导系统操作选择页面上，点击【Select System】键，示教器可显示已安装在控制计算机上的操作系统及选择对话框。

② 点击需要安装的操作系统，选定后，点击【Select】键。

③ 点击【Close】键并点击【OK】键确认，可关闭操作系统及选择对话框，返回引导系统操作选择页。

④ 在引导系统操作选择页面上，点击【Restart Controller】键，在示教器显示的操作提示框中，点击【OK】键确认。

控制计算机（控制器）将以新的机器人操作系统重新启动。

二、系统备份与恢复

1. 系统备份文件

控制系统的备份功能用来保存系统配置文件（系统参数）和 RAPID 应用程序（系统模块、

程序模块），但是，永久数据 PERS 的当前值不能通过备份保存。

系统备份文件 backup 可保存于用户指定的目录下。备份文件 backup 由图 5.4-5 所示的 backinfo、home、syspar、RAPID 及 system.xml 5 个文件（夹）组成，各文件（夹）的主要内容如下。

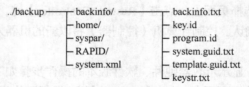

图5.4-5　系统备份文件的组成

backinfo 文件夹：主要用于系统还原，文件夹包含 backinfo.txt、key.id、program.id、system.guid.txt、template.guid.txt 及 keystr.txt 6 个文件。其中，backinfo.txt 文件用于系统还原，用户不能以其他方式对其进行编辑；文件 key.id 和 program.id 用于系统创建；system.guid.txt、template.guid.txt、keystr.txt 用来识别系统，它们可在恢复过程中检查备份系统是否被正确加载。

home 文件：为控制系统 home 文件的备份。

syspar 文件：为系统配置文件（系统参数）的备份。

RAPID 文件：为 RAPID 应用程序的备份。

system.xml 文件：为系统文件备份。

2. 系统备份

系统备份可用来保存控制系统当前的配置文件（系统参数）和 RAPID 应用程序（系统模块、程序模块），其操作步骤如下。

① 在 ABB 主菜单中点击选择【Backup and Restore（备份与恢复）】图标，示教器可显示图 5.4-6 所示的系统备份与恢复页面。

② 点击【备份当前系统…】图标，示教器将显示图 5.4-7 所示的系统备份设定页面，显示系统默认的文件夹名称、路径。

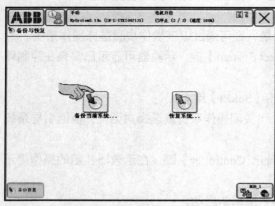

图5.4-6　系统备份与恢复页面

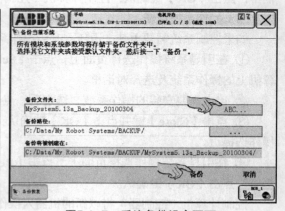

图5.4-7　系统备份设定页面

③ 如需要更改备份文件夹名称、路径，可分别点击【备份文件夹】输入框的文本输入键【ABC…】，以及【备份路径】输入框的输入键【…】；利用文本输入软键盘、系统文件选择操作，输入备份文件夹的名称、路径。但是，为了保证系统备份、恢复操作的正常执行，用户原则上

不应轻易修改系统默认的文件夹名称、路径。

④ 检查【备份将被创建在】栏的显示，如正确，点击【备份】键，备份系统；如不正确，点击【取消】键退出后，重新输入、选择备份文件夹的名称、路径。

3. 系统恢复

系统恢复操作可通过备份文件恢复控制系统的配置文件（系统参数）和 RAPID 应用程序（系统模块、程序模块），其操作步骤如下。

① 在 ABB 主菜单中点击选择【Backup and Restore（备份与恢复）】图标，使示教器显示系统备份与恢复页面。

② 点击【恢复系统…】图标，示教器将显示图 5.4-8 所示的系统恢复设定页面，显示系统默认的备份文件夹名称、路径。

图5.4-8 系统恢复设定页面

③ 检查【备份文件夹】栏的显示，如正确，可以直接进行下一步操作；如备份文件夹的名称、路径需要进行更改，可点击【备份文件夹】输入框的输入键【…】，显示、重新选择系统备份文件。

④ 确认系统备份文件后，点击【恢复】键，恢复系统。

技能训练

根据实验条件，进行机器人热启动及备份、恢复操作练习。